Fundamentos da espectroscopia
Raman e no infravermelho

Oswaldo Sala

Fundamentos da espectroscopia Raman e no infravermelho

2ª edição

editora unesp

Direitos de publicação reservados à:
Fundação Editora da UNESP (FEU)
Praça da Sé, 108
01001-900 – São Paulo – SP
Tel.: (0xx11) 3242-7171
Fax: (0xx11) 3242-7172
www.editoraunesp.com.br
www.livrariaunesp.com.br
feu@editora.unesp.br

CIP – Brasil. Catalogação na fonte
Sindicato Nacional dos Editores de Livros, RJ

S153f
2.ed.

Sala, Oswaldo, 1926-
Fundamentos da espectroscopia Raman e no infravermelho / Oswaldo Sala. – 2.ed. – São Paulo: Editora UNESP, 2008.

Apêndices
ISBN 978-85-7139-868-9

1. Raman, Espectroscopia de. 2. Espectroscopia de infravermelho. 3. Rotação molecular. 4. Espectros vibracionais. I. Título.

08-3331 CDD: 543.57
CDU: 543.424

Editora afiliada:

Asociación de Editoriales Universitarias de América Latina y el Caribe

Associação Brasileira de Editoras Universitárias

Sumário

Prefácio à primeira edição

Este livro baseia-se no Curso de Espectroscopia Molecular, que tem sido oferecido aos estudantes de pós-graduação do Instituto de Química da Universidade de São Paulo. Optou-se por tratamento semiclássico dos fenômenos, não exigindo conhecimentos avançados de Mecânica Quântica.

Após uma introdução de caráter histórico, nos capítulos 2 e 3 são estudadas a vibração e a rotação de moléculas diatômicas, detalhando-se a parte de rotação de moléculas homonucleares, com a introdução do spin nuclear, fundamental para o entendimento das intensidades e espaçamentos nesses espectros.

O estudo vibracional de moléculas poliatômicas é iniciado a partir dos capítulos 4 e 5, por meio da introdução das propriedades de simetria e teoria de grupo. O capítulo 6 examina as regras de seleção e discute, com mais detalhes, métodos de medida do fator de despolarização, devido a sua importância na espectroscopia Raman.

O método das matrizes **G** e **F** de Wilson para análise de coordenadas normais é apresentado nos capítulos 7 a 9 com o detalhamento de sua aplicação.

No capítulo 10 examinam-se grupos de ponto que não são discutidos na maioria dos livros-textos e o efeito de substituição isotópica. Nos capítulos 11 e 12 estuda-se tanto a rotação como a rotação-vibração de moléculas poliatômicas.

O capítulo 13 apresenta um estudo por espectroscopia Raman de monocristal orientado, em que se procura mostrar o significado dos componentes do tensor de polarizabilidade por meio de um exemplo, no qual é aplicado o método de correlação.

Não se pretendeu escrever um livro-texto completo, mas apresentar pontos que, em nossa experiência, julgamos básicos para o iniciante neste campo, não dispensando, assim, a consulta a vários livros.

Esta publicação foi possível graças às sugestões e revisões feitas pelo Prof. Yoshiyuki Hase, do Instituto de Química da Universidade Estadual de Campinas, ao qual sou extremamente grato, principalmente pelo incentivo dado.

Agradeço aos colegas Marcia L.A. Temperini e Paulo Sergio Santos, pelo estímulo, pelas discussões e críticas, e aos estudantes que nos últimos anos apontaram falhas e sugeriram modificações nas anotações de aulas, particularmente a Lucia K. Noda, Norberto S. Gonçalves e Sandra R. Mutarelli.

Oswaldo Sala

Prefácio à segunda edição

Várias correções e modificações foram efetuadas em relação à primeira edição, principalmente nos capítulos 3, 8, 9 e 13, visando tornar mais claros alguns pontos importantes na espectroscopia.

Devido à dificuldade matemática na obtenção das equações de movimento, foram introduzidos alguns apêndices. O primeiro contém detalhes sobre as equações de movimento de Lagrange e Hamilton; o segundo e o terceiro consideram, respectivamente, a equação de Schrödinger para o problema vibracional e do rotor rígido de moléculas diatômicas. A leitura destes apêndices, mesmo sem se ater a detalhes no desenvolvimento matemático, facilita a compreensão dos textos a eles relacionados.

Dada a importância atual dos efeitos de intensificação no espalhamento Raman, o apêndice IV contém uma introdução sobre o efeito Raman ressonante e o efeito de intensificação por superfície, conhecido como efeito SERS.

Oswaldo Sala

1 Introdução

Várias técnicas permitem obter informações sobre estrutura molecular, níveis de energia e ligações químicas, podendo-se citar como exemplo: ressonância magnética nuclear, difração de elétrons, nêutrons e raios X, efeito Mössbauer, espectroscopia Raman e no infravermelho etc. Iremos nos restringir aos espectros vibracionais, rotacionais e de rotação-vibração, através da espectroscopia Raman e no infravermelho.

Começaremos estudando os espectros vibracionais e rotacionais de moléculas diatômicas, cuja interpretação e formalismo matemático são bem mais simples, passando em seguida para moléculas poliatômicas. Para uma molécula não linear, com N átomos, há 3N–6 graus vibracionais de liberdade e as equações de movimento seriam de grau 3N–6 nas frequências vibracionais, tornando a solução do problema extremamente laboriosa para moléculas com número razoavelmente grande de átomos. A situação pode ser contornada utilizando as propriedades de simetria da molécula e teoria de grupo, de modo que fatorem as equações em outras de menor grau, fáceis de serem resolvidas. Uma série de transformações de coordenadas deverá ser efetuada para se chegar às coordenadas normais, que descrevem as vibrações moleculares.

A espectroscopia estuda a interação da radiação eletromagnética com a matéria, sendo um dos seus principais objetivos a determinação dos níveis de energia de átomos ou moléculas. Os espectros fornecem as transições (diferença de energia entre os níveis) e a partir destas medidas determinam-se as posições relativas dos níveis energéticos. No caso de moléculas, a região espectral onde estas transições são observadas depende do tipo de níveis envolvidos: eletrônicos, vibracionais ou rotacionais. Normalmente as transições eletrônicas estão situadas na região do ultravioleta ou visível, as vibracionais na região do infravermelho e as rotacionais na região de micro-ondas (em moléculas com átomos leves, também no infravermelho afastado). As diferentes regiões espectrais exigem espectrômetros com elementos dispersivos e detectores apropriados. Assim, cada tipo de espectroscopia tem uma tecnologia própria.

Não considerando a energia devida aos movimentos translacionais, a energia total de uma molécula será a soma das energia eletrônica, vibracional e rotacional: $E_{tot} = E_{ele}+E_{vib}+E_{rot}$, sendo a eletrônica muito maior do que a vibracional e esta muito maior do que a rotacional. Isto permite, numa primeira aproximação, que estes níveis possam ser considerados separadamente, isto é, cada tipo de espectro possa ser estudado independentemente das interações entre eles. Na realidade as transições eletrônicas envolvem uma estrutura vibracional e rotacional que pode ou não estar resolvida. As transições vibracionais envolvem níveis vibracionais e rotacionais e somente os espectros rotacionais seriam puros, no sentido de que as transições são somente entre níveis rotacionais de um mesmo estado vibracional e eletrônico.

A separação entre os movimentos dos núcleos e dos elétrons, conhecida como aproximação de Born-Oppenheimer, resulta principalmente da grande diferença entre as massas dos núcleos e dos elétrons. Sendo o movimento dos elétrons muito mais rápido do que o dos núcleos, pode-se considerar a posição dos núcleos fixada durante a transição eletrônica. Do mesmo modo, durante o movimento dos núcleos pode-se considerar uma distribuição média dos elétrons. A interação de radiação eletromagnética com o movimento vibracional dos núcleos origina o espectro vibracional no infravermelho ou o espalhamento Raman. A maneira usual de se observar os espectros vibracionais no infravermelho é por absorção, mas é possível observar espectros de emissão.

A radiação infravermelha foi descoberta por Herschel, em 1800, e por volta de 1900 Coblentz obteve espectros de absorção no infravermelho de grande número de compostos orgânicos em estado sólido, líquido e vapor.

Uma maneira indireta de observar os espectros vibracionais, transferindo para a região do visível as informações que seriam obtidas no infravermelho, é através do espalhamento Raman, ou seja, do espalhamento inelástico de radiação eletromagnética monocromática que interage com as moléculas. As frequências vibracionais são determinadas pelas diferenças entre as frequências das radiações espalhadas e a da radiação incidente.

Fisicamente os dois processos, Raman e infravermelho, são diferentes. A absorção no infravermelho ocorre quando a frequência da radiação, multiplicada pela constante de Planck, tem o mesmo valor da diferença de energia entre dois estados vibracionais, ou seja, o processo envolve uma ressonância entre a diferença de níveis de energia da molécula e a radiação eletromagnética. No espalhamento Raman uma radiação monocromática no visível (na maioria dos casos), ultravioleta ou no infravermelho próximo interage com a molécula e é espalhada com frequências ligeiramente modificadas. Esta variação de frequência corresponde à diferença de energia entre dois estados vibracionais. Considerando os mesmos estados vibracionais, as frequências Raman seriam as mesmas do espectro no infravermelho.

Embora os mesmos valores de frequências vibracionais sejam obtidos através dos espectros Raman ou no infravermelho, o fato de diferentes mecanismos estarem envolvidos já nos faz pensar numa questão: os espectros Raman e no infravermelho seriam idênticos ou haveria diferença na atividade das transições nestas duas técnicas?

Como veremos em outro capítulo, para um modo vibracional ser ativo no infravermelho é necessário haver variação do momento dipolar durante essa vibração. A atividade no Raman difere no sentido de que o momento de dipolo considerado é o induzido pela radiação eletromagnética, isto é, deve haver variação da polarizabilidade da molécula durante a vibração. O estudo envolvendo medidas de intensidade das bandas é bem mais complicado, exigindo tratamento por mecânica quântica. Contudo, para uma análise vibracional envolvendo somente valores de frequências é suficiente ter noção das propriedades de simetria e de teoria de grupo. Utilizando-se a teoria de grupo pode-se fazer a previsão dos espectros quanto ao número de modos vibracionais ativos no Raman e no infravermelho.

O efeito Raman foi previsto teoricamente por Smekal (1923) e descoberto experimentalmente por Raman (1928). O efeito logo despertou interesse entre os físicos, que procuraram explicar seu mecanismo. Em 1934, Placzek publicou sua obra fundamental sobre a teoria do efeito Raman (1934). Os trabalhos experimentais nesta época se limitavam à obtenção e comparação de espectros e, em alguns casos, à atribuição das frequências aos modos vibracionais. Na década de 1940 os químicos já usavam a espectroscopia Raman para ter informações sobre a simetria molecular e as ligações químicas.

Até 1950, a técnica convencional para obtenção dos espectros Raman consistia na utilização da radiação em 435,8 nm, de arcos de mercúrio, para excitação dos espectros, e de espectrógrafos com prismas como elemento dispersor, com detecção fotográfica. Uma limitação dessa técnica ocorria no estudo de substâncias coloridas, que absorvessem intensamente essa radiação, ou fotossensíveis. Outras fontes de excitação foram tentadas, mas a única que obteve sucesso, permitindo seu uso rotineiro, foi a desenvolvida no Laboratório de Espectroscopia Molecular da Universidade de São Paulo, por Stammreich e colaboradores, por volta de 1950. Essa fonte utilizava descarga em hélio, numa lâmpada em forma helicoidal envolvendo o tubo com a amostra em estudo (esquema na Figura 1.1). As radiações utilizadas, 587,6, 667,8 e 706,5 nm, (selecionadas com o uso de filtros primários) permitiam o estudo de substâncias coloridas e fotossensíveis. Paralelamente, foi introduzido o uso de redes de difração nos espectrômetros Raman (esquema na Figura 1.2), permitindo melhor resolução na região espectral do vermelho, e o uso de filtros secundários que reduziam a intensidade da radiação Rayleigh, para observação de frequências baixas. Com a facilidade de troca de redes e câmaras fotográficas os espectrógrafos eram bastante versáteis e luminosos.

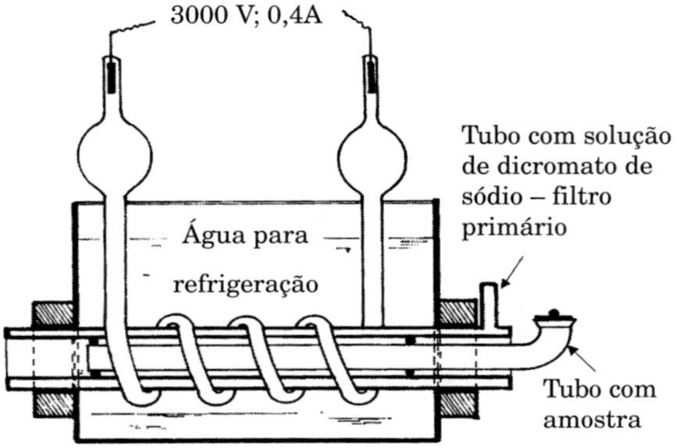

Figura 1.1 – Esquema da fonte de excitação com lâmpada de hélio e tubo de amostra.

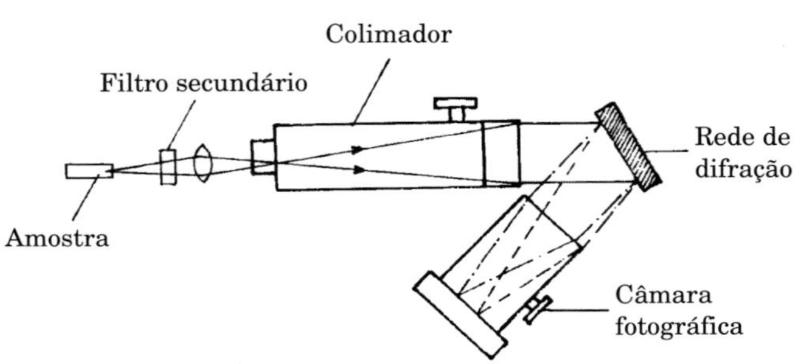

Figura 1.2 – Esquema do espectrógrafo com rede de difração e detecção com chapa fotográfica.

A introdução do uso da radiação de *lasers* como fonte de excitação na espectroscopia Raman, em 1962, se deve a Porto & Wood (1962), que utilizaram *laser* pulsado de rubi. Kogelnik & Porto (1963) foram os primeiros a obter espectros Raman utilizando *laser* contínuo de He-Ne (632,8 nm).

No fim da década de 1960, o desenvolvimento dos *lasers* de Ar^+ e de Kr^+, associados aos espectrômetros Raman comerciais, com duplo ou triplo monocromador, utilizando detecção com fotomultiplicadoras, tornaram obsoletas as técnicas anteriores. Abriram-se novas possibilidades, como o estudo do efeito Raman ressonante, efeito Raman intensificado por superfície (SERS), efeito Raman inverso, espalhamento Raman anti-Stokes Coerente (CARS) etc. Atualmente estão sendo bastante utilizados detectores multicanais (CCD, "Charge Coupled Deviser") e microscópio acoplado ao espectrômetro, que permitem a obtenção de espectros em frações de segundo e o uso de *lasers* de baixa potência. Para amostras que apresentam intensa fluorescência, como por exemplo amostras de interesse biológico, utiliza-se excitação com *lasers* de neodímio/YAG, na região do infravermelho próximo, 1064 nm, e espectrômetros usando transformadas de Fourier. Contudo, quando se necessita alta resolução, os instrumentos de varredura, com fotomultiplicadora, apresentam melhor desempenho.

Com relação à espectroscopia no infravermelho, em meados da década de 1960 ocorreu grande avanço em sua tecnologia, com o desenvolvimento de espectrômetros interferométricos, utilizando transformadas de Fourier. Em contraste com os antigos instrumentos dispersivos, onde os espectros eram obtidos numa varredura relativamente lenta, os instrumentos interferométricos permitem obter considerável região espectral de uma única vez, em curto tempo. Há instrumentos cuja faixa espectral é estendida de 10 cm^{-1} até o infravermelho próximo. Alguns espectrômetros, com transformada de Fourier, permitem a obtenção tanto dos espectros no infravermelho como Raman no mesmo instrumento. Estudos de reações com cinética rápida ou a caracterização de compostos extremamente instáveis (vida muito curta) tornaram-se possíveis com os novos equipamentos. Uma aplicação mais recente, que tem apresentado grande interesse analítico e industrial, é a observação de espectros de frequências harmônicas dos estiramentos O-H, C-H e N-H, na região do infravermelho próximo.

Um avanço importante na espectroscopia vibracional ocorreu com o desenvolvimento de métodos de cálculo de coordenadas normais, podendo-se citar o trabalho pioneiro de Dennison (1931). A aplicação das propriedades de simetria e da teoria de grupo permitiu que as atribuições de frequências não fossem puramente empíricas, mas tivessem base matemática. Foram fundamentais, neste sentido, os trabalhos de Urey & Bradley (1931), Wilson (1934), Rosenthal & Murphy (1936) e Shimanouchi (1949), entre outros.

O desenvolvimento dos computadores trouxe valiosa contribuição à espectroscopia, tanto pela sua utilização direta nos instrumentos (microcomputadores dedicados) como em cálculos. A análise de coordenadas normais só podia ser efetuada para moléculas relativamente simples e era extremamente morosa. Com os computadores atuais moléculas complicadas e polímeros podem ser estudados normalmente com rapidez e grande refinamento. Além do cálculo clássico, com base nas matrizes G e F de Wilson, cálculos utilizando programas *ab initio* são extremamente valiosos na análise dos espectros vibracionais e têm sido bastante empregados nos últimos anos. A obtenção da distribuição de energia potencial é bastante útil para entender as coordenadas normais, mesmo quando calculadas pela mecânica quântica.

Referências bibliográficas

DENNISON, D. M. *Rev. Mod. Phys.*, v.3, p.280, 1931.

KOGELNIK, H., PORTO, S. P. S. *J. Opt. Soc. Am.*, v.53, p.1446, 1963.

PLACZEK, G. *Handbuch der Radiologie VI*, v.2, p.209, 1934.

PORTO, S. P. S., WOOD, D. L. *J. Opt. Soc. Am.*, v.52, p.251, 1962.

RAMAN, C. V. *Indian J. Phys.*, v.2, p.387, 1928.

ROSENTHAL, J. E., MURPHY, G. M. *Rev. Mod. Phys.*, v.8, p.317, 1936.

SHIMANOUCHI, T. *J. Chem. Phys.*, v.17, p.245, 1949.

SMEKAL, A. *Naturwiss*, v.11, p.873, 1923.

UREY, H. C., BRADLEY, C. A. *Phys. Rev.*, v.38, p.1969, 1931.

WILSON, E. B. *Phys. Rev.*, v.45, p.706, 1934.

Literatura recomendada

ATKINS, P. W. *Molecular Quantum Mechanics*. Oxford University Press, 1989.

BARROW, G. M. *Introduction to Molecular Spectroscopy*. McGraw-Hill, 1962.

COLTHUP, N. B. DALY, L. H., WIBERLEY, S. E. *Introduction to Infrared and Raman Spectroscopy.* Academic Press, 1964.

COTTON, F. A. *Chemical Applications of Group Theory.* Interscience, 1971.

DECIUS, J. C., HEXTER, R. M. *Molecular Vibrations in Crystals.* McGraw-Hill, 1977.

DOLLISH, F. R., FATELEY, W. G., BENTLEY, F. F. *Characteristic Raman Frequencies of Organic Compounds.* John Wiley & Sons, 1974.

EYRING, H., WALTER, J., KIMBALL, G. E. *Quantum Chemistry.* John Wiley & Sons, Inc., 1944.

FATELEY, W. G., DOLLISH, F. R., McDEVITT, N. T., BENTLEY, F. F. *Infrared and Raman Selection Rules for Molecular and Lattice Vibrations: The Correlation Method.* John Wiley & Sons, 1972.

HARRIS, D. C., BERTOLUCCI, M. D. *Symmetry and Spectroscopy.* Dover Publications, 1989,

HERZBERG, G. *Molecular Spectra and Molecular Structure I. Diatomic Molecules*. Prentice may, Inc. 1939.

________. *Molecular Spectra and Molecular Structure II. Infrared and Raman Spectra of Polyatomic Molecules* D. Van Nostrand Company, Inc., 1962.

HOLLAS, J. M. *Modern Spectroscopy.* John Wiley & Sons, 1987.

KING, G. W. *Spectroscopy and Molecular Structure.* Rinehart & Winston, 1964.

KROTO, H. W. *Molecular Rotation Spectra.* Dover Publications, 1992.

LEVINE, I. N. *Molecular Spectroscopy.* John Wiley & Sons, 1975.

LONG, D. A. *Raman Spectroscopy.* McGraw-Hill, 1977.

NAKAMOTO, K. *Infrared and Raman Spectra of Inorganic and Coordination Compounds.* John Wiley & Sons, 1986.

PAINTER, P. C., COLEMAN, M. M., KOENIG, J. L. *The Theory of Vibrational Spectroscopy and its Application to Polymeric Materials.* John Wiley & Sons, 1982.

SALA, O., BASSI, D., SANTOS, P. S., HASE, Y., FORNERIS, R. I. M. G., TEMPERINI, M. L. A., KAWANO, Y. *Espectroscopia Molecular – Princípios e aplicações.* Universidade de São Paulo, 1984.

SHERWOOD, P. M. A. *Vibrational Spectroscopy of Solids.* Cambridge University Press, 1972.

SCHONLAND, R. S. *Molecular Symmetry.* D. Van Nostrand, 1965.

STEELE, D. *Theory of Vibrational Spectroscopy.* W. B. Saunders, 1971.

SZYMANSKI, H. A. (Ed.). *Raman Spectroscopy.* Plenum Press, 1970, vol. 1 e 2

WILSON, E. B., DECIUS, J. C., CROSS, P. C. *Molecular Vibrations.* McGraw-Hill, 1955.

WOLLRAB, J. E. *Rotational Spectra and Molecular Structure.* Academic Press, 1967.

WOODWARD, L. A. *Introduction to the Theory of Molecular Vibrations and Vibrational Spectroscopy.* Oxford, 1972.

2 Vibração de moléculas diatômicas

A rigor, as vibrações moleculares devem ser tratadas quanticamente. Contudo, para algumas propriedades físicas resultados semelhantes podem ser obtidos tanto por método clássico como quântico, em particular as relacionadas com as frequências vibracionais. No caso de moléculas poliatômicas, o método clássico desenvolvido principalmente por Wilson é uma maneira prática de resolver o problema vibracional.

Mesmo classicamente, o tratamento de moléculas poliatômicas seria bastante difícil se não fizéssemos uso das propriedades de simetria molecular e teoria de grupo. Cada átomo possui 3 graus de liberdade (movimentos nas direções x, y ou z) e para uma molécula com N átomos haverá 3N graus de liberdade. Como no momento só nos interessa o estudo de movimentos vibracionais, podemos descartar três graus de liberdade translacional, devidos ao movimento em fase de todos os átomos nas direções x, y ou z, ou seja, dos movimentos translacionais do centro de massa da molécula. Mais três graus de liberdade podem ser eliminados para moléculas não lineares, correspondentes aos movimentos rotacionais da molécula. Os 3N–6 graus de liberdade restantes correspondem a movimentos vibracionais, ou seja, poderemos esperar 3N–6 modos vibracionais fundamentais.

Se não houver modos degenerados, haverá 3N–6 frequências fundamentais; caso contrário, o número de frequências observadas será menor. No caso de moléculas lineares há somente 2 graus de liberdade rotacional, pois considerando os núcleos como pontuais não ocorre rotação no eixo da molécula e teremos 3N–5 graus de liberdade vibracional.

Assim, em uma molécula relativamente simples, com cinco átomos, chegaríamos a uma equação de movimento de nono grau (3N–6 = 9), cujas raízes seriam relacionadas às frequências vibracionais. Os métodos de cálculo que iremos estudar, utilizando propriedades de simetria e teoria de grupo, permitirão fatorar a equação em várias de menor grau, mais simples de serem resolvidas.

Iniciaremos com o caso simples de moléculas diatômicas, utilizando o modelo clássico de oscilador harmônico, obtendo as equações de movimento a partir da equação de Newton. Em seguida introduziremos as equações de Lagrange, que levam ao mesmo resultado anterior, mas que utilizam as expressões da energia cinética e potencial para obter as equações de movimento. No caso de moléculas poliatômicas, as equações de Lagrange tornam muito mais simples a obtenção destas equações. Em vez das equações de Lagrange, onde a energia cinética é expressa em termos de velocidade, pode-se usar as equações de Hamilton, onde esta energia é expressa em termos do momento. Após este procedimento clássico será examinado o modelo quântico do oscilador harmônico. Obtidas as expressões dos níveis de energia, será discutida a origem dos espectros Raman e no infravermelho. O modelo do oscilador anarmônico encerra o capítulo.

2.1 Modelo clássico

O modelo mais simples para o estudo das vibrações de uma molécula é o de massas pontuais (correspondentes aos núcleos atômicos) ligadas por molas com massa desprezível (correspondendo às ligações químicas). Consideremos uma partícula, de massa m, ligada a uma parede rígida (massa infinita) por uma mola cuja constante de força é k. Para um deslocamento pequeno da partícula em relação à posição de equilíbrio haverá uma força de restauração que obedece à lei de Hooke, f = $-k\Delta x$, onde Δx é o deslocamento sofrido e o sinal "–" indica que a força é oposta ao deslocamento inicial. Igualando esta força com a da lei de Newton, temos a equação de movimento:

$$f = -k\Delta x = m\Delta\ddot{x} \quad \text{ou} \quad \Delta\ddot{x} + \frac{k}{m}\Delta x = 0 \qquad (2.1)$$

onde $\Delta\ddot{x}$ é a derivada segunda de Δx em relação ao tempo. Esta equação é a equação de um oscilador harmônico, cuja solução é do tipo:

$$\Delta x = x_0 \cos(2\pi\nu t + \phi) \qquad (2.2)$$

Este tipo de solução pode ser obtido considerando a projeção de um ponto, que descreve um movimento circular uniforme, em um eixo x passando pelo centro do circulo.

Substituindo Δx e a sua derivada segunda na equação (2.1) obtém-se:

$$-4\pi^2\nu^2 x_0 \cos(2\pi\nu t + \phi) + \frac{k}{m} x_0 \cos(2\pi\nu t + \phi) = 0$$

que leva à equação da frequência de oscilação da partícula:

$$\nu = \frac{1}{2\pi}\sqrt{\frac{k}{m}} \qquad (2.3)$$

A equação (2.2) é solução do sistema desde que ν satisfaça (2.3).

Outra maneira de resolver o problema seria considerar a energia cinética, $T = \frac{1}{2} m\Delta\dot{x}^2$, a energia potencial, $V = \frac{1}{2} k\Delta x^2$, e definindo a função lagrangeana, L = T-V, utilizar a equação de Lagrange:

$$\frac{d}{dt}\left[\frac{\partial L}{\partial \Delta \dot{x}}\right]-\frac{\partial L}{\partial \Delta x}=0 \qquad (2.4)$$

Neste caso, T é função só de $\Delta\dot{x}$ e V é função só de Δx e a equação de movimento (2.4) pode ser escrita:

$$\frac{d}{dt}\left[\frac{dT}{d\Delta \dot{x}}\right]+\frac{dV}{d\Delta x}=0 \qquad (2.5)$$

A equação de Lagrange (ou a de Hamilton) pode ser deduzida da equação de Newton introduzindo coordenadas generalizadas. Esta dedução pode ser encontrada em livros-texto, por exemplo, Eyring, Walter & Kimball (1944) ou no Apêndice I.

Efetuando as derivadas indicadas, o primeiro termo resulta em $m\Delta\ddot{x}$, o segundo termo em $k\Delta x$ e a equação (2.5) fica:

$$m\Delta\ddot{x}+k\Delta x=0 \quad \text{ou} \quad \Delta\ddot{x}+\frac{k}{m}\Delta x=0$$

que é a mesma equação obtida a partir da equação de Newton, (2.1), levando, ao mesmo valor de frequência da (2.3).

Vamos considerar agora o modelo de uma molécula diatômica, constituída por duas massas pontuais m_1 e m_2, representando os núcleos ligados por uma mola de constante de força k. Na molécula, esta mola corresponderia à ligação química.

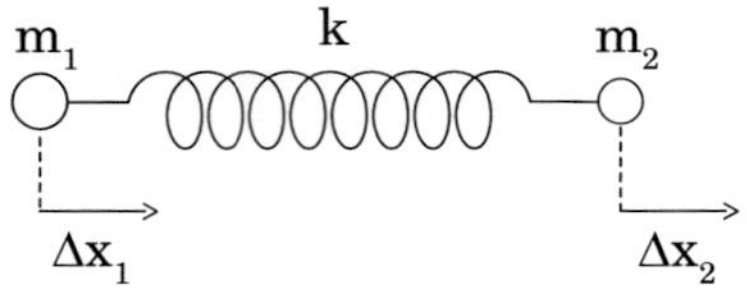

Interessa-nos o pequeno deslocamento dos núcleos durante a vibração, mais bem descritos pelas coordenadas cartesianas de deslocamento. Estas representam as variações das coordenadas cartesianas com o movimento (Δx, Δy, Δz) e não devem ser confundidas com as coordenadas cartesianas das posições de equilíbrio dos núcleos (x, y, z).

Designando por Δx_1 e Δx_2 as coordenadas cartesianas de deslocamento para as massas m_1 e m_2, respectivamente, as expressões para a energia cinética e potencial ficam:

$$T = \tfrac{1}{2}\left(m_1 \Delta\dot{x}_1^{\,2} + m_2 \Delta\dot{x}_2^{\,2}\right) \text{ e } V = \tfrac{1}{2} k(\Delta x_2 - \Delta x_1)^2 \qquad (2.6)$$

A equação de Lagrange deve ser escrita para cada coordenada, originando o sistema de equações diferenciais:

$$\begin{aligned} \frac{d}{dt}\left[\frac{\partial T}{\partial \Delta\dot{x}_1}\right] + \frac{\partial V}{\partial \Delta x_1} = 0 \\ \frac{d}{dt}\left[\frac{\partial T}{\partial \Delta\dot{x}_2}\right] + \frac{\partial V}{\partial \Delta x_2} = 0 \end{aligned} \qquad (2.7)$$

Derivando as (2.6) e substituindo nas (2.7):

$$\begin{aligned} m_1 \Delta\ddot{x}_1 - k(\Delta x_2 - \Delta x_1) = 0 \\ m_2 \Delta\ddot{x}_2 + k(\Delta x_2 - \Delta x_1) = 0 \end{aligned} \qquad (2.8)$$

Supondo $\Delta x_1 = A_1\cos(2\pi\nu t + \phi)$ e $\Delta x_2 = A_2\cos(2\pi\nu t + \phi)$ soluções deste sistema de equações diferenciais obtemos, substituindo Δx_1 e Δx_2 e as suas derivadas em (2.8):

$$\begin{aligned} -4\pi^2\nu^2 m_1 A_1 - k(A_2 - A_1) = 0 \\ -4\pi^2\nu^2 m_2 A_2 + k(A_2 - A_1) = 0 \end{aligned} \qquad (2.9)$$

Reagrupando segundo as amplitudes:

$$\begin{aligned} (-4\pi^2\nu^2 m_1 + k)A_1 - kA_2 = 0 \\ -kA_1 + (-4\pi^2\nu^2 m_2 + k)A_2 = 0 \end{aligned} \qquad (2.10)$$

Para este sistema de equações lineares homogêneas ter solução, além da trivial $A_1 = A_2 = 0$, é necessário que o determinante dos coeficientes das amplitudes seja igual a zero:

$$\begin{vmatrix} -4\pi^2\nu^2 m_1 + k & -k \\ -k & -4\pi^2\nu^2 m_2 + k \end{vmatrix} = 0$$

Este determinante, chamado determinante secular, leva à equação:

$$\left(4\pi^2\nu^2\right)\left[4\pi^2\nu^2 m_1 m_2 - (m_1 + m_2)k\right] = 0$$

cujas raízes são:

$$\nu = 0 \;\; \text{e} \;\; \nu = \frac{1}{2\pi}\sqrt{\frac{k}{\mu}}$$

sendo $\mu = m_1m_2/(m_1+m_2)$ a massa reduzida.

Vejamos o significado dessas raízes. Substituindo em (2.10) o valor da primeira raiz, $\nu = 0$, resulta: $kA_1 = kA_2$ ou $A_1 = A_2$, ou ainda, $\Delta x_1 = \Delta x_2$, que é um movimento de translação.

Substituindo o valor da frequência da segunda raiz em (2.10):

$$\left[-\frac{k}{\mu}m_1 + k\right]A_1 - kA_2 = 0$$

$$-kA_1 + \left[-\frac{k}{\mu}m_2 + k\right]A_2 = 0$$

Somando membro a membro temos $-(k/\mu)(m_1A_1+m_2A_2) = 0$, ou $m_1A_1 = -m_2A_2$, ou $A_1/A_2 = -m_2/m_1$, que corresponde a $\Delta x_1/\Delta x_2 = -m_2/m_1$. Lembrando que as coordenadas cartesianas de deslocamento representam os deslocamentos em relação à posição de equilíbrio de cada átomo, isto significa que as partículas se deslocam em direções opostas e com amplitudes inversamente proporcionais às suas massas, ou seja, executam movimento vibracional.

Outra maneira de resolver o problema vibracional seria utilizar coordenadas internas, definidas como a variação das distâncias de ligações químicas e dos ângulos de valência entre estas ligações. Estas coordenadas são bastante convenientes para o estudo das vibrações moleculares. No caso presente, podemos definir a coordenada interna Δr da ligação entre os átomos 1 e 2:

$$\Delta r = \Delta(x_2 - x_1) = \Delta x_2 - \Delta x_1 \qquad (2.11)$$

Como resultado obteremos equações separadas para translação (coordenada de centro de massa) e para vibração (coordenada interna da ligação).

Embora seja conveniente escrever a energia potencial em função da coordenada interna, é mais simples escrever a energia cinética em função das coordenadas cartesianas de deslocamento:

$$V = \tfrac{1}{2}k(\Delta r)^2 \text{ e } T = \tfrac{1}{2}\left(m_1\Delta\dot{x}_1{}^2 + m_2\Delta\dot{x}_2{}^2\right)$$

A expressão da energia cinética deve ser transformada em função da coordenada interna (ou de sua derivada em relação ao tempo). Sendo X a coordenada do centro de massa, vale a equação:

$$m_1\Delta x_1+m_2\Delta x_2 = (m_1+m_2)\ \Delta X$$

Substituindo nesta equação Δx_2 por $\Delta r+\Delta x_1$, da (2.11), obtemos $m_1\Delta x_1+m_2(\Delta r+\Delta x_1) = (m_1+m_2)\ \Delta X$, que fornece:

$$\Delta x_1 = \Delta X - \frac{m_2}{m_1 + m_2} \cdot \Delta r$$

Procedendo de modo análogo, obtém-se:

$$\Delta x_2 = \Delta X + \frac{m_1}{m_1 + m_2} \cdot \Delta r$$

Derivando Δx_1 e Δx_2 em relação ao tempo e substituindo na expressão da energia cinética resulta:

$$T = \tfrac{1}{2}\left[(m_1 + m_2)\Delta\dot{X}^2 + \mu\Delta\dot{r}^2\right]$$

e as equações de Lagrange ficam:

$$\frac{d}{dt}\left[\frac{\partial T}{\partial \Delta\dot{r}}\right] + \frac{\partial V}{\partial \Delta r} = 0$$

$$\frac{d}{dt}\left[\frac{\partial T}{\partial \Delta\dot{X}}\right] + \frac{\partial V}{\partial \Delta X} = 0$$

levando ao resultado:

$$\mu\Delta\ddot{r} + k\Delta r = 0$$

$$(m_1 + m_2)\Delta\ddot{X} = 0$$

ou seja, as equações ficam separadas nas coordenadas Δr e ΔX.

A solução da primeira equação, $\Delta r = A_0\cos(2\pi\nu t+\phi)$, leva ao valor da frequência do oscilador:

$$\nu = \frac{1}{2\pi}\sqrt{\frac{k}{\mu}}$$

A solução da segunda equação, $\Delta\ddot{X} = 0$, corresponde a um movimento translacional.

2.2 Modelo quântico

Classicamente, as energias cinética e potencial fornecem, através das equações de Lagrange, as soluções para o modelo do oscilador harmônico. Outra função que permite resolver o problema é a hamiltoniana, que representa a energia total do sistema: H = T+V. A energia cinética para uma partícula pode ser escrita em função do momento linear, $p = m\dot{x}$:

$$T = \frac{1}{2m} \cdot p^2$$

Na mecânica quântica o operador correspondente ao momento linear, no caso unidimensional, é:

$$\mathbf{p} = -i\hbar\frac{d}{dx} \qquad \left(i = \sqrt{-1}\right)$$

onde $\hbar = h/2\pi$ e h é a constante de Planck ($h = 6{,}626.10^{-34}$ Js).

O operador de energia cinética, **T**, é obtido efetuando duas operações sucessivas com o operador **p**. Para molécula diatômica, utilizando a coordenada interna $q = \Delta r$ e a massa reduzida μ, teremos:

$$\mathbf{T} = -\frac{\hbar^2}{2\mu} \cdot \frac{d^2}{dq^2}$$

O operador de energia potencial para o oscilador harmônico é:

$$\mathbf{V} = \frac{1}{2} \cdot kq^2$$

que atua na função de onda multiplicando-a por este valor.

Com estes operadores, a equação de Schrödinger, $\mathbf{H}\Psi = \mathbf{T}\Psi + \mathbf{V}\Psi = \mathbf{E}\Psi$, fica:

$$-\frac{\hbar^2}{2\mu} \cdot \frac{d^2\Psi}{dq^2} + \frac{kq^2}{2} \cdot \Psi = E\Psi$$

ou na forma mais usual:

$$\frac{d^2\Psi}{dq^2} + \frac{2\mu}{\hbar^2} \cdot \left(E - \frac{kq^2}{2} \right) \Psi = 0 \tag{2.12}$$

Vamos considerar uma função de onda particular:

$$\Psi(q) = A \cdot \exp\left(-\frac{\alpha q^2}{2} \right) \tag{2.13}$$

e verificar se satisfaz a equação (2.12). Derivando-a duas vezes:

$$\frac{d^2\Psi(q)}{dq^2} = -\alpha\Psi + \alpha^2 q^2 \Psi \tag{2.14}$$

Passando o segundo termo de (2.12) para o segundo membro, podemos igualá-lo com o segundo membro de (2.14):

$$-\alpha + \alpha^2 q^2 = -\frac{2\mu}{\hbar^2} \cdot E + \frac{\mu k q^2}{\hbar^2}$$

Igualando os termos que dependem de q^2 e os termos que não dependem de q^2, teremos:

$$\alpha = \frac{2\mu}{\hbar^2} \cdot E \tag{2.15}$$

e

$$\alpha^2 = \frac{\mu k}{\hbar^2} \quad \text{ou} \quad \alpha = \frac{\sqrt{\mu k}}{\hbar}$$

Substituindo este valor de α em (2.15) obtém-se o autovalor:

$$E = \frac{\hbar^2}{2\mu} \cdot \frac{\sqrt{\mu k}}{\hbar} = \frac{\hbar}{2} \cdot \sqrt{\frac{k}{\mu}} = \frac{1}{2} \cdot h \cdot \frac{1}{2\pi}\sqrt{\frac{k}{\mu}} = \frac{1}{2} \cdot h\nu \tag{2.16}$$

sendo ν o valor da frequência para um oscilador clássico. Isto significa que se a energia tiver este valor a função de onda considerada em (2.13) satisfaz a equação (2.12). A equação (2.16) mostra que o valor da energia para a função de onda escolhida é metade do valor clássico. Este valor representa a energia do estado fundamental do oscilador e é denominada energia do ponto zero. Estados de energia mais alta (excitados) podem ser obtidos multiplicando a função de onda considerada (2.13) por um polinômio em q, resultando para as funções de onda do oscilador harmônico:

$$\psi_v(q) = N_v \cdot H_v(\sqrt{\alpha}q) \cdot \exp\left(-\frac{\alpha q^2}{2}\right) \tag{2.17}$$

onde N_v é um fator de normalização e $H_v(\sqrt{\alpha}q)$ são polinômios de Hermite (para mais detalhes veja o apêndice II). Fazendo $x = \sqrt{\alpha}q$, estes polinômios têm os seguintes valores em função de v (número quântico vibracional), por exemplo, para v de 0 a 5:

$H_0(x) = 1$ $\quad$ $H_1(x) = 2x$

$H_2(x) = 4x^2-2$ $\quad$ $H_3(x) = 8x^3-12x$

$H_4(x) = 16x^4-48x^2+12$ $\quad$ $H_5(x) = 32x^5-160x^3+120x$

Os autovalores correspondentes serão dados por:

$$E_v = \left(v + \frac{1}{2}\right)\hbar\sqrt{\frac{k}{\mu}} = \left(v + \frac{1}{2}\right) \cdot h\nu$$

A função de onda particular proposta em (2.13) corresponde a $H_0(x) = 1$.

Nos vários níveis, caracterizados pelo número quântico v, pode-se pensar que as moléculas estejam oscilando com mesma frequência e as amplitudes destas oscilações, para cada valor de v, seriam as responsáveis pelas diferentes energias dos níveis.

Uma diferença importante entre o modelo clássico e o quântico é a do estado de mais baixa energia. No modelo quântico o oscilador ainda possui energia $\frac{1}{2}h\nu_{classico}$, energia vibracional do ponto zero; classicamente, no mínimo do poço de potencial a energia é zero. O resultado quântico é coerente com o princípio da incerteza, pois no fundo do poço a posição e a energia (zero) seriam perfeitamente determinadas, violando este princípio.

Sendo as transições vibracionais usualmente dadas em unidade de cm^{-1} (número de onda), os termos de energia podem ser escritos nesta unidade:

$$G_v(cm^{-1}) = \frac{1}{hc} \cdot E_v = \frac{\nu}{c}\left(v + \frac{1}{2}\right) = \omega_e\left(v + \frac{1}{2}\right) \tag{2.18}$$

onde $\omega_e = \nu/c$ é o valor clássico do número de onda do oscilador, em cm^{-1}. Embora a unidade cm^{-1} seja de número de onda, ainda é costume em espectroscopia vibracional denominá-la como frequência, ou frequência em cm^{-1}. Nesta unidade, para $v = 0$ temos o valor de energia $E_0 = \omega_e/2$, para $v = 1$ $E_1 = \frac{3}{2}\omega_e$, para $v = 2$ $E_2 = \frac{5}{2}\omega_e$ etc. Se ocorrer transição entre estados consecutivos (regra de seleção $\Delta v = \pm 1$), ou seja, se houver absorção ou emissão de radiação as diferenças de energia serão sempre iguais a ω_e.

Na Figura 2.1 estão representadas as funções de onda do oscilador harmônico (2.17) já normalizadas, segundo a equação:

$$\psi_v = \left[\frac{\alpha}{\pi}\right]^{1/4}\left[\frac{1}{2^v v!}\right]^{1/2} H_v(\sqrt{\alpha}\,q)\exp\left(-\frac{\alpha q^2}{2}\right)$$

e os correspondentes autovalores (linhas tracejadas). O ponto em que estas linhas cortam a curva poço é o valor máximo de energia potencial para o estado vibracional considerado, definido pelo número quântico vibracional v. Observa-se que as funções com número quântico vibracional v par são funções pares e as com v ímpar são funções ímpares. (f(x) é uma função par se f(x) = f(–x); se f(x) = –f(–x), a função é ímpar.)

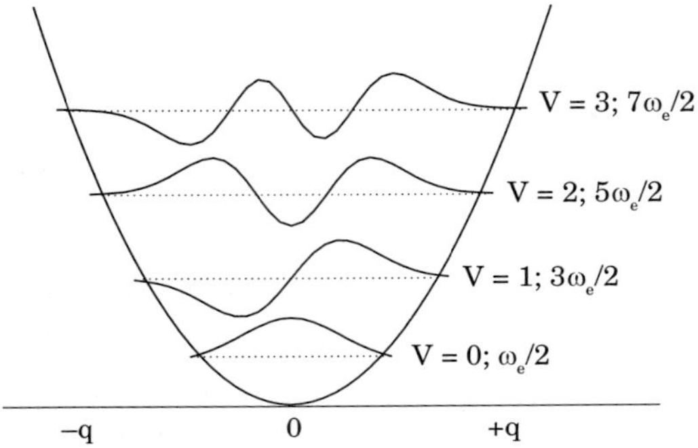

Figura 2.1 – Funções de onda do oscilador harmônico.

Obtidos os níveis de energia, precisamos determinar as condições para que ocorra transição entre os estados correspondentes, isto é, obter as regras de seleção do oscilador harmônico.

2.3 Espectro no infravermelho

Classicamente, a absorção (ou emissão) de radiação por um sistema é devida à variação periódica de seu momento de dipolo elétrico, sendo a frequência absorvida (ou emitida) idêntica à da oscilação do dipolo. Assim, se o momento de dipolo μ (ou um de seus três componentes) oscilar com a mesma frequência de uma radiação incidente, a molécula absorverá esta radiação.

O momento de dipolo é determinado pela configuração nuclear; quando a molécula vibra o momento de dipolo pode sofrer variação. Para moléculas diatômicas a única coordenada normal do sistema coincide com a coordenada interna da ligação, q. Portanto, podemos expandir o momento de dipolo em série de Taylor da coordenada q para cada um dos componentes μ_x, μ_y e μ_z, ou em forma condensada:

$$\mu = \mu_0 + \left(\frac{d\mu}{dq}\right)_0 q + \ldots \qquad (2.19)$$

onde μ_0 é o vetor do momento de dipolo permanente e a derivada é considerada na posição de equilíbrio. Para pequenos deslocamentos em relação a esta posição, podemos desprezar os termos de ordem mais alta. A condição de variação do momento de dipolo com a vibração, para haver absorção no infravermelho, implica em $(d\mu/dq)_0 \neq 0$ pelo menos para um dos componentes μ_x, μ_y ou μ_z.

Pela mecânica quântica, a transição entre dois estados, caracterizados pelas funções de onda ψ_m e ψ_n , é descrita pelo momento de transição de dipolo:

$$\mu_{mn} = \int \psi_m \mu \psi_n d\tau \qquad (2.20)$$

ou pelos componentes:

$$(\mu_x)_{mn} = \int \psi_m \mu_x \psi_n d\tau$$

$$(\mu_y)_{mn} = \int \psi_m \mu_y \psi_n d\tau$$

$$(\mu_z)_{mn} = \int \psi_m \mu_z \psi_n d\tau$$

O momento de transição pode ser interpretado como a medida do dipolo associado com o movimento dos elétrons durante a transição entre os dois estados envolvidos. Os valores dessas integrais determinam a intensidade no infravermelho, que é proporcional à probabilidade de transição $|\mu_{mn}|^2$ (ou a soma dos quadrados dos componentes). Para a transição ser permitida é necessário que pelo menos uma das integrais acima seja diferente de zero. O momento de transição é causado pela perturbação do operador hamiltoniano pelo campo da radiação incidente, $H = H_0 + H'$, onde H' é a perturbação no hamiltoniano. O campo elétrico E atua no momento de dipolo μ produzindo uma variação, $E\mu$, que é adicionada à energia do sistema.

Substituindo na expressão do momento de transição o momento de dipolo em série de Taylor (2.19), teremos:

$$\mu_{mn} = \mu_0 \int \psi_m \psi_n d\tau + \left(\frac{d\mu}{dq} \right)_0 \cdot \int \psi_m q \psi_n d\tau \qquad (2.21)$$

A primeira integral do segundo membro é igual a zero, pela ortogonalidade das funções de onda (a não ser quando m = n, caso onde não ocorre transição e μ_{mm} é o valor do dipolo permanente e não mais do momento de transição). Para o segundo termo ser diferente de zero, é necessário que sejam satisfeitas as condições:

(1) $(d\mu/dq)_0 \neq 0$, ou seja, haja variação do momento de dipolo com a pequena vibração na posição de equilíbrio.

(2) $\int \psi_m q \psi_n d\tau \neq 0$. Para esta integral ser diferente de zero o produto $\psi_m q \psi_n$ deve ser função par. Como q é função ímpar é necessário que o produto $\psi_m \psi_n$ seja função ímpar, isto é, as duas funções de onda devem ter diferente paridade. A regra de seleção para o oscilador harmônico é $\Delta v = \pm 1$, onde para absorção vale o sinal "+" e para emissão o sinal "–". É importante notar que a integral é no espaço e não no tempo, assim, a dependência com $\cos(2\pi\nu t + \phi)$ não é considerada na integral.

Como consequência da primeira condição, molécula diatômica homonuclear não apresenta espectro vibracional no infravermelho, pois seu momento de dipolo continua sendo nulo durante a vibração.

Para molécula diatômica heteronuclear o movimento vibracional causará variação do momento de dipolo e haverá atividade no infravermelho. A frequência observada, em cm^{-1}, será:

$$G_{v+1} - G_v = \omega_e \left(v + \frac{3}{2} \right) - \omega_e \left(v + \frac{1}{2} \right) = \omega_e$$

Pode-se observar, no esquema seguinte, que os níveis são igualmente espaçados por uma separação que corresponde à frequência vibracional.

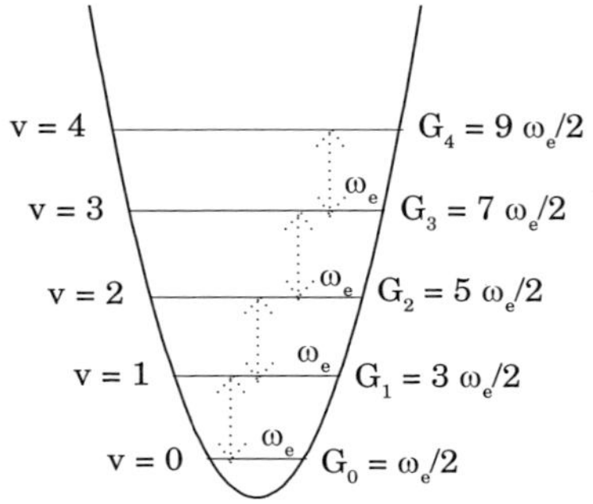

Figura 2.2 – Níveis de energia e transições do oscilador harmônico.

2.4 Espectro Raman

O espectro Raman é devido ao espalhamento inelástico de uma radiação monocromática que incide em uma molécula. Embora como resultado a molécula passe de um estado vibracional para outro, o fenômeno é fisicamente diferente da absorção de radiação e as regras de seleção podem ser diferentes das consideradas no infravermelho.

No efeito Raman, a atividade está ligada à variação do momento de dipolo induzido na molécula pelo campo elétrico da radiação incidente. É diferente do infravermelho, onde se considera o momento dipolar intrínseco, ou melhor, a variação deste momento com a vibração.

Classicamente, o vetor do momento de dipolo induzido oscila com sobreposição de frequências e pode ser escrito $\mathbf{P} = \alpha\mathbf{E}$, sendo α a polarizabilidade da molécula e $\mathbf{E}$ o vetor do campo elétrico da radiação incidente. α pode ser desenvolvida em série de Taylor em função da coordenada interna q, a única coordenada normal do sistema em estudo:

$$\alpha = \alpha_0 + \left(\frac{d\alpha}{dq}\right)_0 q + \cdots \qquad (2.22)$$

onde os termos de ordem mais alta foram desprezados devido à pequena variação da coordenada q.

Considerando a coordenada q e o campo **E** descritos por:

$$q = q_0 \cos(2\pi\nu_v t) \quad \text{e} \quad \mathbf{E} = \mathbf{E}_0 \cos(2\pi\nu_0 t)$$

sendo ν_v e ν_0, respectivamente, a frequência vibracional e da radiação incidente, o momento de dipolo induzido ficará:

$$\mathbf{P} = \alpha_0 \mathbf{E}_0 \cos(2\pi\nu_0 t) + \left(\frac{d\alpha}{dq}\right)_0 q_0 \mathbf{E}_0 \cos(2\pi\nu_0 t)\cos(2\pi\nu_v t)$$

Lembrando que $\cos(a)\cos(b)=\frac{1}{2}[\cos(a+b)+\cos(a-b)]$, temos:

$$\mathbf{P} = \alpha_0 \mathbf{E}_0 \cos(2\pi\nu_0 t) + \frac{1}{2}\left(\frac{d\alpha}{dq}\right)_0 q_0 \mathbf{E}_0 \{\cos[2\pi(\nu_0 + \nu_v)t] + $$
$$+ \cos[2\pi(\nu_0 - \nu_v)t]\} \qquad (2.23)$$

O primeiro termo contém somente a frequência da radiação incidente e corresponde ao espalhamento Rayleigh (espalhamento elástico). No segundo termo aparecem radiações espalhadas com frequência $\nu_0-\nu_v$ (espalhamento Raman Stokes) e $\nu_0+\nu_v$ (espalhamento Raman anti-Stokes); para este termo contribuir é necessário que $(d\alpha/dq)_0 \neq 0$, ou seja, deve haver variação da polarizabilidade com o pequeno deslocamento da coordenada q em torno da posição de equilíbrio.

No efeito Raman, tanto moléculas diatômicas heteronucleares como homonucleares apresentam atividade, pois ocorre variação da polarizabilidade com a vibração em ambos casos. No espectro teremos, simetricamente em relação à linha Rayleigh, uma banda do lado de frequências mais baixas, a Stokes, e uma do lado de frequências mais altas, a anti-Stokes. Classicamente as duas deveriam ter mesma intensidade, mas observa-se que a Stokes é mais intensa do que a anti-Stokes. Para explicar este comportamento precisamos recorrer ao modelo quântico.

No espalhamento Raman, a molécula é excitada pelo fóton incidente, ocorrendo perturbação de todos níveis de energia, é como se houvesse um estado intermediário de energia. Em seguida ela decai a um nível vibracional excitado, com espalhamento de luz de menor energia a diferença entre a energia do fóton incidente e a do fóton espalhado é igual a energia vibracional. O momento de transição induzido pode ser escrito $\mathbf{P}_{mn} = \mathbf{E}\cdot(\alpha_{ij})_{mn}$, onde. $(\alpha_{ij})_{mn}$ são componentes do tensor de polarizabilidade.

A relação entre os componentes do momento de dipolo induzido e os componentes do campo elétrico é dada pelas equações:

$$\begin{aligned} P_x &= \alpha_{xx}E_x + \alpha_{xy}E_y + \alpha_{xz}E_z \\ P_y &= \alpha_{yx}E_x + \alpha_{yy}E_y + \alpha_{yz}E_z \\ P_z &= \alpha_{zx}E_x + \alpha_{zy}E_y + \alpha_{zz}E_z \end{aligned} \tag{2.24}$$

Estas equações valem para o espalhamento Rayleigh, onde é considerada a polarizabilidade intrínseca. No espalhamento Raman deve-se considerar, em (2.24), as derivadas dos componentes de α em relação ao modo vibracional, $\alpha'_{ij} = (d\alpha_{ij}/dq)_0$, que formam um tensor simétrico, isto é, $\alpha'_{xy} = \alpha'_{yx}$, $\alpha'_{xz} = \alpha'_{zx}$ e $\alpha'_{yz} = \alpha'_{zy}$, conhecido como tensor Raman.

Na transição entre os estados vibracionais m e n devem ser considerados os componentes $(\alpha_{ij})_{mn}$, onde i e j são x, y ou z. Para haver atividade no Raman pelo menos um dos componentes das 6 integrais do momento de transição

$$(\alpha_{ij})_{mn} = \int \psi_m \alpha_{ij} \psi_n d\tau$$

deve ser diferente de zero.

Considerando o desenvolvimento em série de Taylor (2.22) obtém-se:

$$(\alpha_{ij})_{mn} = (\alpha_{ij})_0 \int \psi_m \psi_n d\tau + \left(\frac{d\alpha_{ij}}{dq}\right)_0 \int \psi_m q \psi_n d\tau$$

No espalhamento Raman Stokes ou anti-Stokes, os estados vibracionais m e n são diferentes e a primeira integral do segundo membro é igual a zero, pela ortogonalidade entre ψ_m e ψ_n. Para m = n o primeiro termo corresponde ao espalhamento Rayleigh. Para o segundo termo ser diferente de zero, é necessário que sejam satisfeitas as condições:

(1) $(d\alpha_{ij}/dq)_0 \neq 0$, ou seja, pelo menos um dos componentes do tensor de polarizabilidade deve variar com a pequena vibração em torno da posição de equilíbrio;

(2) $\int \psi_m q \psi_n d\tau \neq 0$. Esta condição já foi discutida para a atividade no infravermelho. A regra de seleção para o oscilador harmônico é $\Delta v = \pm 1$, onde o sinal "+" vale para Stokes e o sinal "–" para anti-Stokes.

A intensidade Raman depende da probabilidade de transição, ou seja, do quadrado do tensor de polarizabilidade e da quarta potência da frequência da radiação espalhada:

$$I_{mn} = \left(\frac{16\pi^2}{9c^4}\right) I_0 \nu^4 \sum_i \sum_j \left|(\alpha_{ij})_{mn}\right|^2 \qquad (2.25)$$

sendo I_0 a intensidade da radiação incidente e ν é a frequência da radiação espalhada.

Os mecanismos de espalhamento podem ser representados pelos esquemas da Figura 2.3.

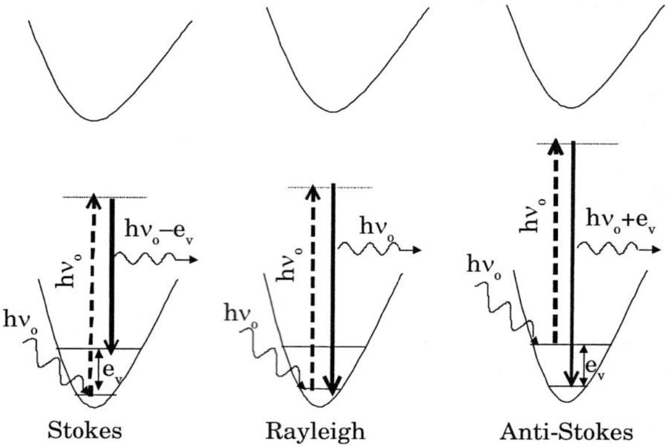

Figura 2.3 – Esquema dos mecanismos de espalhamento.

No espalhamento Raman Stokes a molécula no estado fundamental sofre colisão com o fóton de energia $h\nu_0$, passa para um estado intermediário (ou virtual), que não precisa ser um estado estacionário da molécula, e decai em seguida para um estado vibracional excitado, de energia e_v; o fóton espalhado, $h\nu_0 - e_v$, terá energia menor do que o incidente. No espalhamento Rayleigh, após a interação do fóton com a molécula, esta volta ao mesmo nível de energia inicial e o fóton é espalhado sem modificação de frequência (espalhamento elástico).

No espalhamento Raman anti-Stokes o fóton encontra a molécula já num estado excitado e após a interação a molécula decai para o estado fundamental. Esta diferença de energia é cedida ao fóton, que é espalhado com energia $h\nu_0 + e_v$. Como a população dos estados excitados segue a distribuição de Boltzmann, deve-se esperar para as bandas anti-Stokes menor intensidade do que para as Stokes. Isto se verifica experimentalmente e a relação entre as intensidades anti-Stokes/Stokes é dada por:

$$\frac{I_A}{I_S} = \left(\frac{\nu_0 + \nu_v}{\nu_0 - \nu_v}\right)^4 \exp\left(-\frac{e_v}{kT}\right) \tag{2.26}$$

Para frequências baixas as intensidades Stokes e anti-Stokes são comparáveis, mas para frequências vibracionais muito altas é difícil observar as bandas anti-Stokes.

O esquema da Figura 2.3 é útil para visualizar o espalhamento Raman, mostrando que além do estado inicial e final da molécula também comparece o estado intermediário. Na realidade, deve-se pensar que após a colisão do fóton com a molécula este é aniquilado e a molécula sofre uma perturbação em todos seus estados de energia. Isto é expresso, na equação matemática para a polarizabilidade, por um somatório sobre todos estados. Quando o comprimento de onda da radiação excitante se situa na região de uma banda de absorção eletrônica intensa do composto, as funções de onda cujos autovalores estão próximos ao nível intermediário, no esquema da figura 2.3, terão contribuição preponderante. Como consequência haverá intensificação do espectro que pode atingir um fator da ordem de 10^5. Em moléculas poliatômicas, somente alguns modos vibracionais sofrem essa intensificação. Esses modos são aqueles para os quais o momento de transição tem contribuição elevada. Este fenômeno é conhecido como efeito Raman ressonante (para mais detalhes, ver o apêndice IV).

2.5 Oscilador anarmônico

Como consequência da regra de seleção do modelo de oscilador harmônico simples, $\Delta v = \pm 1$, para molécula diatômica heteronuclear seria esperada apenas uma banda vibracional no espectro de absorção no infravermelho. Na realidade, observa-se no espectro do HCl, como exemplo, além da banda fundamental em 2886 cm^{-1} o aparecimento de bandas com aproximadamente o dobro, o triplo etc. desta frequência, embora com intensidade muito menor. Isto é explicado considerando a anarmonicidade mecânica e elétrica do oscilador.

A função potencial para o oscilador harmônico, em termos da coordenada interna q, pode ser obtida pelo desenvolvimento em série de Taylor:

$$V(q) = V_0 + \left(\frac{dV}{dq}\right)_0 q + \frac{1}{2!}\left(\frac{d^2V}{dq^2}\right)_0 q^2 + \cdots \qquad (2.27)$$

considerando somente termos até a segunda ordem. Neste desenvolvimento, o primeiro termo é uma constante, que com escolha conveniente do referencial pode ser igualada a zero; o segundo termo, por ser a derivada na posição de mínimo da função potencial, também é igual a zero. O terceiro termo pode ser escrito:

$$\frac{1}{2!}\left(\frac{d^2V}{dq^2}\right)_0 q^2 = \frac{1}{2} \cdot kq^2 \qquad (2.28)$$

ou seja, a derivada segunda do potencial na posição de equilíbrio (que mede a curvatura na posição de mínimo) é igual à constante de força k. A anarmonicidade mecânica surge quando no desenvolvimento em série são considerados termos de maior ordem. Em geral é suficiente considerar o termo

$$\frac{1}{3!}\left(\frac{d^3V}{dq^3}\right)_0 q^3$$

Isto equivale a dizer que a curva potencial não terá mais a forma parabólica e a deformação da curva potencial gera perda de simetria nas funções de onda.

A anarmonicidade mecânica, que é ligada com a função potencial, modifica as funções de onda da equação de Schrödinger e é responsável pela mudança das regras de seleção, sendo agora permitidas transições com $\Delta v = \pm 1, \pm 2, \pm 3$, etc. Esta anarmonicidade irá determinar o valor exato das frequências harmônicas.

A anarmonicidade elétrica determina a intensidade das bandas e ocorre quando são considerados termos de maior ordem no desenvolvimento em série do momento de dipolo, para os espectros no infravermelho,

$$\mu = \mu_0 + \left(\frac{d\mu}{dq}\right)_0 q + \frac{1}{2!}\left(\frac{d^2\mu}{dq^2}\right)_0 q^2 + \cdots$$

Para a intensidade da primeira harmônica é suficiente considerar o termo quadrático. Para a segunda harmônica é necessário considerar o termo cúbico:

$$\frac{1}{3!}\left(\frac{d^3\mu}{dq^3}\right)_0 q^3$$

Para harmônicas de ordens superiores será necessário considerar derivadas de maior ordem no desenvolvimento em série. O mesmo ocorre no Raman com a polarizabilidade:

$$\alpha = \alpha_0 + \left(\frac{d\alpha}{dq}\right)_0 q + \frac{1}{2!}\left(\frac{d^2\alpha}{dq^2}\right)_0 q^2 + \cdots$$

Pela mecânica quântica, o operador de energia potencial, no hamiltoniano, deverá conter estes novos termos do desenvolvimento em série. Os autovalores (em cm^{-1}) para molécula diatômica não serão mais dados por

$$G_v = \omega_e \left(v + \frac{1}{2} \right)$$

onde, $\omega_e = (1/2\pi c)\sqrt{k/\mu}$, mas por

$$G_v = \omega_e \left(v + \frac{1}{2} \right) - \omega_e x_e \left(v + \frac{1}{2} \right)^2 \tag{2.29}$$

Nesta equação $\omega_e x_e$ é a constante de anarmonicidade e ω_e é o valor clássico da frequência no oscilador harmônico. Devido ao sinal – no segundo termo, os níveis de energia ficarão cada vez mais próximos à medida que o número quântico vibracional aumenta. A energia no ponto zero tem o valor:

$$G_0 = \omega_e \cdot \frac{1.}{2} - \omega_e x_e \cdot \frac{1}{4}$$

A razão de se escrever $\omega_e x_e$ para a constante de anarmonicidade vem da expressão usada pelos primeiros autores:

$$G_v = \omega_e \left[\left(v + \frac{1}{2} \right) - x_e \left(v + \frac{1}{2} \right)^2 + y_e \left(v + \frac{1}{2} \right)^3 + \cdots \right]$$

A transição entre estados com número quântico vibracional v e 0 pode ser escrita:

$$G_v - G_0 = \omega_e \left(v + \frac{1}{2} \right) - \omega_e x_e \left(v + \frac{1}{2} \right)^2 - \omega_e \cdot \frac{1}{2} + \omega_e x_e \cdot \frac{1}{4}$$

$$= \omega_e v - \omega_e x_e (v^2 + v) \tag{2.30}$$

Considerando, em particular, a transição $G_1 - G_0 = \omega_e - 2\omega_e x_e$, o primeiro termo do segundo membro corresponde à aproximação do oscilador harmônico e a expressão completa representa o oscilador anarmônico.

O valor observado experimentalmente corresponde a um oscilador real, anarmônico; para que se possa aplicar a teoria desenvolvida para o oscilador harmônico, que é muito mais simples, deve-se calcular o valor que a frequência do oscilador teria se ele fosse harmônico, ou seja, o valor da "frequência harmônica", ω_e. Este valor será maior do que o experimental, como se percebe pela Figura 2.4. Esta aproximação seria válida na vizinhança da posição de equilíbrio, onde as curvas de potencial para os dois modelos são semelhantes.

Como exemplo, num cálculo aproximado para HCl, sendo a frequência fundamental e a da primeira harmônica observadas em 2886 e 5668 cm^{-1}, pode-se escrever:

$$G_1 - G_0 = 2886 = \omega_e - 2\omega_e x_e$$
$$G_2 - G_0 = 5668 = 2\omega_e - 6\omega_e x_e$$

Multiplicando a primeira equação por 2 e subtraindo deste valor a segunda equação teremos $2\omega_e x_e = 104$, ou $\omega_e x_e = 52\ cm^{-1}$. Substituindo na primeira equação:

$$\omega_e = 2886 + 104 = 2990\ cm^{-1}$$

que é o valor correspondente a um oscilador harmônico.

A Figura 2.4 compara as curvas potenciais e os níveis de energia do oscilador harmônico e do anarmônico, notando-se para este último o aparecimento da energia de dissociação, D_e.

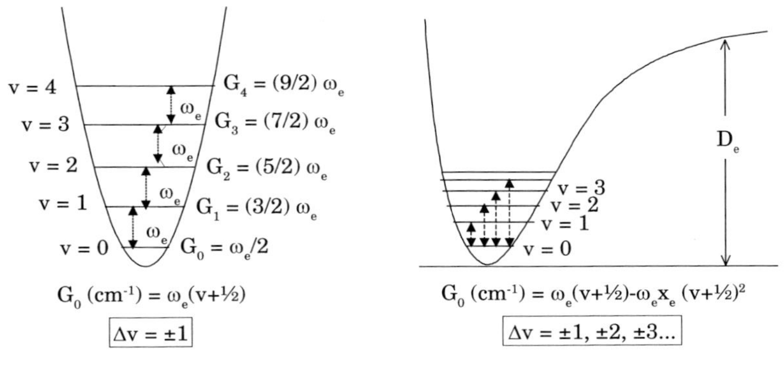

Figura 2.4 – Curvas potenciais e níveis de energia para o oscilador harmônico e anarmônico

Uma expressão simples que descreve com precisão razoável a curva de energia potencial é a introduzida por Morse:

$$V(q) = D_e[1-\exp(-\beta q)]^2$$

onde D_e é a energia de dissociação medida em relação ao mínimo da curva potencial e $\beta = \omega_e\sqrt{2\pi^2 c\mu / D_e h}$, onde ω_e e D_e estão em cm^{-1} e $h = 6{,}626 \cdot 10^{-27}$ erg·s. Esta expressão de β pode ser obtida calculando-se a derivada segunda do potencial de Morse e considerando a equação (2.28), lembrando que as derivadas são no ponto $q = 0$.

No exemplo do HCl, a constante de força calculada a partir do valor da frequência observada, 2886 cm^{-1}, é $k = 4{,}78$ mdinas/Å; o valor da constante de força calculada com a frequência corrigida ($\omega_e = 2990$ cm^{-1}) é 5,13 mdinas/Å. Quando for possível determinar ω_e (pela observação de harmônicas) o resultado será mais correto, mas, devido à fraca intensidade das harmônicas, nem sempre é possível efetuar esta correção.

A constante de anarmonicidade, em geral, é maior para vibrações envolvendo átomos leves, onde a amplitude de vibração é grande, e pequena para vibrações envolvendo átomos pesados. Deve-se lembrar que a lei de Hooke, usada na derivação das equações de movimento do oscilador harmônico, é válida na condição de haver "deslocamento pequeno em relação à posição de equilíbrio". Assim, para uma ligação envolvendo um átomo de hidrogênio, a anarmonicidade é grande. Por exemplo, para HCl $\omega_e x_e$ é igual a 52 cm^{-1}, enquanto para DCl vale 27 cm^{-1}; para H_2 a constante de anarmonicidade é 118 cm^{-1} e para D_2 é 64 cm^{-1}.

Exercícios

2.1 As frequências vibracionais das moléculas HCl, BrCl e ICl são observadas, respectivamente, em 2885, 428 e 375 cm^{-1}. Discuta o efeito das massas e das constantes de força nestas frequências. Calcule as frequências vibracionais de $D^{35}Cl$, $H^{35}Cl$ e $H^{37}Cl$.

2.2 Calcule a razão de intensidade anti-Stokes/Stokes para as bandas Raman em 217 e 459 cm^{-1} do CCl_4, nas temperaturas 47 °C e –23 °C, sendo a radiação excitante a 514,5 nm.

2.3 No espectro Raman do Cu_3PS_4 (excitado com a linha 457,9 nm) foram observadas bandas do estiramento P-S em: 392, 784, 1175, 1565, 1953, 2340, 2727, 3112 e 3499 cm^{-1}, para temperatura de 100 K. Para temperatura de 300 K foram observadas bandas em 391, 780, 1167 e 1550 cm^{-1}. Determine os valores das frequências harmônicas e das constantes de anarmonicidade para estas duas temperaturas. Com a aproximação grosseira da ligação P-S como sendo uma molécula diatômica, calcule a constante de força com o valor da frequência harmônica e represente em escala o diagrama dos níveis de energia para a temperatura de 300 K.

(Sugestão: Faça um gráfico de ν(v)/v em função de v, onde ν é o número de onda e v o número quântico vibracional do estado excitado.)

2.4 As funções de onda de um oscilador harmônico são dadas por expressões do tipo $\psi_v(q) = N_v H_v(x) \exp(x^2/2)$, onde $x = \sqrt{\alpha}\, q$ e $H_0 = 1$, $H_1 = 2\sqrt{\alpha}\, q$, $H_2 = 4\alpha q^2 - 2$. Analise a transição v = 1 para v = 2 em termos da paridade das representações do momento de transição.

2.5 Considerando a função de onda particular, para v = 1, de um oscilador harmônico, mostre que o autovalor corresponde a 3/2 do valor da frequência clássica.

2.6 O espectro Raman ressonante do vapor de I_2 apresenta bandas em 213, 426, 637, 846, 1054, 1261, 1467 e 1670 cm^{-1}. Com estes valores determine graficamente ω_e e $\omega_e x_e$. Usando programa computacional (*Origin, Excel* ou outro) obtenha a curva potencial de Morse para o estado eletrônico fundamental.

Sugestão: O valor da energia de dissociação, usando massa em u.m.a. – não esqueça que está calculando para uma molécula e não para um mol – pode ser obtido pela equação:

$$D_e = \frac{\omega_e}{4}\left(\frac{\omega_e}{\omega_e x_e} - \frac{\omega_e x_e}{\omega_e}\right)$$

Para traçar o gráfico, varie a distância q (Å) entre –0,3 e 2,5, com intervalos de 0,05 Å.

Literatura recomendada

BARROW, G. M. *Introduction to Molecular Spectroscopy*. McGraw-Hill, 1962.

EYRING, H., WALTER, J., KIMBALL, G. E. *Quantum Chemistry*. John Wiley & Sons, Inc., 1944.

HARRIS, D. C., BERTOLUCCI, M. D. *Symmetry and Spectroscopy*. Dover Publications, 1989.

HERZBERG, G. *Molecular Spectra and Molecular Structure - I. Diatomic Molecules*. Prentice Hall, Inc., 1939.

HOLLAS, J. M. *Modern Spectroscopy*. John Wiley & Sons, 1987.

NAKAMOTO, K. *Infrared and Raman Spectra of Inorganic and Coordination Compounds*. John Wiley & Sons, 1986.

3 Rotação de moléculas diatômicas

3.1 Modelo do rotor rígido

Iniciaremos o estudo de espectros rotacionais de moléculas diatômicas considerando o modelo de duas massas pontuais m_1 e m_2 ligadas rigidamente, de modo que não haja distensão desta ligação com a rotação do sistema. O modelo é justificado devido à massa do átomo estar concentrada no núcleo, cujo raio é da ordem de 10^{-12} cm ao passo que a distância internuclear é da ordem de 10^{-8} cm.

Classicamente, podemos considerar o sistema girando ao redor de um eixo, passando pelo centro de massas, com velocidade angular $\omega = 2\pi\nu_{rot}$.

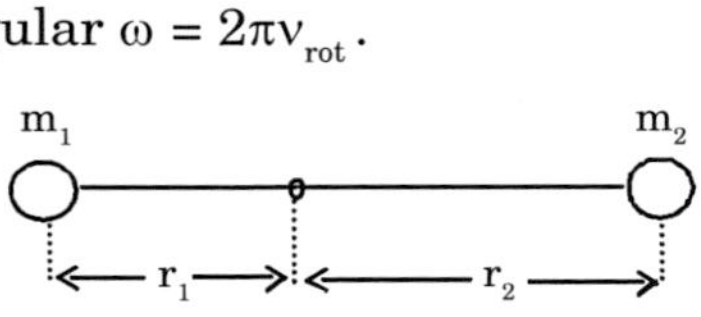

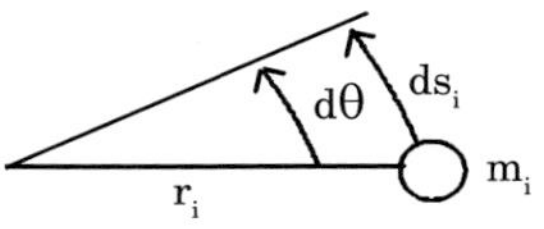

A velocidade de uma partícula a uma distância r_i do centro de massas é

$$v_i = \dot{s}_i = r_i\theta = r_i\omega$$

A energia do sistema será dada pela energia cinética, pois não havendo variação de distância a energia potencial pode ser igualada a zero:

$$E = T = \tfrac{1}{2}(m_1 v_1^2 + m_2 v_2^2) = \tfrac{1}{2}\omega^2 (m_1 r_1^2 + m_2 r_2^2)$$

Utilizando a definição de momento de inércia:

$$I = \sum_i m_i r_i^2$$

resulta:

$$E = \tfrac{1}{2} I \omega^2 \qquad (3.1)$$

Colocando a origem do sistema no centro de massas, vale a equação: $m_1 r_1 = m_2 r_2$, com $r = r_1 + r_2$, obtendo-se $r_1 = m_2(r - r_1)/m_1$ e $r_2 = m_1(r - r_2)/m_2$, ou:

$$r_1 = \frac{m_2}{m_1 + m_2} \cdot r \quad \text{e} \quad r_2 = \frac{m_1}{m_1 + m_2} \cdot r$$

Substituindo estes valores na expressão do momento de inércia teremos:

$$I = m_1 r_1^2 + m_2 r_2^2 = \mu r^2$$

onde $\mu = m_1 m_2/(m_1 + m_2)$ é a massa reduzida do sistema. Assim, o sistema equivale ao de uma massa μ girando a uma distância r do eixo de rotação.

Classicamente não há restrição quanto à velocidade angular e qualquer energia rotacional seria possível, em contradição com a observação experimental. Utilizando a mecânica quântica, podemos determinar os autovalores da equação de Schrödinger:

$$\nabla^2 \psi + \frac{2\mu}{\hbar^2} \cdot E\psi + 0$$

Contudo, resultado idêntico pode ser obtido aplicando-se ao modelo clássico a condição de quantização do momento angular (como foi feito por Bohr para o átomo de hidrogênio), com uma pequena correção. Assim,

$$\sum_i (m_i v_i) r_i = \sum_i (m_i \omega r_i) r_i = \omega \sum_i m_i r_i^2 = I\omega = J\hbar = J\frac{h}{2\pi}$$

onde J (= 0, 1, 2 ...) é o número quântico rotacional. Esta condição leva aos valores de energia:

$$E_J = \frac{1}{2} \cdot I\omega^2 = \frac{1}{2I}(I\omega)^2 = \frac{\hbar^2}{2I} \cdot J^2 = \frac{h^2}{8\pi^2 I} \cdot J^2$$

Para se ter valor idêntico ao obtido com a equação de Schrödinger,

$$E_J = \frac{h^2}{8\pi^2 I} \cdot J(J+1) \tag{3.2}$$

basta tomar como quantização do momento angular o valor $\sqrt{J(J+1)}\hbar$, em vez de $J\hbar$.

Em unidade de cm^{-1} a expressão para os níveis de energia fica:

$$F_J(cm^{-1}) = \frac{h}{8\pi^2 cI} \cdot J(J+1) = BJ(J+1) \tag{3.3}$$

onde $B = h/8\pi^2 cI$ (cm^{-1}) é conhecido como constante rotacional. Para I em $g{\cdot}cm^2$, $B = 27{,}99{\cdot}10^{-40}/I$; para I em u.m.a.$Å^2$, $B = 16{,}855/I$.

Obtidos os níveis de energia, vamos considerar as transições entre os estados rotacionais, ou seja, obter as regras de seleção para os espectros Raman e no infravermelho.

3.2 Espectro no infravermelho

As funções de onda rotacionais envolvem, além do número quântico rotacional J, o número quântico M, dos componentes do momento angular na direção do eixo z (eixo da ligação), $M\hbar$, onde M = J, (J–1), (J–2)..., -J.

As funções de onda normalizadas, para J até 2 (com os ângulos mostrados na figura abaixo), podem ser escritas:

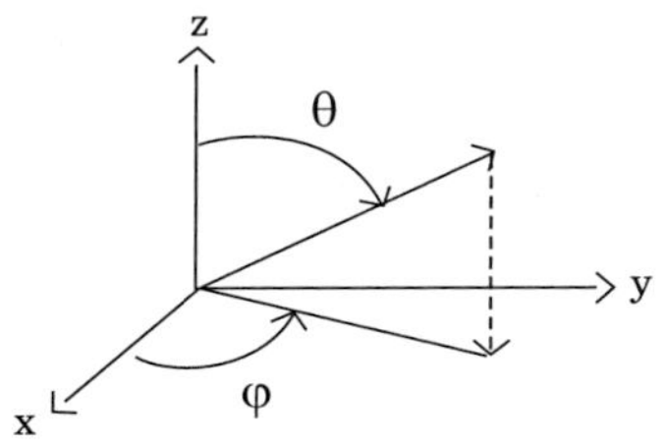

$$
\begin{aligned}
&J = 0, \quad M = 0; \quad && \psi_{00} = \frac{1}{2\sqrt{\pi}} \\
&J = 1, \quad M = 0; \quad && \psi_{10} = \frac{1}{2}\sqrt{\frac{3}{\pi}} \cdot \cos\theta \\
&J = 1, \quad M = \pm 1; \quad && \psi_{1\pm 1} = \frac{1}{2}\sqrt{\frac{3}{2\pi}} \cdot \operatorname{sen}\theta \cdot \exp(\pm i\varphi) \\
&J = 2, \quad M = 0; \quad && \psi_{20} = \frac{1}{4}\sqrt{\frac{5}{\pi}} \cdot (3\cos^2\theta - 1) \\
&J = 2, \quad M = \pm 1; \quad && \psi_{2\pm 1} = \frac{1}{2}\sqrt{\frac{15}{2\pi}} \cdot \operatorname{sen}\theta\cos\theta \cdot \exp(\pm i\varphi) \\
&J = 2, \quad M = \pm 2; \quad && \psi_{2\pm 2} = \frac{1}{4}\sqrt{\frac{15}{2\pi}} \cdot \operatorname{sen}^2\theta \cdot \exp(\pm 2i\varphi)
\end{aligned}
\qquad (3.4)
$$

sendo visualizadas nos diagramas da Figura 3.1 (Veja o apêndice III para mais detalhes).

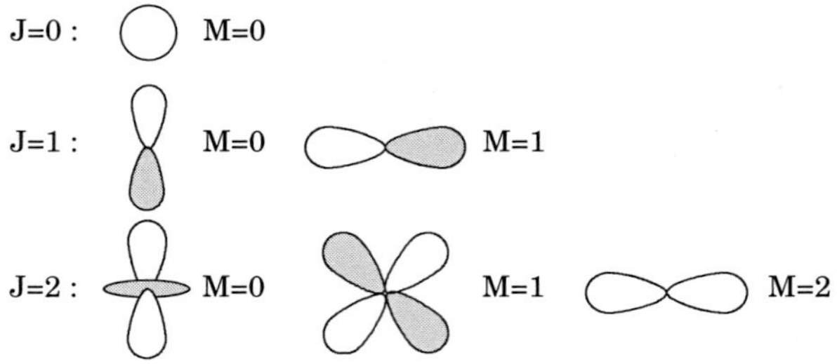

Figura 3.1 – Representação das funções de onda rotacionais.

Na ausência de um campo os estados são 2J+1 vezes degenerados, por exemplo, para J = 2 há degenerescência das 5 funções de onda, com M = 0, M = ±1 e M = ±2.

Para determinar as regras de seleção no infravermelho, no modelo do rotor rígido, temos de considerar os elementos da matriz do momento de transição, cujos componentes podem ser escritos:

$$
\begin{aligned}
(R_x)_{J'M',J''M''} &= \int \psi_{J'M'} \mu_{ox} \psi_{J''M''} d\tau \\
(R_y)_{J'M',J''M''} &= \int \psi_{J'M'} \mu_{oy} \psi_{J''M''} d\tau \\
(R_z)_{J'M',J''M''} &= \int \psi_{J'M'} \mu_{oz} \psi_{J''M''} d\tau
\end{aligned}
\tag{3.5}
$$

onde μ_{0x} μ_{0y}, μ_{0z} são os componentes do momento de dipolo permanente. Para que haja atividade no infravermelho é necessário que μ_0 seja diferente de zero, ou seja, a molécula deve possuir momento de dipolo permanente. Como consequência, moléculas diatômicas homonucleares não apresentam espectro rotacional no infravermelho.

Supondo a molécula como um dipolo entre placas de um condensador, pela aplicação de um campo elétrico ela se orientará, efetuando uma rotação. Para molécula homonuclear, como não há dipolo permanente, a aplicação do campo não produzirá nenhum efeito.

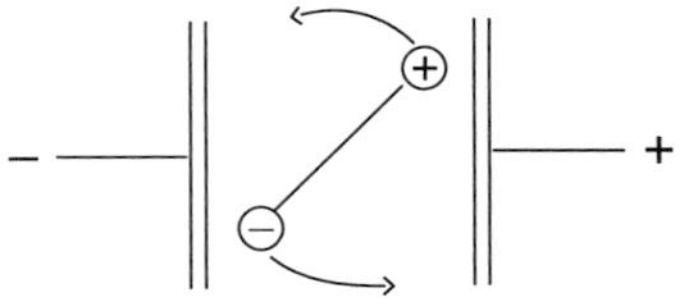

Uma análise detalhada das equações (3.4) e (3.5) leva à regra de seleção para o infravermelho, $\Delta J = \pm 1$. Há uma regra para ΔM (= 0, ± 1), que só precisa ser considerada na presença de campo magnético ou elétrico. Podemos agora representar os níveis de energia rotacional e prever o espectro infravermelho, evidentemente para molécula diatômica heteronuclear.

Na Figura 3.2 são esquematizados os níveis, as transições permitidas e o tipo de espectro observado. As transições permitidas envolvem diferenças de energia (cm^{-1}) de 2B, 4B, 6B etc. O espectro consiste de linhas igualmente espaçadas de 2B, segundo a expressão:

$$F_{J+1} - F_J = B(J+1)(J+2) - BJ(J+1) = 2B(J+1) \quad (3.6)$$

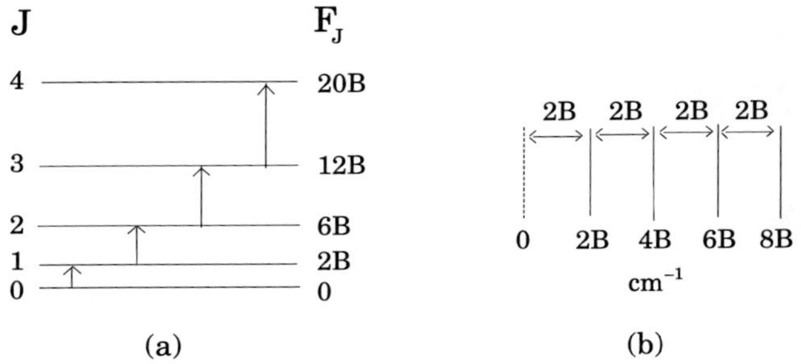

Figura 3.2 – Esquema dos níveis de energia (a) e do espectro no infravermelho (b).

3.3 Espectro Raman

O momento de dipolo induzido numa molécula diatômica será diferente se o campo elétrico estiver na direção do eixo da molécula ou numa direção perpendicular a este eixo. A polarizabilidade depende da orientação da molécula em relação ao campo e uma variação da polarizabilidade deverá ser observada durante a rotação da molécula.

Durante uma rotação completa da molécula o dipolo induzido sofre variação duas vezes, pois a polarizabilidade é a mesma para direções opostas do campo, isto é, a frequência de variação da polarizabilidade é duas vezes a frequência rotacional:

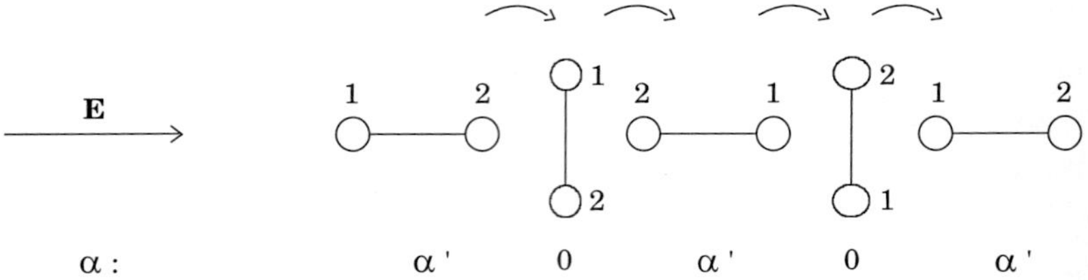

Sendo:

$$\alpha = \alpha_o + \alpha_1 \cos[2\pi(2\nu_r)t] \quad \text{e} \quad E = E_o \cos(2\pi\nu_o t)$$

onde α_0 é a polarizabilidade intrínseca da molécula, ν_r a frequência rotacional e ν_0 a frequência da radiação incidente. De $\mathbf{P} = \alpha\mathbf{E}$, substituindo α e $\mathbf{E}$, obtém-se:

$$\mathbf{P} = \alpha_o \mathbf{E}_o \cos(2\pi\nu_o t) + \tfrac{1}{2} \cdot \alpha_1 \mathbf{E}_o \{\cos[2\pi(\nu_o - 2\nu_r)t] +$$
$$+ \cos[2\pi(\nu_o + 2\nu_r)t]\}$$

O primeiro termo corresponde ao espalhamento Rayleigh e os outros dois aos espalhamentos Raman Stokes e anti-Stokes, respectivamente. O espaçamento entre as linhas Raman é o dobro da frequência rotacional.

Diferentemente do infravermelho, no Raman pode-se observar espectro rotacional de moléculas diatômicas homonucleares, pois elas apresentam momento de dipolo induzido. As regras de seleção são obtidas das integrais do momento de transição

$$(\alpha_{ij})_{mn} = \int \psi_m \alpha_{ij} \psi_n d\tau$$

onde i e j são x, y ou z e m e n são números quânticos rotacionais que caracterizam as duas funções de onda. Vale a regra de seleção $\Delta J = 0, \pm 2$, onde $\Delta J = 0$ corresponde à radiação Rayleigh, o sinal "+" às linhas Stokes e o sinal "-" às linhas anti-Stokes.

Examinando o esquema dos níveis de energia da Figura 3.3, pode-se obter diretamente as frequências Raman e fazer a previsão do espectro. As transições são obtidas da expressão:

$$F_{J+2} - F_J = B(J+2)(J+3) - BJ(J+1) = 4B\left(J + \frac{3}{2}\right) \qquad (3.7)$$

Em relação à linha Rayleigh, a primeira linha Raman (transição $0 \rightarrow \pm 2$) estará a uma distância 6B cm^{-1}. As outras estarão igualmente espaçadas, entre si, de 4B cm^{-1}. Este espaçamento é o dobro do observado entre as linhas do espectro no infravermelho.

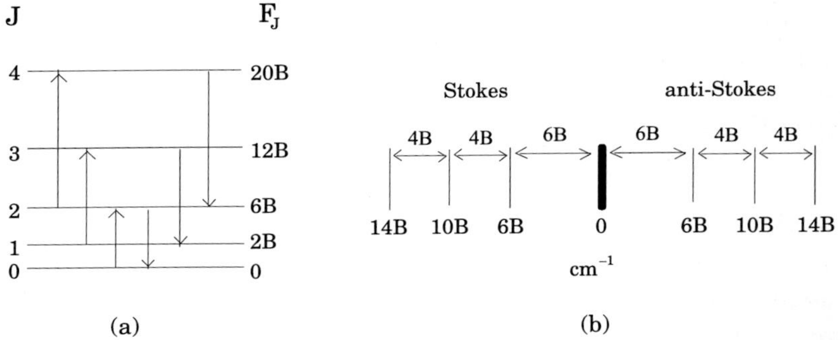

Figura 3.3 Esquema dos níveis de energia (a) e do espectro Raman (b).

Com relação à intensidade das linhas no espectro rotacional, Raman ou no infravermelho, deve-se considerar, devido à pequena energia dos estados envolvidos, a contribuição da distribuição estatística de Boltzmann, $\exp(-F_J hc/kT)$, na população dos níveis. Além disso, cada estado J é 2J+1 vezes degenerado e contribui com peso estatístico 2J+1. Assim, o número de moléculas no estado J será:

$$N_J \propto (2J+1)\cdot \exp\left[-\frac{BhcJ(J+1)}{kT}\right] \qquad (3.8)$$

Em primeira aproximação a intensidade é proporcional à expressão (3.8).

Para valores pequenos de J predomina o peso estatístico, enquanto para valores mais altos predomina o decaimento exponencial. Como resultado, haverá uma distribuição de intensidade das bandas rotacionais do tipo indicado na Figura 3.4. Este resultado é válido para moléculas heteronucleares, mas para moléculas homonucleares, como veremos adiante, deve-se considerar a função de onda de spin nuclear.

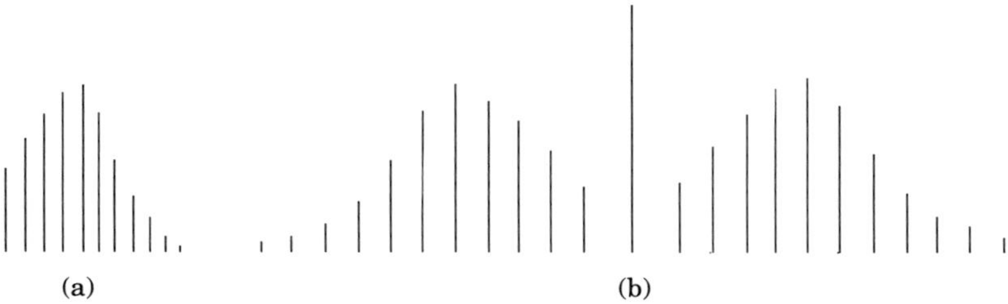

Figura 3.4 – Esquema da distribuição de intensidade de acordo com a expressão (3.8): espectro no infravermelho (a) e espectro Raman (b), a linha central correspondendo ao espalhamento Rayleigh.

Na aproximação do modelo do oscilador rígido não se considera a energia potencial, não havendo níveis de energia dentro de um poço como no caso vibracional. A curva de energia potencial é obtida em função da distância internuclear, que neste caso é constante. Nos espectros de rotação-vibração, que serão examinados adiante, ocorre variação desta distância, estando a rotação acoplada à vibração e os níveis de energia rotacionais e vibracionais estarão situados dentro de um poço potencial. O rotor rígido é somente um modelo que permite o cálculo dos níveis de energia de modo simples, aproximado. Um modelo real deve considerar o acoplamento entre os estados rotacionais e vibracionais.

Consideramos, até agora, os núcleos como massas pontuais e com este modelo fizemos uma previsão dos espectros rotacionais. A concordância com os resultados experimentais, para moléculas diatômicas heteronucleares, foi boa. Contudo, examinando os espectros rotacionais Raman de moléculas homonucleares, por exemplo O_2 e N_2, observaremos discrepâncias com o previsto, em relação ao espaçamento das linhas e às intensidades relativas.

A razão dessa discrepância é que o núcleo possui um momento angular intrínseco, o spin nuclear, que contribui nos estados rotacionais da molécula através de suas funções de onda juntamente com o momento angular da rotação da molécula. O momento angular de spin é quantizado em unidades de $\hbar$, tomando o valor $\sqrt{I(I+1)}\hbar$, onde o número quântico de spin nuclear,

I, pode ser 0, $^1/_2$, 1, $^3/_2$··· e já engloba a contribuição de todas as partículas do núcleo.

A função de onda total, na aproximação de Born-Oppenheimer, pode ser escrita:

$$\Psi_T = \psi_e \cdot \psi_v \cdot \psi_r \cdot \psi_n \tag{3.9}$$

os índices e, v, r, n caracterizando, respectivamente, as funções de onda eletrônica, vibracional, rotacional e de spin nuclear. O princípio de Pauli para moléculas diatômicas heteronucleares é irrelevante, pois os núcleos já são distintos, e a ψ_n pode ser desprezada. Como consequência, todos os níveis rotacionais são permitidos e a população segue normalmente a distribuição de Boltzmann. Para moléculas homonucleares isto não acontece e é necessário considerar o princípio de Pauli.

3.4 Moléculas diatômicas homonucleares

A rotação de uma molécula diatômica homonuclear troca a posição de dois átomos idênticos e o princípio de Pauli impõe certas condições para a troca das coordenadas espaciais e de spin de elétrons e núcleos. Se os spins nucleares forem semi-inteiros (férmions) esta troca acarreta mudança do sinal na função de onda total, mas se eles forem inteiros (bósons) o sinal da função de onda total é conservado; isto afetará a população dos níveis. A estatística nuclear e as propriedades de simetria das funções de onda rotacional, eletrônica e vibracional envolvidas na função total adquirem papel fundamental na interpretação dos espectros rotacionais destas moléculas.

No estudo da rotação de moléculas diatômicas homonucleares, uma aproximação importante é a de Born-Oppenheimer, que permite operar separadamente cada uma das funções de onda em (3.9). É importante considerar a paridade da função de onda total, pois a rotação da molécula troca a posição de núcleos idênticos e o princípio de Pauli impõe, para núcleos com spin inteiro, que a função deve permanecer inalterada (função par). Para núcleos com spin semi-inteiro a função de onda total troca de sinal (função ímpar) com esta mudança de posição. Assim, quando se opera nas funções de onda eletrônica, rotacional, vibracional e de spin nuclear o resultado deve ser coerente, levando a função de onda total à paridade correta.

Considerando um sistema referencial fixo no espaço (coordenadas X,Y e Z), o efeito da rotação de 180° (operação C_2) na função de onda rotacional corresponde a uma mudança de 180° em θ nas equações (3.4), ou seja, a função de onda rotacional muda de sinal de acordo com $(-1)^J$; para J par a função de onda é simétrica e para J ímpar ela é antissimétrica.

Quando efetuamos a rotação (C_2) no referencial fixo no espaço, as coordenadas dos núcleos são trocadas. Quanto às coordenadas dos elétrons (definidas no refencial fixo na molécula, x, y e z, e com origem em seu centro de massas), na rotação elas mudam de posição. Em outras palavras, as coordenadas dos núcleos e elétrons foram modificadas e temos de voltar estas últimas (coordenadas dos elétrons) à posição original. Para os elétrons voltarem à posição original pode-se realizar a seguinte sequência de operações na função de onda eletrônica ψ_e: efetua-se uma operação de inversão (indicada pela operação i_e) e em seguida uma de reflexão (σ_e) por um plano perpendicular ao eixo C_2 (direção vertical na Figura 3.5) e contendo o eixo de ligação da molécula, portanto, perpendicular ao plano do papel. É importante notar que estas operações i_e e σ_e atuam somente na função de onda eletrônica. Para voltar os estados dos núcleos à posição original efetua-se, na função de onda nuclear, a operação indicada por p_n, que troca os estados dos núcleos. O resultado destas operações foi permutar somente a posição dos núcleos idênticos (troca da numeração dos mesmos). Eliminamos efeitos não desejados na rotação inicial da molécula e o resultado foi simplesmente o de renomear os núcleos, trocando 1 por 2 e vice-versa, como mostra a Figura 3.5.

A função de onda vibracional depende somente da distância internuclear e não é afetada pela operação de rotação, portanto não precisa ser considerada. Assim, a função de onda total fica determinada pelo produto $(C_2\psi_r)(i_e\sigma_e\psi_e)$, além da contribuição da função de spin nuclear.

Resumindo, em moléculas diatômicas homonucleares a troca de posição dos núcleos idênticos equivale, na função de onda total, a uma sequência de operações de simetria: *(1)* rotação num eixo C_2, *(2)* inversão, *(3)* reflexão por um plano contendo a ligação e *(4)* permutação dos núcleos. O efeito destas operações de simetria na função de onda total, ou seja, na função de onda eletrônica, vibracional, rotacional e de spin nuclear, na aproximação de Born-Oppenheimer, equivale à troca de posição e dos estados (α ou β) dos núcleos, como pode ser visto no esquema da Figura 3.5. Para facilitar a compreensão, os átomos (embora iguais) estão identificados pelos números 1 e 2, a seta indica os estados de spin dos elétrons e os círculos claros e escuros indicam os estados dos núcleos, por exemplo α ou β. Em cada linha é mostrado o que ocorre pela operação de simetria indicada.

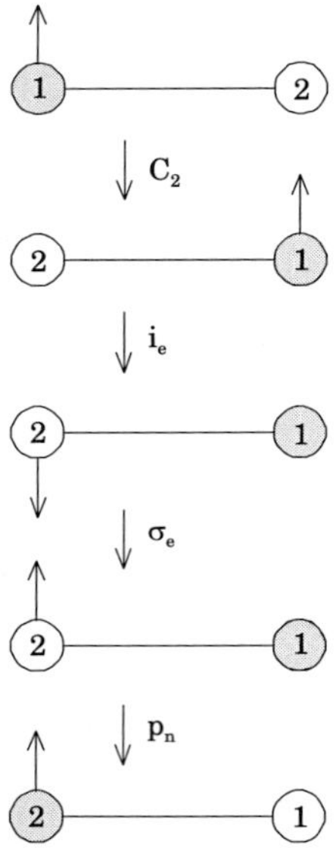

Figura 3.5 – Esquema do efeito das operações de simetria na rotação da molécula diatômica homonuclear.

Concluindo, a operação C_2 atua na função de onda rotacional, modificando-a de acordo com $(-1)^J$; as operações de inversão (i_e) e reflexão (σ_e) atuam na função de onda eletrônica e a operação de permutação (p_n) atua na função de onda nuclear.

O efeito na função de onda total pode ser condensado na notação:

$$P\Psi = (C_2\psi_r)(i_e\sigma_e\psi_e)(p_n\psi_n)\psi_v \tag{3.10}$$

sendo P o operador que permuta os rótulos 1 e 2 dados aos núcleos.

Com relação à função de onda eletrônica, ψ_e, na operação de reflexão ela pode ficar inalterada ou trocar de sinal. Convém, aqui, lembrar a notação usual para as funções de onda eletrônicas em relação à operação de reflexão por um plano contendo o eixo de ligação da molécula: índice superior "+" indica que ela é simétrica e índice superior "-" que ela é antissimétrica. Assim, estados Σ^+, Π^+... não mudam na reflexão e estados Σ^-, Π^-... trocam de sinal na reflexão. Na operação de inversão a função de onda eletrônica pode ser simétrica ou antissimétrica, sendo os estados correspondentes designados pelos índices "g" ou "u", por exemplo, Σ_g, Σ_u, Π_g, Π_u etc.

Correspondendo à notação s, p, d,... para os valores do número quântico do momento angular ℓ dos elétrons em um átomo, para moléculas diatômicas usa-se o símbolo λ para designar o número quântico dos componentes do momento angular na linha unindo os núcleos. Para λ = 0, 1, 2,...usam-se as letras gregas σ, π, δ,.... Em correspondência ao número quântico do momento angular resultante de vários elétrons, L, usa-se o símbolo Λ para os estados resultantes dos átomos da molécula, sendo os valores de Λ = 0, 1, 2, representados pelas letras gregas maiúsculas, Σ, Π, Δ,...

A contribuição da função eletrônica para $P\Psi$, na expressão (3.10), foi ($i_e\sigma_e\psi_e$). Vamos examinar o que acontece quando aplicamos esta expressão em moléculas diatômicas homonucleares, para os seguintes estados fundamentais:

Σ_g^+: por ser **g** não muda de sinal pela operação i_e. Por ser **+** não muda na reflexão, portanto, $i_e\sigma_e\psi_e = \psi_e$.
Σ_u^-: por ser **u** muda de sinal pela i_e e por ser – muda de sinal pela operação σ_e; resulta que $i_e\sigma_e\psi_e = \psi_e$.
Σ_u^+: por ser **u** muda de sinal pela i_e e por ser **+** não muda pela σ_e, obtendo-se $i_e\sigma_e\psi_e = -\psi_e$.
Σ_g^-: por ser **g** não muda de sinal pela i_e e sendo – muda de sinal pela operação σ_e; resulta $i_e\sigma_e\psi_e = -\psi_e$.

Consideramos somente os estados eletrônicos fundamentais Σ, pois são os únicos que ocorrem nos espectros rotacionais destas moléculas.

A contribuição da função de onda rotacional é, como foi visto, $C_2\psi_r = (-1)^J\psi_r$, o sinal depende de J ser par ou ímpar. Assim, nos quatro exemplos dos termos eletrônicos que foram vistos, se considerarmos também a contribuição rotacional o resultado será simplesmente multiplicar os estados obtidos por +1 ou –1, para J par ou ímpar, respectivamente. No primeiro exemplo, $i_e\sigma_e\psi_e = C$, o sinal será conservado para J par e haverá troca de sinal para J ímpar, na função de onda total.

O produto $\psi_e\psi_r$ corresponde a função de onda total omitindo a contribuição da função de onda do spin nuclear, equivale a Ψ/ψ_n. A simetria ou antissimetria do produto $(C_2\psi_r)(i_e\sigma_e\psi_e)$ é representada nos níveis rotacionais pelas letras "s" ou "a", respectivamente. A simetria ou antissimetria dos níveis rotacionais, resultante da inversão de todas as partículas costuma ser representada nos esquemas dos níveis de energia pelo sinal "+" ou "–", respectivamente (esta notação + ou – não deve ser confundida com estes sinais que comparecem na função de onda eletrônica). Esta inversão pode agora ser considerada como uma rotação de 180° seguida de reflexão por um plano perpendicular ao eixo internuclear. Como as coordenadas dos elétrons são definidas em relação aos núcleos (referencial na molécula), na rotação a ψ_e não é afetada. Na reflexão, para estados Σ^+ a ψ_e conserva o sinal e para estados Σ^- ela muda de sinal. A simetria para cada nível dependerá desta simetria multiplicada por $(-1)^J$. Assim, para J par o sinal + ou – é igual ao da função de onda eletrônica para a operação de reflexão. Estes resultados estão resumidos no esquema da Figura 3.6 para os estados eletrônicos fundamentais indicados e para cada valor de J.

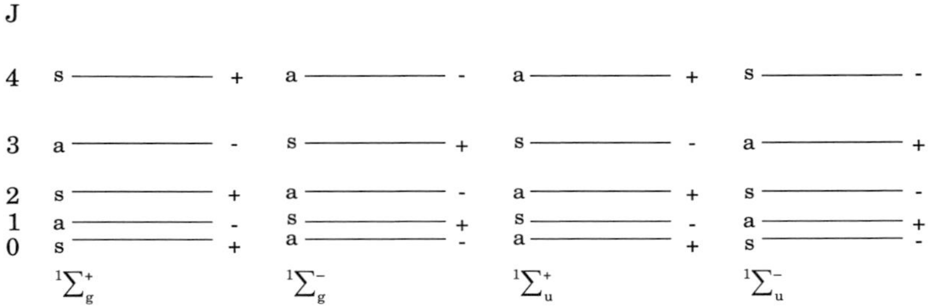

Figura 3.6 – Esquema de níveis rotacionais de moléculas homonucleares.

Para a molécula de hidrogênio, cujo spin nuclear é I = ½ (férmion) e o estado eletrônico fundamental é $^1\Sigma_g^+$, pelo princípio de Pauli a função de onda total deve trocar de sinal pela permutação dos núcleos, $P\Psi = -\Psi$. Sendo o spin ½, eles estarão nos estados de spin $\alpha(\uparrow)$ ou $\beta(\downarrow)$, resultando de suas combinações estados tripletos (spins paralelos), cuja função de onda é simétrica (ψ_n^s), ou estados singletos (spins antiparalelos), cuja função de onda é antissimétrica (ψ_n^{as}):

$$\psi_n^s = \begin{cases} \alpha(1)\alpha(2) \\ \beta(1)\beta(2) \\ \alpha(1)\beta(2) + \beta(1)\alpha(2) \end{cases} \qquad (3.11)$$

$$\psi_n^{as} = \alpha(1)\beta(2) - \beta(1)\alpha(2)$$

onde os números entre ( ) correspondem à numeração dos núcleos.

Para funções de onda de spin nuclear simétricas $p_n\psi_n^s = \psi_n^s$; para funções antissimétricas $p_n\psi_n^{as} = -\psi_n^{as}$. Como no $^1H_2$ o spin nuclear é semi-inteiro (férmion), a função de onda total muda de sinal, $P\Psi = -\Psi$. Sendo a ψ_e simétrica, deve-se considerar na função de onda total a contribuição da função rotacional e de spin nuclear, de modo que o produto da contribuição das duas funções troque o sinal da função total, portanto:

- para os estados simétricos, ψ_n^{s}, só existirão estados rotacionais com J ímpar
- para os estados antissimétricos, ψ_n^{as}, só existirão estados rotacionais com J par.

Existem, portanto, dois tipos de moléculas de hidrogênio, o orto-hidrogênio, com spins paralelos, e o para-hidrogênio, com spins antiparalelos. Como é mostrado em (3.11), há três estados possíveis no primeiro caso e um no segundo. Esta abundância relativa, de 3:1, é responsável pelas intensidades observadas no espectro Raman.

Para spin nuclear inteiro (bósons), pelo princípio de Pauli a função de onda total deve ser simétrica (conserva o sinal) após a permutação dos núcleos, $P\Psi = \Psi$. No caso de spin nuclear $I = 0$, a permutação não afetará o sinal da autofunção de spin, a simetria da função de onda total será determinada pelo produto da ψ_e e da ψ_r. Como consequência do princípio de Pauli só haverá níveis simétricos, sendo a proibição de intercombinação entre estados simétricos e antissimétricos bastante rigorosa. Todas as moléculas de uma espécie química com $I = 0$ existirão somente para niveis com J par ou para níveis com J ímpar, dependendo do estado eletrônico fundamental, como é mostrado nos dois exemplos que seguem.

Para a molécula de $^{16}O_2$ (spin nuclear $I = 0$, bóson), o estado eletrônico fundamental é antissimétrico (determinado pela contribuição dos elétrons $(2p\pi_g^*)^2$), sendo seu termo $^3\Sigma_g^-$). Como a função de onda total deve ser simétrica (bóson) a função de onda rotacional será ímpar, ou seja, existirão somente níveis rotacionais com J ímpar.

Para a molécula de $^{35}Cl_2$ ($I = 0$) a função de onda total deve ser simétrica; como o estado eletrônico fundamental é simétrico, $^1\Sigma_g^+$, só existirão níveis rotacionais com J par, não ocorrendo os com J ímpar. Estes dois exemplos estão ilustrados na Figura 3.7.

Algumas considerações adicionais devem ser feitas em relação às distribuições estatísticas de Bose-Einstein e a de Fermi-Dirac, já mencionadas.

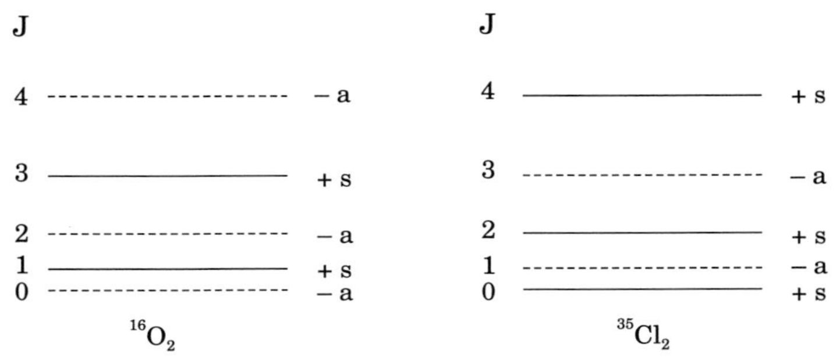

Figura 3.7 – Níveis de energia rotacionais para O_2 e Cl_2;
(———) representam níveis existentes e (- - - -) níveis não existentes.

Para spin nuclear diferente de zero, embora a proibição de transição radiativa entre estados simétricos e antissimétricos continue válida, o mesmo não ocorre para transições não radiativas, como as transições colisionais. Haverá a possibilidade de existirem níveis com J par e com J ímpar e a sua população dependerá do spin nuclear total da molécula.

A análise do espaçamento entre as linhas Raman permite determinar se os níveis existentes numa molécula diatômica homonuclear com I = 0 são com J par ou com J ímpar. Sem considerar o spin nuclear a separação entre a primeira linha Stokes e a primeira linha anti-Stokes seria 12B e o espaçamento das linhas sucessivas 4B, ou seja, apresentam uma razão de 3:1. Para spin nuclear I = 0, se só existirem níveis com J par estes espaçamentos serão respectivamente 12B e 8B, ou seja, a razão será de 3:2; se só houver níveis com J ímpar os espaçamentos serão 20B e 8B, razão de 5:2, que é o caso do O_2.

Para moléculas com átomos de spin nuclear diferente de zero existirão tanto níveis rotacionais com J par como níveis com J ímpar, mas a população destes níveis depende do spin nuclear total da molécula. O momento de spin nuclear total da molécula, T, pode ser obtido pela regra de adição vetorial dos momentos angulares, fornecendo os valores T = 2I, 2I–1 ..., 0. Para moléculas homonucleares com spin nuclear I = ½, por exemplo o hidrogênio, o momento de spin total T será 1 ou 0, conforme os spins sejam paralelos ou antiparalelos, respectivamente, como foi visto. Os estados com J par e J ímpar estarão populados diferentemente, devendo-se considerar a degenerescência dos estados para determinar esta população.

Na presença de um campo magnético um nível para um dado T é desdobrado em 2T+1 níveis, correspondentes aos componentes de T na direção do campo, que são caracterizados pelo número quântico magnético M_T, com M_T = T, T−1, T−2 ..., −T. Isto significa que o estado T é degenerado, envolvendo 2T+1 estados, descritos por M_T. Na ausência de campo, uma transição para um estado T envolve transições para todos os 2T+1 estados (embora tendo a mesma energia). Dizemos que o estado T tem peso estatístico 2T+1, que irá contribuir na intensidade. Por exemplo, para T = 1 e T = 0, os pesos estatísticos serão respectivamente 2×1+1 = 3 e 2×0+1 = 1. Significa que, nos espectros, as bandas envolvendo transições entre níveis rotacionais simétricos e as entre níveis rotacionais antissimétricos apresentarão uma razão de intensidade de 3:1. Além deste peso estatístico deve-se considerar a degenerescência do estado rotacional, dada pelo peso estatístico 2J+1, ou seja, o peso estatístico total será (2T+1)(2J+1).

Se o spin nuclear for I = 1, por exemplo no nitrogênio, o spin nuclear total poderá tomar valores T = 2, 1, 0, como vemos pelo esquema de somas vetoriais:

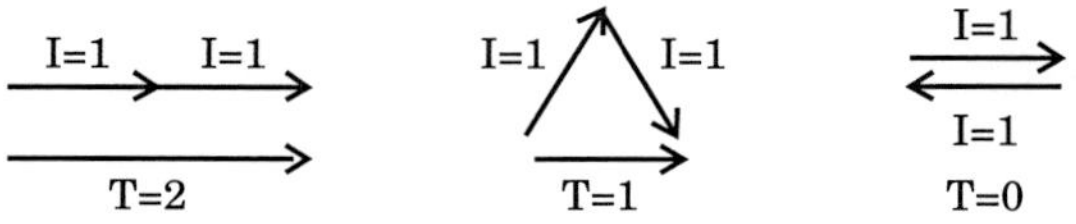

Os pesos estatísticos serão 5, 3 e 1. Como I é inteiro (bóson) a Ψ_T será positiva; sendo o estado eletrônico fundamental do nitrogênio (simétrico), para a função de spin nuclear simétrica, os valores de J serão pares (Ψ_T simétrica) e para a função de spin antissimétrica, os valores de J serão ímpares (Ψ_T antissimétrica). Por outro lado, as funções de onda de spin para T par (2 e 0) terão a mesma simetria (oposta à da função para T = 1). Assim, os estados envolvendo T par terão peso estatístico 5+1 = 6, enquanto os envolvendo T ímpar terão peso estatístico 3. Através do espectro é possível determinar a simetria das funções de spin para T par ou ímpar, pois a razão de intensidades entre linhas consecutivas no espectro será de 6:3, ou 2:1. No N_2 observa-se que são mais intensas as linhas com J par, ao contrário do caso anterior, do $^1H_2$ (com I = ½), onde as mais intensas são com J ímpar.

Destes dois exemplos conclui-se que: se houver alternância de intensidades na razão 3:1 o spin nuclear será ½; se esta razão for 2:1 o spin nuclear I será 1. Portanto, pelo espectro rotacional pode-se determinar o spin nuclear de molécula diatômica homonuclear.

Obtidos os níveis de energia podemos considerar as transições possíveis. Na Figura 3.8 estão reproduzidos os espectros rotacionais Raman do O_2 e do N_2.

A banda fraca em 0 cm^{-1} é devida ao espalhamento Rayleigh, que foi grandemente atenuado para não danificar a fotomultiplicadora.

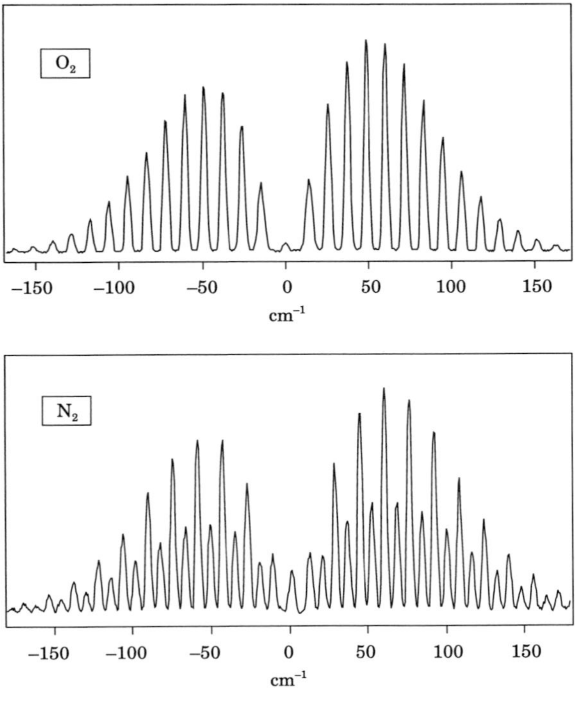

Figura 3.8 – Espectros rotacionais do O_2 e do N_2.

Na Tabela 3.1 estão listados os números de onda das primeiras linhas destes espectros e as atribuições do lado anti-Stokes e do lado Stokes, respectivamente.

O2				N2			
cm^{-1}	Atribuição	cm^{-1}	Atribuição	cm^{-1}	Atribuição	cm^{-1}	Atribuição
14,3	$J=3 \rightarrow J=1$	14,3	$J=1 \rightarrow J=3$	12,4	$J=2 \rightarrow J=0$	12,0	$J=0 \rightarrow J=2$
25,8	$J=5 \rightarrow J=3$	26,1	$J=3 \rightarrow J=5$	19,9	$J=3 \rightarrow J=1$	20,0	$J=1 \rightarrow J=3$
37,2	$J=7 \rightarrow J=5$	37,2	$J=5 \rightarrow J=7$	27,9	$J=4 \rightarrow J=2$	27,9	$J=2 \rightarrow J=4$
48,6	$J=9 \rightarrow J=7$	48,9	$J=7 \rightarrow J=9$	35,8	$J=5 \rightarrow J=3$	35,8	$J=3 \rightarrow J=5$
60,3	$J=11 \rightarrow J=9$	60,3	$J=9 \rightarrow J=11$	43,8	$J=6 \rightarrow J=4$	43,8	$J=4 \rightarrow J=6$
71,7	$J=13 \rightarrow J=11$	72,1	$J=11 \rightarrow J=13$	51,6	$J=7 \rightarrow J=5$	51,8	$J=5 \rightarrow J=7$
83,1	$J=15 \rightarrow J=13$	83,1	$J=13 \rightarrow J=15$	59,6	$J=8 \rightarrow J=6$	59,8	$J=6 \rightarrow J=8$

Tabela 3.1. Número de onda (cm^{-1}) e atribuição das primeiras bandas anti-Stokes e Stokes nos espectros da Figura 3.8.

Com os dados obtidos é possível calcular a distância interatômica para estas duas moléculas. Usando a equação (3.7) e considerando, como exemplo, a banda em 37,2 cm^{-1} ($J = 5 \rightarrow J = 7$) para o O_2 e a banda em 27,9 cm^{-1} ($J = 2 \rightarrow J = 4$) para o N_2, teremos, respectivamente: $37{,}2 = 4B(5+3/2)$ e $27{,}9 = 4B(2+3/2)$, que fornecem os valores de B destas duas moléculas. Usando I em u.m.a.Å^2, sendo B dado por 16,855/I (início do capítulo), igualando esta expressão aos valores obtidos de B e lembrando que $I = \mu r^2$, obtêm-se os valores das distâncias de equilíbrio $r(O_2) = 1{,}21$ Å e $r(N_2) = 1{,}09$ Å. A distância interatômica menor para o N_2 é coerente com a ligação tripla nesta molécula.

As regras de seleção no Raman, obtidas das integrais do momento de transição:

$$(\alpha_{ij})_{mn} = \int \psi_m \alpha_{ij} \psi_n \, d\tau$$

resultam em: termos "+" combinam com termos "+" e os "–" com os "–", o que concorda com a regra $\Delta J = 0, \pm 2$. Nas integrais do momento de transição os componentes da polarizabilidade, α_{xx}, α_{xy} ..., envolvem dois índices e na operação de inversão os produtos dos dois índices não trocam de sinal. O integrando permanecerá inalterado se as duas funções de onda tiverem a mesma paridade. Resumindo, a intensidade das bandas nos espectros rotacionais será função da distribuição de Boltzmann, do peso estatístico 2J+1 e do peso estatístico devido ao spin nuclear, 2T+1.

Para moléculas homonucleares isotópicas, $^{16}O^{18}O$, $^{1}H^{2}H$, $^{14}N^{15}N$, $^{35}Cl^{37}Cl$, uma permutação dos núcleos não corresponde mais à configuração original, não existindo a separação em estados simétricos e antissimétricos. Não será observada alternância de intensidades nem ausência de linhas alternadas; haverá níveis tanto com J par como com J ímpar, a população obedecendo normalmente à distribuição de Boltzmann, como para moléculas heteronucleares.

3.5 Rotor não rígido

Para o oscilador harmônico construímos um modelo de duas massas ligadas por uma mola sem peso. Para o rotor rígido, o modelo foi de duas massas ligadas por uma barra rígida, sem peso. Desde que a molécula pode vibrar ao mesmo tempo em que efetua rotações, seria mais conveniente estudar as rotações num sistema não rígido, com as massas ligadas por mola sem peso. Como consequência teremos de considerar a força centrífuga quando o sistema efetua rotação; como a velocidade de rotação depende do número quântico rotacional J, a distância internuclear aumentará com este valor.

Sendo a distância entre duas massas do sistema sem qualquer movimento r_e, com a rotação esta distância passa a ter um valor r; haverá uma força de restauração $k(r-r_e)$, que é equilibrada pela força centrífuga:

$$\mu\omega^2 r = k(r-r_e)$$

A energia do sistema contém, agora, energia cinética e energia potencial e o resultado que se obtém é:

$$E_J = \frac{h^2}{8\pi^2 \mu r_e^2} \cdot J(J+1) - \frac{h^4}{32\pi^4 k\mu^2 r_e^6} \cdot J^2(J+1)^2$$

ou

$$F_J\,(cm^{-1}) = BJ(J+1) - DJ^2(J+1)^2 \qquad (3.12)$$

onde

$$D = \frac{h^3}{32\pi^4 k\mu^2 r_e^6 c} = 4 \cdot \frac{B^3}{\omega_e^2} \qquad \text{com } \omega_e = \frac{1}{2\pi c}\sqrt{\frac{k}{\mu}}$$

O termo D, conhecido como constante de distorção centrífuga, é muito menor do que B; por exemplo, para HCl $B = 10{,}39\ cm^{-1}$ e $D = 0{,}0004\ cm^{-1}$. Nos valores das frequências observadas no infravermelho:

$$F_{J+1} - F_J = 2B(J+1) - 4D(J+1)^3$$

ou no Raman:

$$F_{J+2} - F_J = (4B - 6D)\left(J + \tfrac{3}{2}\right) - 8D\left(J + \tfrac{3}{2}\right)^3$$

esta correção acarreta apenas pequeno deslocamento para valores mais altos de J.

3.6 Rotação de moléculas poliatômicas lineares

A teoria desenvolvida para moléculas diatômicas é válida para moléculas poliatômicas lineares. Para moléculas triatômicas lineares, com 3 átomos diferentes, XYZ, pelo valor da constante rotacional B obtém-se o valor do momento de inércia, mas não os valores das distâncias interatômicas XY e YZ. Para poder determiná-las, deve-se obter os espectros com diferentes espécies isotópicas.

Em moléculas com centro de simetria os níveis rotacionais têm alternadamente diferentes pesos estatísticos, como para moléculas diatômicas homonucleares. Se os spins de todos os núcleos forem zero, como no caso do CO_2 (^{12}C tem I = 0), os níveis antissimétricos estarão ausentes. O estado eletrônico fundamental do CO_2 é Σ_g^+, assim, os níveis rotacionais ímpares estarão ausentes, ao contrário do que acontece com o $^{16}O_2$, onde o estado eletrônico fundamental é Σ_g^- e os níveis com J par estão ausentes. Isto pode ser verificado no espectro Raman ou no espectro de rotação-vibração, no infravermelho, do modo de estiramento antissimétrico do CO_2, como será visto no capítulo 12. Para a molécula de $^{16}OC^{18}O$, que não é centro-simétrica, todos os níveis estarão presentes.

3.7 Rotação-vibração

Nos espectros de rotação-vibração de moléculas diatômicas no estado gasoso, as transições rotacionais ocorrem simultaneamente com transições vibracionais, dando origem a uma estrutura fina nas bandas vibracionais. Mesmo quando esta estrutura não é resolvida, no caso de moléculas poliatômicas, o contorno das bandas pode ser útil na atribuição vibracional. Os espectros de rotação-vibração podem dar mais informações do que os de rotação pura, pois se pode determinar não só as distâncias interatômicas no estado vibracional fundamental (v = 0) como também estas distâncias para estados vibracionais excitados, v = 1, 2 ... .

O modelo mais simples para estudar rotações-vibrações seria utilizar as aproximações de um oscilador harmônico e de um rotor rígido, considerando os termos de energia como a soma das energias do oscilador harmônico e do rotor rígido. Em cm^{-1} teríamos:

$$T_{vJ}(cm^{-1}) = \omega_e\left(v + \frac{1}{2}\right) + BJ(J+1) \tag{3.13}$$

onde $\omega_e = (1/2\pi c)\sqrt{k/\mu}$ e $B = h/8\pi^2 cI$.

As regras de seleção continuam válidas; para o infravermelho $\Delta v = \pm 1$ e $\Delta J = \pm 1$, onde os dois sinais devem ser considerados, e para o Raman, $\Delta v = \pm 1$ e $\Delta J = 0, \pm 2$.

Para os espectros de rotação-vibração, os números quânticos rotacionais J'' e J' designam o valor de J no estado vibracional inferior e superior, respectivamente.

Nos espectro no infravermelho, para a transição de v = 0 para v = +1, as duas possibilidades $\Delta J = -1$ ($J'' = J \rightarrow J' = J-1$) e $\Delta J = +1$ ($J'' = J \rightarrow J' = J+1$) darão origem aos ramos P e R:

$$\begin{aligned} \nu_P &= \omega_e\left(1+\frac{1}{2}\right) - \omega_e\left(0+\frac{1}{2}\right) + B(J-1)J - BJ(J+1) \\ &= \omega_e - 2BJ \qquad (J = 1, 2...) \\ \nu_R &= \omega_e\left(1+\frac{1}{2}\right) - \omega_e\left(0+\frac{1}{2}\right) + B(J+1)(J+2) - BJ(J+1) \\ &= \omega_e + 2B(J+1) \qquad (J = 0, 1,...) \end{aligned} \tag{3.14}$$

Nestas expressões, J representa o número quântico rotacional do estado vibracional mais baixo, neste exemplo, o estado fundamental. O espectro seria constituído de linhas igualmente espaçadas de 2B. A transição vibracional inativa ($J'' = 0 \rightarrow J' = 0$), embora não seja observada, pode ser deduzida pelo espaçamento das bandas. No espectro Raman, respectivamente para $\Delta J = -2$ e $\Delta J = +2$, teremos os ramos O e S, além do ramo Q para $\Delta J = 0$. Na Figura 3.9 estão esquematizados os níveis de energia, as transições permitidas e o tipo de espectro observado no infravermelho e no Raman.

Nos espectros de rotação a intensidade relativa das bandas depende da distribuição de Boltzmann e do peso estatístico, sendo proporcional a:

$$N_{J''} = N_o(2J''+1) \cdot \exp\left[-\frac{J''(J''+1)h^2}{8\pi^2 IkT}\right]$$

Contudo, nos espectros de rotação-vibração estão envolvidos dois estados vibracionais e o peso estatístico de ambos irá contribuir para a intensidade. No lugar de 2J"+1 deve-se utilizar o valor médio de 2J+1 nos dois estados, $\frac{1}{2}[(2J'+1)+(2J''+1)] = (J'+J''+1)$ (A rigor, isto também é válido para espectros rotacionais).

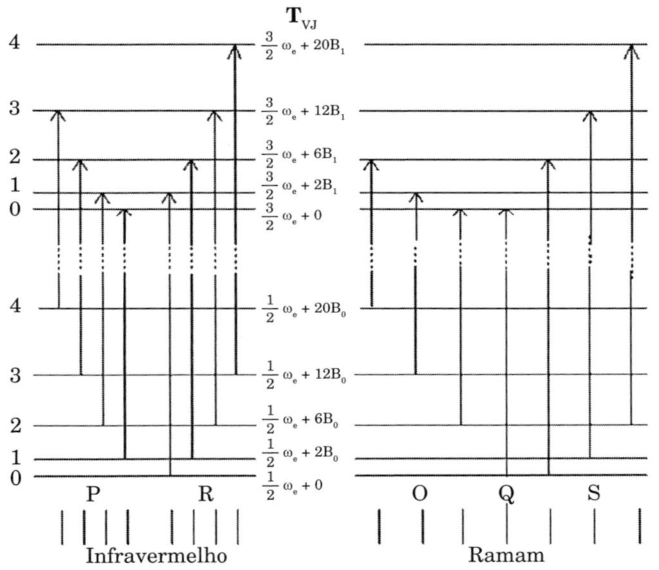

Figura 3.9 – Esquema dos níveis de energia e dos espectros de rotação-vibração no infravermelho e Raman.

A intensidade das bandas pode ser escrita:

$$I = K(J'+J''+1) \cdot \exp\left[-\frac{J''(J''+1)h^2}{8\pi^2 IkT}\right] \tag{3.15}$$

sendo K uma constante de proporcionalidade.

No infravermelho o espectro previsto seria simétrico em relação ao centro (onde estaria a transição proibida por $\Delta J = 0$) e constituído de linhas igualmente espaçadas; na realidade o espectro mostra que o espaçamento não é constante, do lado do ramo P ele aumenta com o valor de J e do lado do ramo R diminui com o aumento de J. Este efeito não pode ser atribuído à distorção centrífuga, devido à pequena contribuição de seu termo na energia dos níveis rotacionais, nem à anarmonicidade, pois esta alteraria apenas o termo vibracional, deslocando o espectro como um todo. Deve-se levar em conta a interação entre o movimento rotacional e vibracional, traduzida por um termo de acoplamento envolvendo ambos os números quânticos, v e J. Neste caso não se considera a aproximação de Born-Oppenheimer. Os níveis de energia (cm^{-1}) podem der escritos:

$$T_{vJ} = \omega_e\left(v + \frac{1}{2}\right) + B_v J(J+1) \tag{3.16}$$

onde

$$B_v = B_e - \alpha_e\left(v + \frac{1}{2}\right) \tag{3.17}$$

sendo α_e a constante de acoplamento rotação-vibração, B_v e B_e as constantes rotacionais para os níveis no estado vibracional v e na posição de equilíbrio. Substituindo B_v, em (3.16), pela sua expressão (3.17):

$$T_{vJ} = \omega_e\left(v + \frac{1}{2}\right) + B_e J(J+1) - \alpha_e\left(v + \frac{1}{2}\right)J(J+1)$$

O terceiro termo no segundo membro mostra o acoplamento rotação-vibração, por conter o produto dos números quânticos vibracional (v) e rotacional (J).

Com esta correção o ramo P, contendo as transições de J" = J (do nível vibracional fundamental v = 0, por exemplo) para J' = J-1 (do nível v = 1), ficaria:

$$\begin{aligned} \nu_P &= \omega_e\left(1 + \tfrac{1}{2}\right) - \omega_e\left(0 + \tfrac{1}{2}\right) + B_1(J-1)J - B_o J(J+1) \\ &= \omega_e - (B_1 + B_o)J + (B_1 - B_o)J^2 \qquad (J = 1, 2 \ldots) \end{aligned} \tag{3.18}$$

e o ramo R, transições de J” = J (de v = 0, por exemplo) para J’ = J+1 (do nível v = 1), seria:

$$\begin{aligned} \nu_R &= \omega_e\left(1+\tfrac{1}{2}\right) - \omega_e\left(0+\tfrac{1}{2}\right) + B_1(J+1)(J+2) - B_o J(J+1) \\ &= \omega_e + 2B_1 + (3B_1 - B_o)J + (B_1 - B_o)J^2 \quad (J = 0,\ 1\ \ldots) \end{aligned} \tag{3.19}$$

Como veremos adiante, a distância internuclear r_1 (para v = 1) é maior do que a distância internuclear r_0 (para v = 0), de modo que $I_1 > I_0$ e, consequentemente, $B_1 < B_0$. Assim, o coeficiente de J^2, nas expressões de ν_R e ν_P, torna-se negativo, causando uma diminuição da energia das transições com o aumento de J; quando J aumenta as linhas do ramo R se aproximam, enquanto no ramo P elas se afastam, pois ν sempre diminui com o aumento de J. Isto pode ser observado nos espectros da Figura 3.10, sendo a assimetria entre os ramos P e R mais acentuada nas harmônicas mais altas do que na fundamental, pois $B_2 < B_1 < B_0$ e os coeficientes de J^2, nas equações (3.18) e (3.19), serão mais negativos para valores de número quântico v maior.

Os espectros de rotação-vibração permitem determinar os valores de B_1 e B_0 (e B_2 quando se observa a segunda harmônica). No diagrama dos níveis de energia, considerando pares de transições que partem do mesmo nível rotacional do estado v = 0 (uma do ramo R e outra do ramo P), teremos informações sobre os espaçamentos energéticos entre níveis rotacionais no estado v = 1; transições que partem de níveis rotacionais diferentes em v = 0 e terminam num mesmo valor de J para v = 1, darão informações sobre os espaçamentos entre níveis rotacionais do estado vibracional fundamental.

No exemplo do esquema que segue, as transições de J” = 1 para J’ = 0 e J” = 1 para J’ = 2 fornecem a diferença de energia entre os níveis J’ = 0 e J’ = 2 do estado vibracional v = 1, ou seja, $6B_1$. As transições de J” = 2 para J’ = 1 e J” = 0 para J’ = 1 determinam a diferença de energia entre os níveis J” = 2 e J” = 0 do estado vibracional fundamental v = 0, $6B_0$.

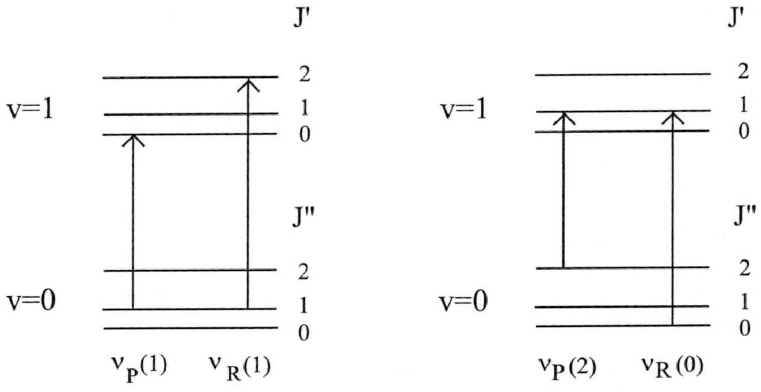

Analiticamente, das expressões dos ramos P e R partindo de um mesmo J

$$\nu_R(J) - \nu_P(J) = 2B_1(2J+1) \qquad (J = 1, 2 ...)$$

obtém-se o valor de B_1. Para J+2 na expressão de ν_P (3.18) e J na expressão de ν_R (3.19)

$$\nu_R(J) - \nu_P(J+2) = 2B_0(2J+3) \qquad (J = 0, 1 ...)$$

obtém-se o valor de B_0.

Conhecidos B_1 e B_0, da equação (3.17) determina-se B_e e α_e. Destes valores calcula-se os momentos de inércia correspondentes, I_1, I_0 e I_e, e as distâncias interatômicas r_1, r_0 e r_e.

Considerando os valores das constantes para H_2 e D_2 tabelados a seguir, observa-se que somente a distância de equilíbrio r_e é a mesma, diferindo de 0,002 Å para r_0 (v = 0) e 0,008 Å para r_1 (v = 1).

	B_e (cm^{-1})	α_e (cm^{-1})	r_e (Å)	r_0 (Å)	r_1 (Å)
H_2	60,809	2,993	0,742	0,750	0,770
D_2	30,429	1,049	0,742	0,748	0,762

Para explicar esta variação, vamos considerar a forma da função potencial do oscilador anarmônico mostrada na Figura 3.10. A posição de equilíbrio (r_e) não deve depender da anarmonicidade da função, mas r_0, r_1, r_2 ... vão depender da variação da forma da curva em relação à do oscilador harmônico. Pode-se pensar que num determinado nível de energia uma partícula fica oscilando na região entre as paredes do poço potencial. Se o oscilador for harmônico, a curva será simétrica e a posição média será sempre igual a r_e; se a curva potencial não for simétrica (oscilador anarmônico) haverá um deslocamento da posição média tanto maior quanto mais alto for o nível de energia considerado, isto é, $r_e < r_0 < r_1$ ... Quanto maior for a anarmonicidade, maior será esta diferença, como se verifica no exemplo anterior do H_2 e D_2, lembrando que para o H_2 a constante de anarmonicidade (118 cm^{-1}) é maior do que para D_2 (64 cm^{-1}).

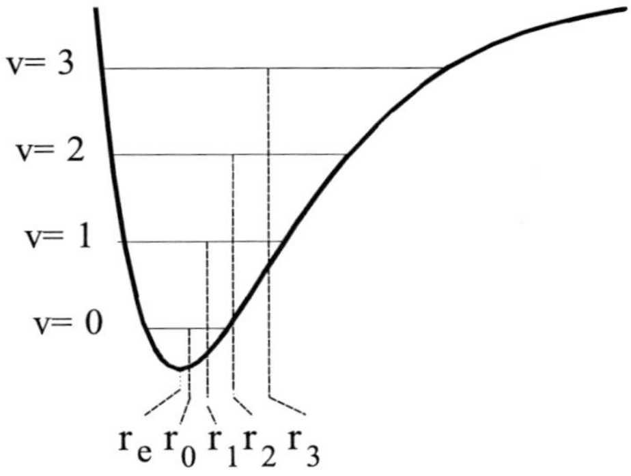

Figura 3.10 – Potencial anarmônico e distâncias interatômicas.

Na Figura 3.11 estão reproduzidos os espectros de absorbância no infravermelho do HCl gasoso, na região da transição vibracional fundamental, da primeira e da segunda harmônica, estando os valores das frequências tabeladas no Exercício 3.5. Observa-se na figura o desdobramento das bandas, devido ao efeito isotópico da mistura $H^{35}Cl/H^{37}Cl$.

Nota-se, neste desdobramento, que a separação aumenta por um fator da ordem do número quântico vibracional do termo superior, quando se passa da fundamental para as harmônicas. Devido à anarmonicidade, as frequências correspondentes às posições das transições proibidas ($\Delta J = 0$) não correspondem exatamente aos fatores 2 e 3 em relação à frequência fundamental.

A partir dos dados espectrais pode-se determinar a constante de anarmonicidade, as constantes rotacionais B_e, B_0, B_1 e B_2 e as correspondentes distâncias interatômicas r_e, r_0, r_1 e r_2.

Considerações semelhantes valem para os espectros Raman, levando-se em conta as regras de seleção para este efeito.

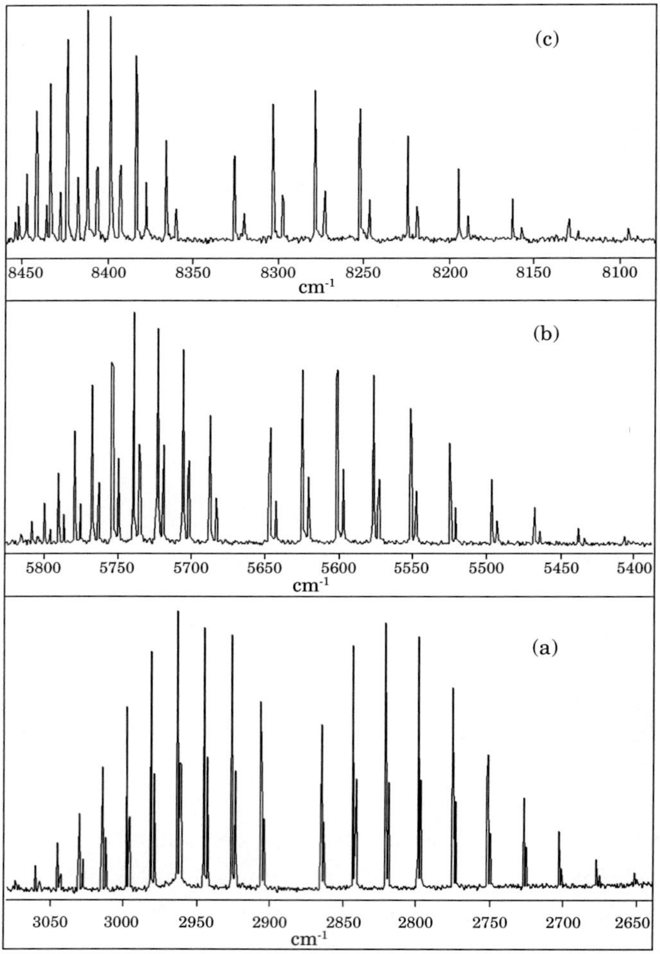

Figura 3.11 – Espectros de absorção no infravermelho do HCl gasoso: (**a**) transição fundamental, (**b**) primeira harmônica e (**c**) segunda harmônica

Exercícios

3.1 Determine a distância internuclear do HCl sabendo que em seu espectro rotacional, no infravermelho, foram observadas bandas em 82,7, 103,4, 124,0, 144,7 e 165,4 cm^{-1}.

3.2 Obtenha a expressão de J (J_{max}) para o valor máximo de população dos níveis de energia rotacionais e aplique esta expressão para a molécula de HCl nas temperaturas 200, 300 e 500 K.

(Sugestão: Derive em relação à J a expressão do número de moléculas no estado J e iguale a zero, resolvendo a equação para J. Considere o número inteiro mais próximo da solução. Embora para derivar esteja considerando uma função contínua, o valor obtido, na realidade, deve ser discreto.)

3.3 Faça uma previsão dos espectros rotacionais, Raman e infravermelho, para $^1H_2$ e $^1H^2H$.

3.4 Pelo espectro rotacional de uma molécula diatômica obteve-se o valor do momento de inércia 0,28 (u.m.a.$Å^2$). Para a mesma molécula com substituição isotópica nos dois átomos este momento é 0,562. É possível saber qual é esta molécula?

3.5 Nos espectros de rotação-vibração mostrados na Figura 3.11 deste capítulo foram medidos os números de onda (cm^{-1}) da transição fundamental e das duas primeiras harmônicas. Estes valores estão tabelados a seguir, separando-se os valores das linhas de cada dubleto; as mais intensas (de cada dubleto) são do $H^{35}Cl$ e as mais fracas do $H^{37}Cl$. A linha tracejada corresponde à posição da transição proibida $\Delta J = 0$.

Verifique se a hipótese de os dubletos serem devidos às espécies isotópicas é correta. Com os valores tabelados determine: i) as constantes rotacionais e as distâncias interatômicas, para a posição de equilíbrio e para os diferentes níveis vibracionais envolvidos; ii) os valores das frequências vibracionais, correspondentes aos ramos Q, se eles fossem ativos no infravermelho; iii) os valores das frequências harmônicas e das anarmonicidades. Discuta os resultados.

Fundamental		**1ª harmônica**		**2ª harmônica**	
$H^{35}Cl$	**$H^{37}C$**	**$H^{35}Cl$**	**$H^{37}Cl$**	**$H^{35}Cl$**	**$H^{37}Cl$**
2677,72	2675,90	5438,01	5434,30	8095,25	8089,70
2702,98	2701,20	5468,10	5464,37	8130,14	8124,65
2727,79	2725,92	5497,07	5493,30	8163,30	8157,72
2752,03	2750,11	5524,95	5521,12	8194,76	8189,17
2775,73	2773,79	5551,66	5547,79	8224,48	8218,83
2798,91	2796,95	5577,26	5573,36	8252,48	8246,80
2821,54	2819,54	5601,71	5597,76	8278,71	8272,97
2843,60	2841,56	5624,98	5621,00	8303,18	8297,39
2865,08	2863,00	5647,05	5643,02	8325,86	8320,06
2906,23	2904,10	5687,60	5683,52	8365,81	8359,92
2925,87	2923,71	5706,03	5701,95	8383,04	8377,16
2944,89	2942,70	5723,23	5719,12	8398,44	8392,54
2963,26	2961,04	5739,18	5735,04	8412,02	8406,08
2980,97	2978,73	5753,89	5749,73	8423,70	8417,79
2998,01	2995,75	5767,34	5763,15	8433,54	8427,60
3014,38	3012,11	5779,49	5775,29	8441,54	8435,59
3030,06	3027,76	5790,34	5786,13	8447,59	
3045,02	3042,60	5799,92	5795,71	8451,78	
3059,30	3057,00	5808,16	5804,00	8454,12	

Literatura recomendada

ATKINS, P. W. *Molecular Quantum Mechanics*. Oxford University Press. 1989.

BARROW, G. M. *Introduction to Molecular Spectroscopy*. McGraw-Hill. 1962.

HERZBERG, G. *Molecular Spectra and Molecular Structure I. Diatomic Molecules*. Prentice-Hall, Inc. 1939.

HOLLAS, J. M. *Modern Spectroscopy*. John Wiley & Sons. 1987.

LEVINE, I. N. *Molecular Spectroscopy*. John Wiley & Sons. 1975.

WOLLRAB J. E., *Rotational Spectra and Molecular Structure*. Academic Press, 1967.

4 Vibração de moléculas poliatômicas

Para aplicação da espectroscopia vibracional na química é fundamental o entendimento dos movimentos na molécula para cada frequência vibracional observada. Entre as várias técnicas empregadas, a mais simples é a análise de coordenadas normais. Contudo, antes de se efetuar esta análise, deve-se fazer uma tentativa de atribuição das frequências aos modos vibracionais. Para isso, utiliza-se informações adicionais, como estado de polarização das bandas, substituição isotópica, contorno de bandas, comparação com moléculas semelhantes etc. Mesmo assim, o problema de atribuição é bastante difícil. Em alguns casos, erros na atribuição podem ser evidenciados pela análise de coordenadas normais, mas em outros casos podem simplesmente levar a resultados errôneos, por exemplo, no cálculo de constantes de força.

Uma molécula pode ser pensada como um conjunto de osciladores acoplados; o que se faz na análise de coordenadas normais é desacoplar esses osciladores em "modos normais", tratados como osciladores harmônicos simples, descritos pelas chamadas "coordenadas normais".

O problema, na realização da análise de coordenadas normais, é a dificuldade de resolver numericamente a equação secular e obter resultados fisicamente significativos. Com a finalidade de transformar o determinante da equação secular em vários determinantes de menor ordem, mais simples de serem resolvidos, faremos uso das propriedades de simetria das moléculas e da teoria de grupo. Embora o desenvolvimento de técnicas computacionais tenha tornado mais fácil resolver a equação secular, o uso da teoria de grupo e propriedades de simetria é ainda um método importante para analisar os espectros vibracionais.

Neste capítulo apresentamos uma parte introdutória sobre a análise de coordenadas normais e teoria de grupo, que serão discutidas em detalhe nos capítulos seguintes.

4.1 Vibrações moleculares e coordenadas normais

No capítulo 2, obtivemos a equação de movimento para uma molécula diatômica a partir da energia cinética e da energia potencial, utilizando coordenada interna. Neste caso, onde só existe o movimento de estiramento da ligação, esta coordenada é a própria coordenada normal (não há nenhum acoplamento). Obteve-se a expressão da frequência vibracional, ou, num procedimento inverso, conhecido o valor experimental da frequência, calcula-se a constante de força.

Para moléculas poliatômicas, o sistema vibracional pode ser expresso em função das coordenadas internas, q_i, que caracterizam os deslocamentos das ligações ou dos ângulos de equilíbrio entre ligações. O uso das coordenadas internas permite descrever a configuração das moléculas independentemente de sua posição no espaço e facilitam a representação dos campos de força moleculares. Impondo, para as moléculas, a condição das equações do centro de massa serem nulas, ($\sum_{\alpha=1}^{N} m_\alpha x_\alpha = 0$, $\sum_{\alpha=1}^{N} m_\alpha y_\alpha = 0$, $\sum_{\alpha=1}^{N} m_\alpha z_\alpha = 0$), [corresponde a origem estar no centro de massa] e que os momentos angulares sejam nulos, $(\sum_{\alpha=1}^{N} m_\alpha(y_\alpha \dot{z}_\alpha - z_\alpha \dot{y}_\alpha) = 0$, $\sum_{\alpha=1}^{N} m_\alpha(z_\alpha \dot{x}_\alpha - x_\alpha \dot{z}_\alpha) = 0$, $\sum_{\alpha=1}^{N} m_\alpha(x_\alpha \dot{y}_\alpha - y_\alpha \dot{x}_\alpha) = 0)$, [corresponde aos eixos de rotação girarem junto com a molécula], eliminamos os movimentos de translação e de rotação e podemos definir as 3N–6 (ou 3N–5 para moléculas lineares) coordenadas internas. Quando se consideram as 3N coordenadas cartesianas na equação secular, 6 das raízes da equação secular, correspondentes às rotações e translações, serão nulas.

Considerando a função potencial $V = V(q_1, q_2, ..., q_n)$, próximo à posição de equilíbrio ($q_i=0$) podemos expandi-la numa série de potências:

$$V = V_o + \sum_i \left(\frac{\partial V}{\partial q_i}\right)_o q_i + \frac{1}{2!}\sum_i \sum_j \left(\frac{\partial^2 V}{\partial q_i \partial q_j}\right)_o q_i q_j + \\ + \frac{1}{3!}\sum_i \sum_j \sum_k \left(\frac{\partial^3 V}{\partial q_i \partial q_j \partial q_k}\right)_o q_i q_j q_k + \cdots \qquad (4.1)$$

V_o é independente das coordenadas e não contribui para o problema vibracional; seu valor define simplesmente o zero da escala de energia potencial e podemos fazer $V_0 = 0$. Na posição de equilíbrio, sendo as coordenadas q_i independentes, pela condição de mínimo $(\partial V/\partial q_i)_0 = 0$. Se desprezarmos os termos cúbicos e de ordem mais alta (aproximação de oscilador harmônico), teremos para a função potencial:

$$V = \frac{1}{2!}\sum_i \sum_j \left(\frac{\partial^2 V}{\partial q_i \partial q_j}\right)_o q_i q_j \qquad (4.2)$$

A derivada da energia cinética, $T = \frac{1}{2}\sum m_i \dot{q}_i^2$, em relação a $\dot{q}_i$ resulta em $m_i \dot{q}_i$, que é o momento linear P_i, associado à coordenada interna q_i:

$$P_i = \frac{\partial T}{\partial \dot{q}_i} \qquad (4.3)$$

A energia cinética pode ser escrita em termos dos momentos lineares e a energia potencial em termos das coordenadas internas:

$$T = \frac{1}{2}\sum_{i}\sum_{j} g_{ij}P_iP_j \quad e \quad V = \frac{1}{2}\sum_{i}\sum_{j} f_{ij}q_iq_j \tag{4.4}$$

onde os somatórios são para as 3N–6 coordenadas e os g_{ij} dependem das massas.

Como escrevemos a energia cinética em função dos momentos P_i, em vez das equações de Lagrange, utilizadas no capítulo 2, empregaremos as equações de Hamilton:

$$\dot{q}_i = \frac{\partial H}{\partial P_i} \quad e \quad \dot{P}_i = -\frac{\partial H}{\partial q_i} \tag{4.5}$$

Se as forças derivam de um potencial, o hamiltoniano será a energia total do sistema, H = T+V. As equações de Hamilton são obtidas das equações de Lagrange (para mais detalhes consulte Eyring et al. (1944) ou o apêndice I). Efetuando as derivações das (4.4), as equações (4.5) ficam:

$$\dot{q}_i = \sum_{j} g_{ij}P_j \quad e \quad \dot{P}_j = -\sum_{k} f_{jk}q_k \tag{4.6}$$

pois $g_{ij} = g_{ji}$ e $f_{ij} = f_{ji}$, de modo que $g_{ij}P_iP_j = g_{ji}P_jP_i$ e $f_{ij}q_iq_j = f_{ji}q_jq_i$. Derivando a equação de $\dot{q}_i$ em relação ao tempo e substituindo $\dot{P}_j$ pelo seu valor em (4.6) teremos:

$$\ddot{q}_i = -\sum_{j}\sum_{k} g_{ij}f_{jk}q_k \quad ou \quad \ddot{q}_i + \sum_{j}\sum_{k} g_{ij}f_{jk}q_k = 0 \tag{4.7}$$

que possui a forma da equação já vista:

$$\Delta\ddot{x} + \left(\frac{k}{m}\right)\Delta x = 0$$

Uma solução particular do problema seria:

$$q_i = A_i \cos(2\pi\nu t + \phi) \tag{4.8}$$

Substituindo q_i e a sua derivada segunda na equação (4.7) obtém-se, para as amplitudes, um sistema de equações algébricas lineares e homogêneas:

$$-(2\pi\nu)^2 A_i = -\sum_j \sum_k g_{ij} f_{jk} A_k \qquad (i = 1, 2, ..., 3N-6)$$

Este sistema pode ser reescrito,

$$\sum_k \left(\sum_j g_{ij} f_{jk} - \delta_{ik}\lambda \right) A_k = 0 \qquad (i = 1, 2, ..., 3N-6) \qquad (4.9)$$

onde $\lambda = (2\pi\nu)^2$ e δ_{ik} é o delta de Kronecker, que vale 1 para i = k e 0 para i ≠ k. Significa que o termo $\delta_{ik}\lambda$ só é diferente de zero (e igual a λ), na i-ésima equação, quando k = i, como se observa no determinante secular para este sistema de equações:

$$\begin{vmatrix} \sum_j g_{1j} f_{j1} - \lambda & \sum_j g_{1j} f_{j2} & \sum_j g_{1j} f_{j3} & \cdots \\ \sum_j g_{2j} f_{j1} & \sum_j g_{2j} f_{j2} - \lambda & \sum_j g_{2j} f_{j3} & \cdots \\ \sum_j g_{3j} f_{j1} & \sum_j g_{3j} f_{j2} & \sum_j g_{3j} f_{j3} - \lambda & \cdots \\ \cdots & \cdots & \cdots & \cdots \end{vmatrix} = 0$$

que costuma ser representada simbolicamente por $|\mathbf{GF}-\mathbf{E}\lambda| = 0$ onde **E** é a matriz unitária (ou identidade), com elementos somente na diagonal e iguais a 1. A resolução do determinante secular dá as 3N–6 raízes λ, que correspondem às frequências vibracionais, $\nu = (1/2\pi)\sqrt{\lambda}$. Sendo as equações (4.9) homogêneas, não é possível determinar os valores das amplitudes, mas somente seus valores relativos.

Para uma raiz particular λ_α, substituindo esse valor nas equações (4.9), podemos obter o conjunto arbitrário das amplitudes $A_{1\alpha}$, $A_{2\alpha}$, ..., $A_{(3N-6)\alpha}$, que determina a forma deste α-ésimo modo de vibração, pois fixa a relação entre os incrementos das coordenadas internas neste modo de vibração. A solução particular, considerada em (4.8), deve agora ser expressa pelo conjunto de funções:

$$q_{i\alpha} = A_{i\alpha} \cos(2\pi\nu_\alpha t + \phi_\alpha) \qquad (i = 1, 2, ..., 3N-6)$$

todas sendo soluções da equação (4.7) com mesma fase ϕ_α e mesma frequência ν_α.

Nesta expressão o índice i indica a coordenada interna e o índice α indica o modo vibracional. Por exemplo, para uma molécula triatômica angulada, sendo as coordenadas internas r_1, r_2 e r_3 e os modos normais ν_1, ν_2 e ν_3, teremos explicitamente:

$$q_{r_1\nu_1} = A_{r_1\nu_1}(\cos\nu_1 t + \phi_1), \quad q_{r_2\nu_1} = A_{r_2\nu_1}(\cos\nu_1 t + \phi_1),$$
$$q_{r_3\nu_1} = A_{r_3\nu_1}(\cos\nu_1 t + \phi_1);$$

$$q_{r_1\nu_2} = A_{r_1\nu_2}(\cos\nu_2 t + \phi_2), \quad q_{r_2\nu_1} = A_{r_2\nu_2}(\cos\nu_2 t + \phi_2),$$
$$q_{r_3\nu_1} = A_{r_3\nu_2}(\cos\nu_2 t + \phi_2);$$

$$q_{r_1\nu_3} = A_{r_1\nu_3}(\cos\nu_3 t + \phi_3), \quad q_{r_2\nu_1} = A_{r_2\nu_3}(\cos\nu_3 t + \phi_3),$$
$$q_{r_3\nu_3} = A_{r_3\nu_3}(\cos\nu_3 t + \phi_3).$$

Para a coordenada interna r_1, por exemplo, ela irá oscilar segundo as três frequências normais de vibração, mas com amplitudes ($A_{i\alpha}$) diferentes. O mesmo ocorre para as demais coordenadas internas, que oscilarão com cada uma das frequências vibracionais mas com diferentes amplitudes.

Aplicando o mesmo procedimento para cada uma das raízes da equação secular, teremos um total de 3N–6 conjuntos de 3N–6 soluções particulares das vibrações moleculares. Uma solução mais conveniente do problema é obtida normalizando as amplitudes. As amplitudes normalizadas seriam:

$$L_{i\alpha} = N_\alpha A_{i\alpha} \qquad (i = 1, 2, ..., 3N-6) \qquad (4.10)$$

e as soluções particulares ficariam:

$$q_{i\alpha} = L_{i\alpha} \cos(2\pi\nu_\alpha t + \phi_\alpha) \qquad (i = 1, 2, ..., 3N-6) \qquad (4.11)$$

O fator de normalização N_α será determinado adiante.

A solução geral da equação (4.7) seria dada pela combinação linear das soluções particulares:

$$q_i = \sum_{\alpha} Q_{0\alpha} q_{i\alpha} = \sum_{\alpha} Q_{0\alpha} L_{i\alpha} \cos(2\pi\nu_{\alpha} t + \phi_{\alpha}) = \sum_{\alpha} L_{i\alpha} Q_{\alpha} \quad (4.12)$$

onde $Q_{\alpha} = Q_{0\alpha}\cos(2\pi\nu_{\alpha}t+\phi_{\alpha})$ são as coordenadas normais. A expressão (4.12) é bastante importante, pois relaciona as coordenadas internas com as coordenadas normais.

As coordenadas normais representam as vibrações fundamentais da molécula e são caracterizadas por alguns átomos se moverem em movimento harmônico simples com mesma frequência. Significa que cada átomo passa pela posição de equilíbrio (ou de máximo deslocamento) ao mesmo tempo, embora possa ter amplitude de vibração diferente dos demais. Uma grande vantagem no uso destas coordenadas é que as energias cinética e potencial adquirem expressões muito simples, lembrando que as coordenadas já envolvem as massas:

$$2T = \sum_{\alpha} \dot{Q}_{\alpha}^{2} \quad \text{e} \quad 2V = \sum_{\alpha} \lambda_{\alpha} Q_{\alpha}^{2} \quad (4.13)$$

Substituindo na expressão da energia potencial em coordenadas internas (4.4) os valores destas coordenadas dadas em (4.12):

$$2V = \sum_{i}\sum_{j} f_{ij} q_i q_j = \sum_{\alpha}\sum_{i}\sum_{j} f_{ij} L_{i\alpha} L_{j\alpha} Q_{\alpha}^{2} = \sum_{\alpha} \lambda_{\alpha} Q_{\alpha}^{2}$$

O valor de λ_{α} obtido desta equação, usando as relações (4.10) fica:

$$\lambda_{\alpha} = \sum_{i}\sum_{j} f_{ij} L_{i\alpha} L_{j\alpha} = N_{\alpha}^{2} \sum_{i}\sum_{j} f_{ij} A_{i\alpha} A_{j\alpha}$$

que permite determinar o fator de normalização para cada raiz λ_{α}.

Em termos das coordenadas normais a energia total

$$H = T + V = \sum_{\alpha} \tfrac{1}{2} \cdot (\dot{Q}_{\alpha}^{2} + \lambda_{\alpha} Q_{\alpha}^{2}) = \sum_{\alpha} H_{\alpha} \quad (4.14)$$

é dada pela soma das energias, H_α, de osciladores harmônicos. Cada coordenada normal oscila independente das demais; em outras palavras, o tratamento feito permitiu desacoplar os osciladores em osciladores harmônicos independentes.

A equação de Schrödinger em coordenadas normais fica:

$$\sum_i \frac{\partial^2 \psi}{\partial Q_i^2} + \frac{2}{\hbar^2}\left(E - \frac{1}{2}\lambda_i Q_i^2\right)\psi = 0 \qquad (\lambda_i = 4\pi^2 \nu_i^2)$$

sendo a função de onda vibracional para um modo Q_i:

$$\psi_i = N_{v_i} H_{v_i}(\sqrt{\alpha_i} Q_i) \cdot \exp\left(-\frac{\alpha_i Q_i^2}{2}\right) \qquad \text{onde } \alpha_i = \frac{2\pi\nu_i}{h}$$

No caso de vibração duplamente degenerada os dois modos têm mesma frequência, $\omega_a = \omega_b$ e a função de onda fica:

$$\psi_i = N_{v_i} H_{v_a}(\sqrt{\alpha_i} Q_a) \cdot H_{v_b}(\sqrt{\alpha_i} Q_b) \cdot \exp\left[-\frac{\alpha_i}{2}\left(Q_a^2 + Q_b^2\right)\right]$$

sendo $\alpha_i = \dfrac{2\pi\nu_a}{h} = \dfrac{2\pi\nu_b}{h}$

No estado vibracional fundamental $v_a = v_b = 0$ e $H_{v_a} = H_{v_b} = H_0$, não ocorre degenerescência. Num estado excitado $v_i = v_a + v_b$ e se houver excitação de um quantum vibracional poderemos ter $v_a = 1$ e $v_b = 0$, ou $v_a = 0$ e $v_b = 1$ havendo, portanto, duas autofunções degeneradas. Se a excitação for de dois quanta vibracional teremos tripla degenerescência.

Como veremos adiante (capítulo 5) dependendo da geometria da molécula podemos ter equivalência de dois eixos (x, y), originando dupla degenerescência, ou de três eixos, tripla degenerescência.

4.2 Simetria e grupos de ponto

Operações de simetria são definidas como transformações que levam um sistema a uma configuração indistinguível da original; cada operação está ligada a um elemento de simetria, por exemplo, uma rotação está associada a um eixo de rotação, uma reflexão está associada a um plano de reflexão etc.

No estudo das vibrações moleculares não interessam movimentos translacionais (no caso de vibrações em cristais eles devem ser considerados), assim podemos definir as seguintes operações de simetria e seus correspondentes elementos, que são representados pelos mesmos símbolos:

E Este símbolo representa a identidade, que é uma operação em que "nada acontece", a molécula permanece exatamente como estava. Esta operação é definida como exigência da teoria de grupo, da qual faremos uso.

C_p Rotação de $2\pi/p$, efetuada no sentido anti-horário. Por exemplo, C_3 é uma rotação de 120°, C_3^2 são duas rotações C_3 sucessivas, ou seja, uma rotação de 240°.

σ Reflexão num plano. Quando o eixo principal de rotação da molécula (eixo de rotação de maior ordem) estiver no plano, este é denominado vertical (σ_v), como no caso da H_2O, onde um plano é o da própria molécula e o outro é perpendicular a ele, sendo o eixo C_2 a intersecção destes dois planos. Se o plano bisseta dois eixos C_2, perpendiculares ao eixo principal, ele é denominado diagonal (σ_d); se for perpendicular ao eixo principal, será denominado plano horizontal (σ_h). Por convenção o eixo principal está no eixo z (vertical).

i Centro de inversão (ou de simetria), é uma reflexão através do ponto central da molécula. Corresponde a levar cada átomo da molécula, através do centro, a uma igual distância no outro lado, num ponto ocupado por átomo idêntico. Na molécula de CO_2 a posição ocupada pelo átomo de carbono é um centro de inversão.

S_p Rotação imprópria ou rotação-reflexão, consiste de uma rotação de $2\pi/p$ em um eixo, seguida de reflexão num plano perpendicular a esse eixo. Este plano não precisa existir como elemento de simetria da molécula, como é o caso da operação S_4 no CH_4.

É possível combinar operações de simetria de uma molécula de modo que pelo menos um ponto dela permaneça estacionário. Esta combinação constitui um “grupo de ponto” e elimina movimentos de translação da molécula, que não interessam no estudo de vibrações moleculares. (Obs. No caso de cristais consideram-se movimentos de translação e o grupo com que se opera é o grupo de espaço.)

Um conjunto de operações constitui um grupo se forem satisfeitas as seguintes condições:

1 – Se A e B forem elementos do grupo o produto AB também será elemento do grupo. Assim, se AB = C, C deve pertencer ao grupo.
2 – A identidade é um elemento do grupo. Se A é um elemento do grupo, AE = EA = A.
3 – O inverso de uma operação do grupo é também uma operação do grupo. Se A é um elemento do grupo, $X = A^{-1}$ pertencerá ao grupo, de modo que $XA = A^1A = E$.
4 – Vale a lei associativa da multiplicação, (AB)C = A(BC).

Grupos finitos são os que contêm um número finito de elementos; o número destes elementos é a **ordem do grupo**.

Uma definição importante em grupos de ponto é a de **classe de operações** de simetria. Se A, B e X são elementos do grupo e $B = X^{-1}AX$, A e B serão conjugados; os elementos conjugados formam uma classe. Como exemplo, na molécula planar de BF_3 as operações C_3 e C_3^2 são conjugadas, formando uma classe; o mesmo ocorre com as três operações C_2 e com as reflexões nos três planos verticais. Isto fica claro observando-se as operações mostradas na Figura 4.1, para as operações C_3 e C_3^2 e para os planos σ' e σ''. Nesta figura, na parte superior estão indicadas as posições dos planos, que é mantida fixa durante as operações indicadas.

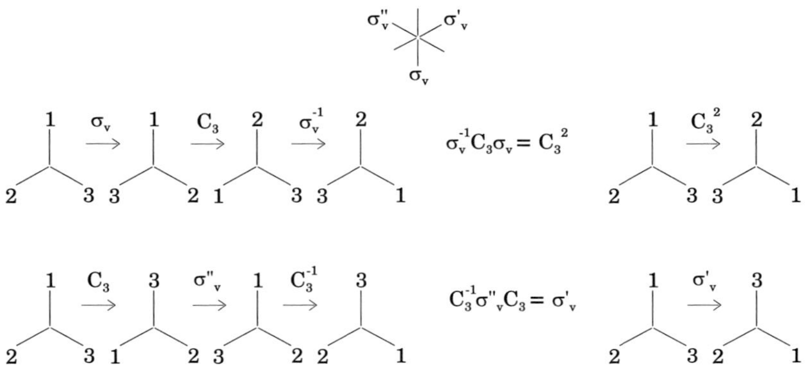

Figura 4.1 – Operações para elementos conjugados.

Cada molécula pode ser atribuída a um grupo de ponto, considerando-se os elementos de simetria que ela possui. Os grupos de ponto podem ser classificados em quatro tipos, como segue.

(I) Grupos sem eixo de rotação:

C_1 grupo de ponto cujo único elemento de simetria é a identidade. É o caso de molécula não planar com 4 átomos diferentes: PFClBr.

C_s além da identidade este grupo contém um plano de simetria σ. É o caso de 3 átomos diferentes não colineares: HOF.

C_i são elementos de simetria deste grupo a identidade e o centro de inversão. Exemplo: HFBrC-CHFBr em conformação dispersa.

(II) Grupos com somente um eixo de rotação:

C_p estes grupos contêm um eixo C_p e a identidade. Na ausência de outros elementos de simetria as operações C_p, C_p^2, C_p^3 ..., não são conjugadas, não satisfazem as condições para pertencerem a uma mesma classe. Exemplo de C_2 é a H_2O_2 e de C_3 é o $HC(C_6H_5)_3$ com os anéis benzênicos formando um ângulo (≠ 0° ou 90°) em relação a planos verticais.

S_p ocorrem para p = 4, 6, 8. Exemplo de S_6 é o íon complexo $[Co(NO_2)_6]^{3-}$ no cristal $Na_3[Co(NO_2)_6]$ (esqueleto de simetria O_h com os agrupamentos NO_2 formando um pequeno ângulo com os planos horizontais e orientados de modo que satisfaça a simetria do eixo C_3).

C_{pv} estes grupos possuem um eixo C_p e p planos verticais (σ_v) que se interceptam neste eixo. Exemplo de C_{2v} é a H_2O e de C_{3v} é a NH_3.

C_{ph} quando além do eixo C_p houver um plano de reflexão, (σ_h), perpendicular a ele. Exemplo de C_{2h} é o transplanar HClC=CHCl.

(III) Grupos diédricos:

D_p grupos diédricos são caracterizados por possuírem um eixo C_p e p eixos binários (C_2) perpendiculares a C_p e com ângulos iguais entre si. Exemplo de D_3 é $N(CH_2CH_2)_3N$. Se em adição houver planos de simetria teremos os grupos D_{ph} e D_{pd}.

D_{ph} se houver um plano horizontal; um exemplo de D_{3h} é C_2H_6 na conformação eclipsada.

D_{pd} se houver p planos diagonais, σ_d, que se interceptam em C_p. Estes planos bissetam o ângulo entre dois eixos C_2 consecutivos. Exemplo de D_{3d} é C_2H_6 na conformação dispersa.

(IV) Grupos tetraédricos e octaédricos:

Estes grupos são caracterizados por possuírem mais de um eixo de ordem maior do que dois.

T grupo tetraédrico: tem 3 eixos C_2 mutuamente perpendiculares e 4 eixos C_3. Se em adição houver planos de simetria σ_d para cada par de eixo C_3 (seis planos), o grupo será designado por T_d, um exemplo sendo CH_4.

O grupo octaédrico: tem 3 eixos C_4 mutuamente perpendiculares e 4 eixos C_3. Se em adição houver um centro de simetria, i, o grupo será designado por O_h, um exemplo sendo SF_6.

Definimos as operações e os elementos de simetria considerando a molécula como estática e vimos como classificá-la num grupo de ponto; passaremos a estudar a aplicação das operações de simetria nos movimentos moleculares, ou seja, nos vetores de deslocamento dos átomos.

Exercícios

4.1 Determine os grupos de ponto a que pertencem as seguintes moléculas: (i) clorobenzeno; (ii) acetonitrila; (iii) o-diclorobenzeno; (iv) p-diclorobenzeno; (v) ciclo-octatetraeno(barca); (vi) ion formiato; (vii) ciclobutano.

4.2 Determine as operações de simetria para a molécula de etano na conformação eclipsada.

4.3 Faça o desenvolvimento em série de Taylor da função potencial de uma molécula triatômica angulada, até o termo de terceira ordem. Discuta o significado de cada termo.

4.4 Verifique se no grupo de ponto D_{3h} as operações de simetria indicadas abaixo, numa mesma linha, pertencem à mesma classse:

(i) S_3^1, S_3^2 , S_3^3 e S_3^5
(ii) C_2 , C_2' e C_2''.

Literatura recomendada

BARROW, G. M. *Introduction to Molecular Spectroscopy*. McGraw-Hill, 1962.

EYRING, H., WALTER, J., KIMBALL, G. E. *Quantum Chemistry*. John Wiley & Sons, Inc., 1944.

HARRIS, D. C., BERTOLUCCI, M. D. *Symmetry and Spectroscopy*. Dover Publications, 1989.

HERZBERG, G. *Molecular Spectra and Molecular Structure. II. Infrared and Raman Spectra of Polyatomic Molecules*. D. Van Nostrand Company, Inc., 1962.

HOLLAS, J. M. *Modern Spectroscopy*. John Wiley & Sons, 1987.

NAKAMOTO, K. *Infrared and Raman Spectra of Inorganic and Coordination Compounds*. John Wiley & Sons, 1969.

PAINTER, P. C., COLEMAN, M. M., KOENIG, J. L. *The Theory of Vibrational Spectroscopy and its Application to Polymeric Materials*. John Wiley & Sons, 1982.

STEELE, D. *Theory of Vibrational Spectroscopy*. W. B. Saunders, 1971.

WILSON, E. B., DECIUS, J. C., CROSS, P. C. *Molecular Vibrations*. McGraw-Hill, 1955.

WOODWARD, L. A. *Introduction to the Theory of Molecular Vibrations and Vibrational Spectroscopy*. Oxford, 1972.

5 Operações de simetria em movimentos moleculares

5.1 Operações de simetria nas coordenadas cartesianas de deslocamento

Vamos considerar as coordenadas cartesianas de deslocamento dos átomos em uma molécula e aplicar as operações de simetria do grupo ao qual ela pertence. Efetuar uma operação de simetria corresponde a obter transformações lineares, que podem ser representadas matematicamente por uma matriz, ligando as coordenadas antigas às novas coordenadas. A cada operação se associa uma matriz de transformação e estas transformações (ou matrizes) possuem as propriedades que definem um grupo de ponto (ver capítulo 4): (1) se duas transformações forem elementos do grupo seu produto deve pertencer ao grupo; (2) existe uma transformação identidade; (3) o inverso de uma transformação também é um elemento do grupo; (4) vale a lei associativa da multiplicação destas transformações. Os grupos assim obtidos são isomorfos com o das operações de simetria. O conjunto de matrizes associadas às operações de um grupo constitui uma **representação** do grupo. Os deslocamentos dos átomos, nas coordenadas cartesianas de deslocamento, serão representados por vetores e examinaremos as matrizes de transformação (ou representações) da aplicação das operações de simetria nestes vetores.

Tomemos como exemplo uma molécula do grupo de ponto C_{2v}, a água. Na Figura 5.1 está representado o que ocorre com os vetores das coordenadas cartesianas de deslocamento de cada átomo quando se aplica a operação C_2. Embora as operações de simetria sejam aplicadas nestes vetores numa configuração que pode não ser a de equilíbrio, elas são características da molécula nesta posição. Na figura, os números dentro dos círculos representam a numeração original dos átomos. Após a operação, os componentes do vetor deslocamento do átomo 1, (Δx_1, Δy_1, Δz_1), são transformados nas novas coordenadas ($-\Delta x_2'$, $-\Delta y_2'$, $\Delta z_2'$), expressas em função das coordenadas originais, (Δx_1, Δy_1, Δz_1).

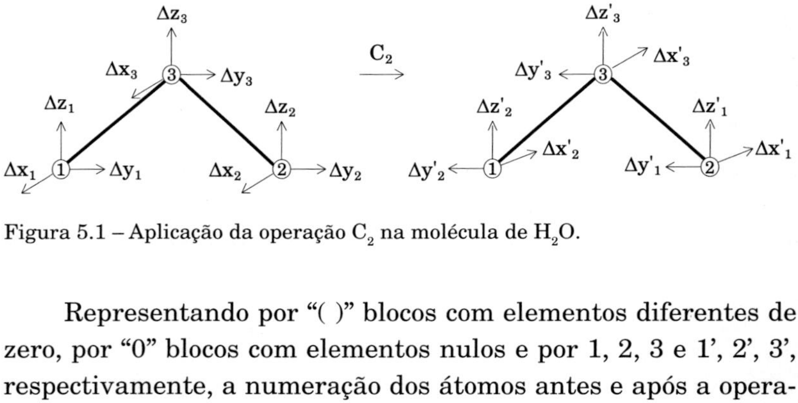

Figura 5.1 – Aplicação da operação C_2 na molécula de H_2O.

Representando por "( )" blocos com elementos diferentes de zero, por "0" blocos com elementos nulos e por 1, 2, 3 e 1', 2', 3', respectivamente, a numeração dos átomos antes e após a operação C_2, teríamos uma representação simbólica desta matriz de transformação:

$$\begin{bmatrix} 1' \\ 2' \\ 3' \end{bmatrix} = \begin{bmatrix} 0 & (\,) & 0 \\ (\,) & 0 & 0 \\ 0 & 0 & (\,) \end{bmatrix} \begin{bmatrix} 1 \\ 2 \\ 3 \end{bmatrix} \quad (5.1)$$

mostrando que os átomos 1 e 2 mudaram de sítio, enquanto o átomo 3 permaneceu em sua posição (elemento na diagonal). Explicitamente, podemos escrever para as coordenadas cartesianas de deslocamento:

$$\begin{bmatrix} \Delta x_1' \\ \Delta y_1' \\ \Delta z_1' \\ \\ \Delta x_2' \\ \Delta y_2' \\ \Delta z_2' \\ \\ \Delta x_3' \\ \Delta y_3' \\ \Delta z_3' \end{bmatrix} = C_2 \begin{bmatrix} \Delta x_1 \\ \Delta y_1 \\ \Delta z_1 \\ \\ \Delta x_2 \\ \Delta y_2 \\ \Delta z_2 \\ \\ \Delta x_3 \\ \Delta y_3 \\ \Delta z_3 \end{bmatrix} = \begin{bmatrix} 0 & 0 & 0 & -1 & 0 & 0 & 0 & 0 & 0 \\ 0 & 0 & 0 & 0 & -1 & 0 & 0 & 0 & 0 \\ 0 & 0 & 0 & 0 & 0 & 1 & 0 & 0 & 0 \\ \\ -1 & 0 & 0 & 0 & 0 & 0 & 0 & 0 & 0 \\ 0 & -1 & 0 & 0 & 0 & 0 & 0 & 0 & 0 \\ 0 & 0 & 1 & 0 & 0 & 0 & 0 & 0 & 0 \\ \\ 0 & 0 & 0 & 0 & 0 & 0 & -1 & 0 & 0 \\ 0 & 0 & 0 & 0 & 0 & 0 & 0 & -1 & 0 \\ 0 & 0 & 0 & 0 & 0 & 0 & 0 & 0 & 1 \end{bmatrix} \begin{bmatrix} \Delta x_1 \\ \Delta y_1 \\ \Delta z_1 \\ \\ \Delta x_2 \\ \Delta y_2 \\ \Delta z_2 \\ \\ \Delta x_3 \\ \Delta y_3 \\ \Delta z_3 \end{bmatrix} \quad (5.2)$$

onde os blocos correspondem às transformações das coordenadas Δx, Δy, Δz para cada sítio, numerado 1, 2 e 3.

Para a operação identidade, E, a matriz de transformação é a matriz unidade, somente com valor 1 na diagonal principal.

Na operação de reflexão pelo plano da molécula, σ_{yz}, todos os átomos permanecem na mesma posição, contribuindo para os blocos na diagonal e a matriz de transformação para esta operação será:

$$\sigma_{yz} \Rightarrow \begin{bmatrix} -1 & 0 & 0 & 0 & 0 & 0 & 0 & 0 & 0 \\ 0 & 1 & 0 & 0 & 0 & 0 & 0 & 0 & 0 \\ 0 & 0 & 1 & 0 & 0 & 0 & 0 & 0 & 0 \\ 0 & 0 & 0 & -1 & 0 & 0 & 0 & 0 & 0 \\ 0 & 0 & 0 & 0 & 1 & 0 & 0 & 0 & 0 \\ 0 & 0 & 0 & 0 & 0 & 1 & 0 & 0 & 0 \\ 0 & 0 & 0 & 0 & 0 & 0 & -1 & 0 & 0 \\ 0 & 0 & 0 & 0 & 0 & 0 & 0 & 1 & 0 \\ 0 & 0 & 0 & 0 & 0 & 0 & 0 & 0 & 1 \end{bmatrix} \quad (5.3)$$

Para a operação de reflexão pelo plano σ_{xz} a matriz de transformação fica:

$$\sigma_{xz} \Rightarrow \begin{bmatrix} 0 & 0 & 0 & 1 & 0 & 0 & 0 & 0 & 0 \\ 0 & 0 & 0 & 0 & -1 & 0 & 0 & 0 & 0 \\ 0 & 0 & 0 & 0 & 0 & 1 & 0 & 0 & 0 \\ 1 & 0 & 0 & 0 & 0 & 0 & 0 & 0 & 0 \\ 0 & -1 & 0 & 0 & 0 & 0 & 0 & 0 & 0 \\ 0 & 0 & 1 & 0 & 0 & 0 & 0 & 0 & 0 \\ 0 & 0 & 0 & 0 & 0 & 0 & 1 & 0 & 0 \\ 0 & 0 & 0 & 0 & 0 & 0 & 0 & -1 & 0 \\ 0 & 0 & 0 & 0 & 0 & 0 & 0 & 0 & 1 \end{bmatrix} \qquad (5.4)$$

Neste exemplo as representações para as operações do grupo, E, C_2, σ_{yz} e σ_{xz}, tendo como base as coordenadas cartesianas de deslocamento, têm dimensão 3N. Algumas destas matrizes tiveram elementos só na diagonal e outras não, mas é o conjunto destas quatro matrizes 9 x 9, para as quatro operações do grupo C_{2v}, que constitui uma **representação redutível**. Operar com matrizes desta ordem seria extremamente trabalhoso; matematicamente é possível, através das chamadas **transformações de similaridade**, transformar uma representação redutível em uma mais simples, denominada **representação irredutível**.

A transformação de similaridade consiste na diagonalização das matrizes (redutíveis), reduzindo as matrizes a blocos na diagonal que não podem mais ser reduzidos. Estes blocos constituem a **representação irredutível**. A transformação de similaridade é bastante trabalhosa e não iremos efetuá-la, nos limitaremos a um exemplo simples de sua aplicação. A transformação de similaridade reduz a matriz a uma forma diagonal, como no exemplo que segue, e transforma uma representação redutível em matrizes do tipo:

$$\begin{bmatrix} (a_1) & 0 & 0 & \cdots \\ 0 & (a_2) & 0 & \cdots \\ 0 & 0 & (a_3) & \cdots \\ \cdots & \cdots & \cdots & \cdots \end{bmatrix} \qquad (5.5)$$

onde (a_i) são matrizes quadradas. Se estas matrizes (a_i) forem redutíveis podemos fazer novas transformações até obter matrizes irredutíveis. Define-se uma transformação de similaridade, de um elemento **A** pelo operador **X**, como o produto matricial $\mathbf{X}^{-1}\mathbf{A}\mathbf{X} = \mathbf{A}'$. Se **A**, **B**, **C**... constituem uma representação do grupo, **A′**, **B′**, **C′**..., obtidos através destas transformações, também constituem uma representação. Se for possível determinar uma transformação de similaridade que reduza simultaneamente as matrizes **A, B, C,**... para matrizes **A′, B′, C′**,... com a forma da matriz (5.5), sendo os blocos (a_1), (b_1), (c_1),... matrizes irredutíveis de mesma ordem (o mesmo ocorrendo com os blocos de índice 2, 3...), a representação formada por **A'**, **B'**, **C'**,... será irredutível.

Como exemplo, se as matrizes:

$$\mathbf{A} = \begin{bmatrix} 0 & 1/2 \\ 1/2 & 0 \end{bmatrix} \quad \text{e} \quad \mathbf{B} = \begin{bmatrix} 3/4 & 1/4 \\ 1/4 & 3/4 \end{bmatrix}$$

constituem uma representação, correspondendo a dois modos vibracionais ou a duas operações em uma determinada espécie de simetria, aplicando os operadores matriciais

$$\mathbf{X} = \begin{bmatrix} 1 & -1 \\ 1 & 1 \end{bmatrix} \quad \text{e} \quad \mathbf{X}^{-1} = \begin{bmatrix} 1/2 & 1/2 \\ -1/2 & 1/2 \end{bmatrix}$$

na transformação de similaridade para **A** e **B**, resultam as matrizes

$$\mathbf{A}' = \begin{bmatrix} 1/2 & 0 \\ 0 & -1/2 \end{bmatrix} \quad \text{e} \quad \mathbf{B}' = \begin{bmatrix} 1 & 0 \\ 0 & 1/2 \end{bmatrix}$$

contendo só elementos na diagonal em uma forma irredutível.

Em vez de efetuar transformações de similaridade, podemos obter diretamente uma representação irredutível utilizando uma base conveniente, como as coordenadas de simetria ou as coordenadas normais.

A Figura 5.2 mostra as transformações, pela operação C_2, nas coordenadas de simetria para a água. Estas coordenadas dão uma ideia aproximada dos modos normais.

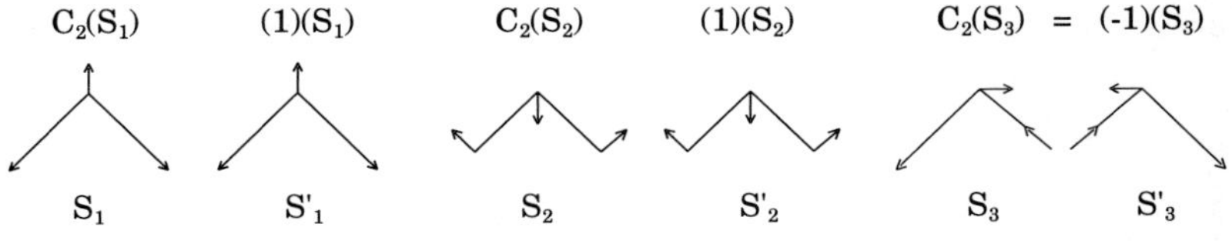

Figura 5.2 – Operação C_2 nas coordenadas de simetria da água.

As coordenadas normais de vibração da água, Q_1, Q_2 e Q_3, que correspondem às vibrações do estiramento simétrico, deformação de ângulo e estiramento antissimétrico, respectivamente, constituem um sistema de dimensão 3N–6 e não mais 3N, das matrizes (5.2) a (5.4). Aplicando as operações do grupo C_{2v} a estas coordenadas, as transformações correspondentes são:

$$
\begin{array}{lll}
E(Q_1) \rightarrow (1)Q_1 & E(Q_2) \rightarrow (1)Q_2 & E(Q_3) \rightarrow (1)Q_3 \\
C_2(Q_1) \rightarrow (1)Q_1 & C_2(Q_2) \rightarrow (1)Q_2 & C_2(Q_3) \rightarrow (-1)Q_3 \\
\sigma_{xz}(Q_1) \rightarrow (1)Q_1 & \sigma_{xz}(Q_2) \rightarrow (1)Q_2 & \sigma_{xz}(Q_3) \rightarrow (-1)Q_3 \\
\sigma_{yz}(Q_1) \rightarrow (1)Q_1 & \sigma_{yz}(Q_2) \rightarrow (1)Q_2 & \sigma_{yz}(Q_3) \rightarrow (1)Q_3
\end{array}
$$

O resultado foi conservar ou mudar o sinal das coordenadas e pode ser tabelado como:

	E	C_2	σ_{xz}	σ_{yz}
Q_1	1	1	1	1
Q_2	1	1	1	1
Q_3	1	–1	–1	1

que mostra as representações irredutíveis (em dimensão 3N–6) para a água, onde as duas primeiras linhas são da espécie A_1 e a última da espécie B_2, como veremos adiante.

Vimos, com o exemplo da molécula da água, que a base formada pelas coordenadas de simetria, ou pelas coordenadas normais, gera uma representação irredutível. Consideremos outro exemplo, o da molécula de NH_3, grupo de ponto C_{3v}.

Em coordenadas cartesianas de deslocamento (dimensão 3N) teremos uma representação redutível com matrizes 12 x 12. É possível escolher uma nova base de modo que se obtenha uma representação de forma completamente reduzida, ainda em dimensão 3N, constituída por um certo número de representações irredutíveis, como mostra a tabela a seguir (5.6). Nesta tabela os três primeiros blocos A_1 correspondem aos dois modos vibracionais (estiramento e deformação de ângulo totalmente simétricos) e ao componente translacional T_z. O bloco A_2 corresponde ao componente rotacional R_z. Os quatro blocos restantes, da espécie degenerada E, correspondem ao estiramento e deformação de ângulo desta espécie, aos componentes translacionais (T_x, T_y) e rotacionais (R_x, R_y).

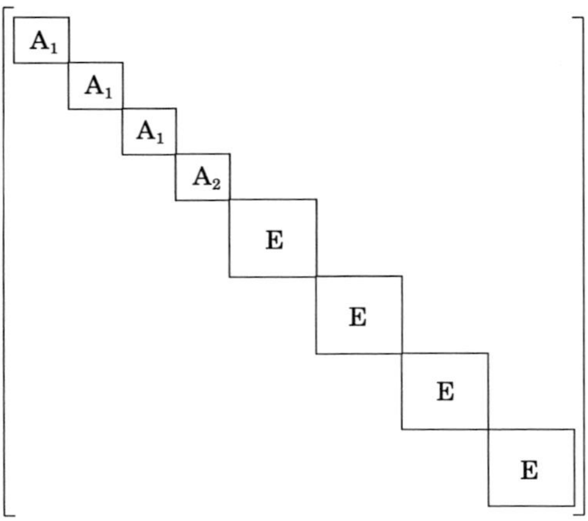

(5.6)

A matriz (5.6) mostra a forma completamente reduzida (em dimensão 3N) para a molécula de NH_3 e os símbolos em cada bloco indicam cada representação irredutível (ou espécie de simetria). Alguns blocos comparecem várias vezes e este número corresponde a quantas vezes cada representação irredutível comparece na representação total. Como exemplo, há três representações irredutíveis de espécie A_1, uma para o estiramento, outra para a deformação de ângulo e a última para o componente translacional T_z.

De modo geral, no caso da operação de rotação de coordenadas no plano xy, por um ângulo φ, a matriz de transformação toma a forma bem conhecida:

$$\begin{bmatrix} x' \\ y' \\ z' \end{bmatrix} = \begin{bmatrix} \cos\varphi & \text{sen}\varphi & 0 \\ -\text{sen}\varphi & \cos\varphi & 0 \\ 0 & 0 & 1 \end{bmatrix} \begin{bmatrix} x \\ y \\ z \end{bmatrix} \qquad (5.7)$$

5.2 Caráter e representações

As matrizes possuem uma propriedade importante, a invariância da soma dos elementos na diagonal para qualquer transformação de coordenadas que nela se efetue. Esta soma é denominada caráter (ou traço) da matriz. Na matriz para a operação C_2, (5.2), na representação com base nas coordenadas cartesianas de deslocamento, o caráter é –1 (dado pelo caráter do bloco na diagonal para o átomo 3). Para a operação de reflexão σ_{yz} (5.3), o caráter da matriz para cada átomo é 1 e o caráter da matriz completa será 3 (3 blocos diagonais, um para cada átomo). Para a operação σ_{xz} (5.4), o caráter para cada átomo é 1 e o da matriz completa também é 1, devido à contribuição apenas do átomo 3. Para a operação E o caráter é 9.

Do mesmo modo que as matrizes associadas às operações de simetria constituem representações do grupo de ponto, os caracteres destas matrizes também formam representações destes grupos. Isso simplifica bastante o problema, podendo-se operar com números no lugar de matrizes.

Usando como base coordenadas cartesianas de deslocamento resulta uma matriz, ou uma representação, redutível. Se considerarmos o caráter, obteremos o caráter de uma representação redutível. Se pela escolha da base a representação for irredutível, teremos os caracteres de representações irredutíveis.

Vamos considerar uma base formada pelos vetores de deslocamento aplicados ao centro de massa, T_x, T_y e T_z, que representam os movimentos de translação segundo os eixos x, y e z. Ainda no exemplo da água, aplicando a operação C_2 em T_x e em T_y, resulta uma troca de sinal destes vetores e a aplicação em T_z deixa-o inalterado, como se observa na Figura 5.3. Nesta figura são mostradas as posições iniciais e as resultantes das operações indicadas (o sinal "+" ou "–" indica o movimento do vetor para fora ou para dentro do plano do papel).

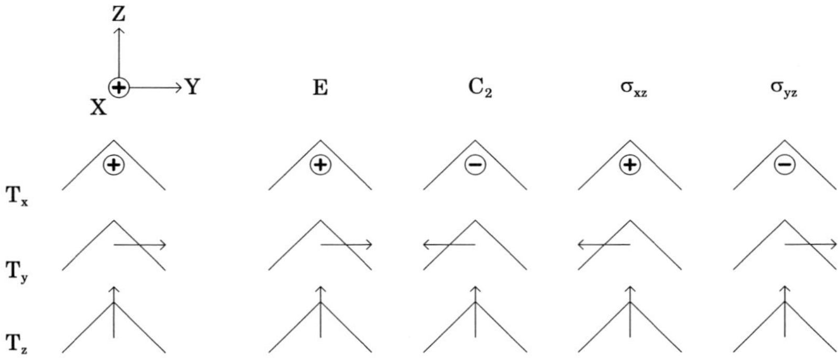

Figura 5.3 – Aplicação de operações de simetria nos componentes do vetor de translação.

Estas operações podem ser escritas: $E(T_x) = (1)(T_x)$, $E(T_y) = (1)(T_y)$, $E(T_z) = (1)(T_z)$; $C_2(T_x) = (-1)(T_x)$, $C_2(T_y) = (-1)(T_y)$, $C_2(T_z) = (1)(T_z)$ etc. As matrizes de transformação (1) e (–1) são irredutíveis, com caracteres 1 e –1, respectivamente.

Com estes resultados pode-se construir uma tabela de caracteres para as várias operações do grupo aplicadas aos componentes de T, indicados na última coluna:

C_{2v}	E	C_2	σ_{xz}	σ_{yz}	
	1	1	1	1	T_z
	1	–1	1	–1	T_x
	1	–1	–1	1	T_y

A base formada pelos vetores R_x, R_y e R_z, que representam movimentos de rotação ao redor dos eixos x, y e z, respectivamente, é mostrada na Figura 5.4, junto ao exemplo da aplicação da operação C_2 em R_x, $C_2(R_x) = (-1)R_x$. Os caracteres resultantes da aplicação das operações do grupo nestes componentes de rotação podem ser adicionados à tabela anterior, constituindo a Tabela 5.1, que é a tabela de caracteres da representação irredutível para o grupo de ponto C_{2v}.

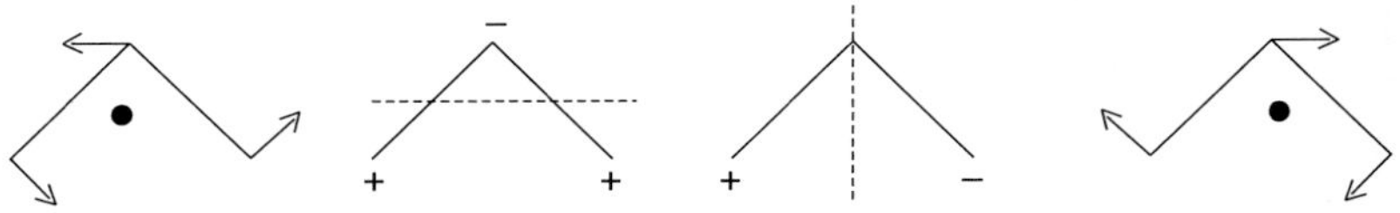

Figura 5.4 – Vetores de deslocamento para rotação

C_{2v}	E	C_2	σ_{xz}	σ_{yz}	
	1	1	1	1	T_z
	1	1	–1	–1	R_z
	1	–1	1	–1	T_x, R_y
	1	–1	–1	1	T_y, R_x

Tabela 5.1

Até agora só consideramos o caso de não haver degenerescência geométrica; esta ocorre quando a molécula possui eixo de simetria C_3 ou de maior ordem. Vamos examinar as modificações que devem ser introduzidas quando a molécula, devido à sua geometria, possui níveis de energia duplamente degenerados como sucede com a molécula de NH_3 (C_{3v}) ou de BF_3 (D_{3h}).

Se calcularmos o momento de inércia para rotações nos eixos x e y (perpendiculares a C_3) teremos, para estas moléculas, que $I_x = I_y$, o que significa que os níveis de energia das rotações moleculares R_x e R_y têm valores idênticos, ou seja, há dupla degenerescência. O mesmo ocorre com os movimentos de translação T_x e T_y.

Quando ocorre degenerescência geométrica, a aplicação das operações do grupo de ponto em coordenadas degeneradas deve ser considerada no conjunto destas coordenadas e não nelas separadamente.

Como exemplo, a operação de rotação C_3 não pode ser aplicada em T_x, $C_3(T_x)$, ou em T_y, $C_3(T_y)$, mas na matriz coluna formada por estes dois componentes:

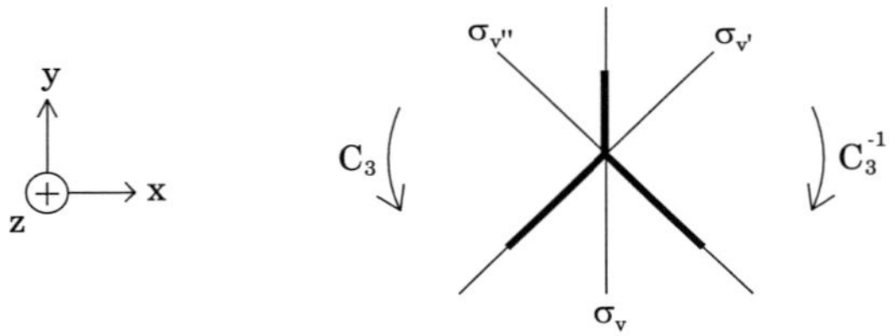

$$\begin{bmatrix} T_x' \\ T_y' \end{bmatrix} = C_3 \begin{bmatrix} T_x \\ T_y \end{bmatrix} = \begin{bmatrix} \cos\varphi & \text{sen}\varphi \\ -\text{sen}\varphi & \cos\varphi \end{bmatrix} \begin{bmatrix} T_x \\ T_y \end{bmatrix} = \begin{bmatrix} -1/2 & \sqrt{3}/2 \\ -\sqrt{3}/2 & -1/2 \end{bmatrix} \begin{bmatrix} T_x \\ T_y \end{bmatrix}$$

cujo caráter é –1. Se efetuássemos a operação $C_3^{\,2}$ ($\equiv C_3^{-1}$) o resultado seria a matriz:

$$C_3^{\,2} \begin{bmatrix} T_x \\ T_y \end{bmatrix} = \begin{bmatrix} -1/2 & -\sqrt{3}/2 \\ \sqrt{3}/2 & -1/2 \end{bmatrix} \begin{bmatrix} T_x \\ T_y \end{bmatrix}$$

cujo caráter é –1, como para a matriz de C_3. Para a operação identidade a matriz:

$$E \begin{bmatrix} T_x \\ T_y \end{bmatrix} = \begin{bmatrix} 1 & 0 \\ 0 & 1 \end{bmatrix} \begin{bmatrix} T_x \\ T_y \end{bmatrix}$$

tem caráter 2. Note-se que o caráter para a identidade corresponde à ordem da matriz. Como a base escolhida já resultou numa representação irredutível, este caráter para a operação identidade indica o grau de degenerescência da representação considerada.

A matriz de transformação para o plano de reflexão σ_v será:

$$\sigma_v \begin{bmatrix} T_x \\ T_y \end{bmatrix} = \begin{bmatrix} -1 & 0 \\ 0 & 1 \end{bmatrix} \begin{bmatrix} T_x \\ T_y \end{bmatrix}$$

cujo caráter é 0. A matriz de transformação para o plano σ_v' é um pouco mais complicada, como se observa para os três planos na figura que segue:

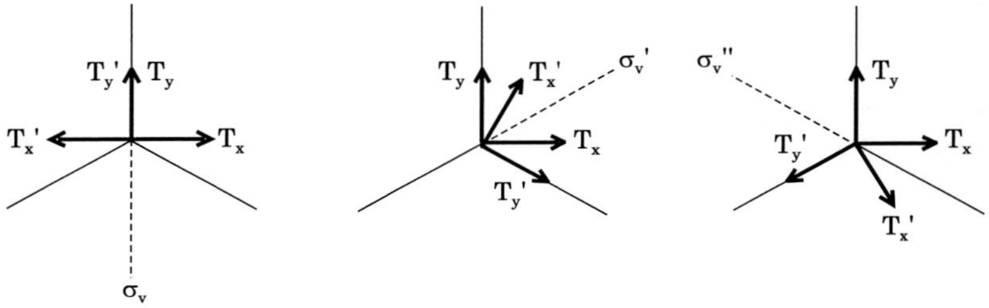

Resultando para σ_v':

$$\sigma_v' \begin{bmatrix} T_x \\ T_y \end{bmatrix} = \begin{bmatrix} \cos 60^\circ & \text{sen}60^\circ \\ \text{sen}60^\circ & -\cos 60^\circ \end{bmatrix} \begin{bmatrix} T_x \\ T_y \end{bmatrix} = \begin{bmatrix} 1/2 & \sqrt{3}/2 \\ \sqrt{3}/2 & -1/2 \end{bmatrix} \begin{bmatrix} T_x \\ T_y \end{bmatrix}$$

cujo caráter é 0, como para o plano σ_v. O resultado para a operação de reflexão no plano σ_v'' é a matriz:

$$\sigma_v'' \begin{bmatrix} T_x \\ T_y \end{bmatrix} = \begin{bmatrix} 1/2 & -\sqrt{3}/2 \\ -\sqrt{3}/2 & -1/2 \end{bmatrix} \begin{bmatrix} T_x \\ T_y \end{bmatrix}$$

também com caráter 0.

5.3 Representações dos grupos de ponto

Obtivemos uma expressão analítica, uma matriz, para cada operação do grupo de ponto considerado. As matrizes encontradas são representações das operações de simetria e no caso dos planos

σ_v, σ_v' e σ_v'', as matrizes obtidas dependiam da orientação destes elementos de simetria em relação aos eixos cartesianos; contudo, o caráter das 3 matrizes obtidas foi o mesmo, isto é, invariante.

Em resumo, as operações de simetria podem ser representadas por matrizes ou números (caracteres), que podem ser combinados pelas regras ordinárias de multiplicação. Estas matrizes ou números também formam grupos, isomorfos com os grupos das operações de simetria. Dependendo da base escolhida, a representação obtida pode ser redutível ou irredutível. Sendo os caracteres invariantes para qualquer transformação de coordenadas, é mais conveniente utilizá-los para as representações.

Vejamos, com mais detalhe, estas representações no exemplo do grupo C_{3v}. Obtivemos os caracteres para os deslocamentos translacionais (T_x, T_y). Para T_z é simples verificar que todas as matrizes de transformação são (1), ou seja, o caráter é 1. Para os componentes de rotação (R_x , R_y) as matrizes são as mesmas de (T_x , T_y); para R_z as matrizes para as operações E, C_3 e C_3^2 são (1) e para os 3 planos são (-1). Podemos montar a seguinte tabela de caracteres:

C_{3v}	E	C_3	C_3^2	σ_v	σ_v'	σ_v''	
Γ_1	1	1	1	1	1	1	T_z
Γ_2	1	1	1	–1	–1	–1	R_z
Γ_3	2	–1	–1	0	0	0	$(T_x,T_y),(R_x,R_y)$

Cada linha da tabela constitui uma representação deste grupo e as três representações, Γ_1, Γ_2 e Γ_3, pela base escolhida, são irredutíveis. A representação para Γ_3 é obtida das matrizes para o par de coordenadas (T_x, T_y). Note-se que os caracteres para as operações C_3 e C_3^2 são os mesmos, o que também sucede para os caracteres das três operações de reflexão. As duas operações de rotação pertencem a uma mesma classe, o mesmo ocorrendo com as três reflexões, podendo-se reescrever a tabela anterior indicando-se o número de operações em cada classe:

C_{3v}	E	$2C_3$	$3\sigma_v$	
Γ_1	1	1	1	T_z
Γ_2	1	1	−1	R_z
Γ_3	2	−1	0	$(T_x, T_y), (R_x, R_y)$

Cada representação constitui uma espécie de simetria, sendo convencional designar por A as espécies simétricas em relação ao eixo principal e por B as espécies antissimétricas em relação a este eixo. Índices "1" e "2" em A e B indicam simetria ou antissimetria em relação a um eixo binário perpendicular ao eixo principal (grupos D_p) ou a um plano vertical σ_v (nos grupos C_{pv}). Índices "g" ou "u" indicam simetria ou antissimetria em relação ao centro de inversão. Com ' ou " indicam-se as espécies simétricas ou antissimétricas em relação ao plano horizontal σ_h, por exemplo, A_1' e, A_1" do grupo D_{3h}.

5.4 Estrutura das representações

As representações irredutíveis se comportam como vetores ortogonais, isto é, seus elementos são como componentes de vetores ortogonais. Para espécies não degeneradas esta condição de ortogonalidade pode ser escrita:

$$\sum_R \Gamma_i(R) \cdot \Gamma_j(R) = 0 \qquad (i \neq j) \tag{5.8}$$

i e j indicando a i-ésima e j-ésima representação irredutível e o somatório é para todas as operações R do grupo. Para espécies degeneradas (dimensão maior do que 1) teremos:

$$\sum_R \Gamma_i(R)_{mn} \cdot \Gamma_j(R)_{m'n'} = 0 \tag{5.9}$$

$$(i \neq j, \text{ ou } i = j \text{ com } m \neq m' \text{ ou } n \neq n')$$

m e n designando a linha e a coluna das matrizes onde estes elementos ocorrem.

Isto pode ser verificado no exemplo para as representações do grupo C_{3v}:

C_{3v}	E	C_3	C_3^2	σ_v	σ_v'	σ_v''
A_1	1	1	1	1	1	1
A_2	1	1	1	–1	–1	–1
E	$\begin{bmatrix} 1 & 0 \\ 0 & 1 \end{bmatrix}$	$\begin{bmatrix} -\frac{1}{2} & \frac{\sqrt{3}}{2} \\ -\frac{\sqrt{3}}{2} & -\frac{1}{2} \end{bmatrix}$	$\begin{bmatrix} -\frac{1}{2} & -\frac{\sqrt{3}}{2} \\ \frac{\sqrt{3}}{2} & -\frac{1}{2} \end{bmatrix}$	$\begin{bmatrix} -1 & 0 \\ 0 & 1 \end{bmatrix}$	$\begin{bmatrix} \frac{1}{2} & \frac{\sqrt{3}}{2} \\ \frac{\sqrt{3}}{2} & -\frac{1}{2} \end{bmatrix}$	$\begin{bmatrix} \frac{1}{2} & -\frac{\sqrt{3}}{2} \\ -\frac{\sqrt{3}}{2} & -\frac{1}{2} \end{bmatrix}$

Para as espécies não degeneradas é fácil ver que a soma dos produtos das representações de A_1 e A_2 (para cada operação) é nula.

$$(1)(1)+(1)(1)+(1)(1)+(1)(-1)+(1)(-1)+(1)(-1) = 0$$

Para uma espécie não degenerada e uma degenerada, por exemplo, A_2 e E, a soma dos produtos dos elementos da representação de A_2 pelo primeiro elemento nas matrizes da representação E fica:

$$(1)(1)+(1)(-1/2)+(1)(-1/2)+(-1)(-1)+(-1)(1/2)+(-1)(1/2) = 0$$

O mesmo sucede para qualquer componente fixado das matrizes da representação E.

Para a espécie degenerada, por exemplo, podemos considerar a soma, para todas operações, dos produtos dos elementos da segunda coluna:

$$(0)(1)+(\sqrt{3}/2)(-1/2)+(-\sqrt{3}/2)(-1/2)+(0)(1)+$$
$$+(\sqrt{3}/2)(-1/2)+(-\sqrt{3}/2)(-1/2) = 0$$

Isto vale para qualquer par correspondente das matrizes da representação degenerada.

As representações irredutíveis além de ortogonais são normalizadas, sendo:

$$\sum_R \Gamma_i(R)_{mn} \cdot \Gamma_i(R)_{mn} = \sum_R [\Gamma_i(R)_{mn}]^2 = \frac{g}{r_i} \qquad (5.10)$$

sendo g a ordem do grupo e r_i é a dimensão da i-ésima representação irredutível. Por exemplo, na espécie E, tomando mn correspondente ao primeiro elemento da segunda coluna:

$$(0)(0)+(\sqrt{3}/2)(\sqrt{3}/2)+(-\sqrt{3}/2)(-\sqrt{3}/2)+(0)(0)+(\sqrt{3}/2)(\sqrt{3}/2)+$$
$$+(-\sqrt{3}/2)(-\sqrt{3}/2) = 6/2$$

Do mesmo modo que as representações, os caracteres das representações irredutíveis também se comportam como vetores ortogonais (5.11) e normalizados (5.12):

$$\sum_R \chi_i(R) \cdot \chi_j(R) = 0 \qquad (i \neq j) \tag{5.11}$$

$$\sum_R \chi_i(R) \cdot \chi_i(R) = \sum_R [\chi_i(R)]^2 = g \tag{5.12}$$

Vistas as propriedades importantes de ortonormalidade das representações, iremos agora determinar quantas vezes uma dada representação irredutível comparece numa representação redutível, como foi exemplificado em (5.6). Este procedimento permitirá calcular, para uma determinada molécula, o número de coordenadas normais em cada espécie de simetria do grupo ao qual ela pertence.

Dada uma representação redutível inicial, 3N×3N, é possível (através das transformações de similaridade) efetuar uma redução completa onde as matrizes resultantes formam blocos diagonais; cada conjunto de blocos equivalentes forma uma representação irredutível do grupo. Nestas transformações o caráter permanece inalterado e o caráter da matriz original deve ser igual à soma dos caracteres de todos os blocos na forma completamente reduzida. Sendo $\chi(R)$ o caráter da matriz associada à R-ésima operação de simetria na representação redutível original, $\chi^{(P)}(R)$ o caráter da matriz irredutível da operação R na espécie de simetria P, e $n^{(P)}$ o número de vezes que esta representação irredutível comparece na representação redutível, teremos:

$$\chi(R) = n^{(1)}\chi^{(1)}(R) + n^{(2)}\chi^{(2)}(R) + \cdots = \sum_P n^{(P)}\chi^{(P)}(R)$$

Multiplicando esta equação por $\chi^{(\gamma)}(R)$, onde γ é uma particular espécie P, e somando para todas as operações de simetria R:

$$\sum_R \chi(R)\chi^{(\gamma)}(R) = \sum_R \sum_P n^{(P)}\chi^{(P)}(R)\chi^{(\gamma)}(R)$$

Como vimos em (5.11) e (5.12), os caracteres das representações irredutíveis são ortonormais; assim, no segundo membro o somatório para $P \neq \gamma$ é nulo e o somatório para $P = \gamma$ é igual a g (ordem do grupo), resultando:

$$\sum_R \chi(R)\chi^{(\gamma)}(R) = g \cdot n^{(\gamma)} \quad \text{ou} \quad n^{(\gamma)} = \frac{1}{g}\sum_R \chi(R)\chi^{(\gamma)}(R) \qquad (5.13)$$

Em vez de efetuar o somatório para todas as operações do grupo, podemos agrupar as operações dentro de uma mesma classe e reescrever a (5.13) considerando o somatório para todas as classes do grupo:

$$n^{(\gamma)} = \frac{1}{g}\sum_j g_j \cdot \chi_j^{(\gamma)}\chi_j \qquad (5.14)$$

onde g_j é o número de operações na classe j, $\chi_j^{(\gamma)}$ é o caráter da representação irredutível para a classe j e representação γ, χ_j é o caráter da representação redutível para a classe j. Os $\chi_j^{(\gamma)}$ se encontram nas tabelas de caracteres e para aplicar a (5.14) deve-se determinar os χ_j. Estes valores dependem da base utilizada para a representação. Esta base pode ser formada por: componentes do momento de dipolo, da polarizabilidade, coordenadas cartesianas de deslocamento, coordenadas internas, coordenadas normais etc. Consequentemente, teríamos as representações do momento de dipolo, da polarizabilidade, das coordenadas normais etc., que mostram quantos componentes do momento de dipolo, da polarizabilidade ou coordenadas normais comparecem em cada espécie de simetria. A expressão (5.14) é geral e precisamos calcular os caracteres da representação redutível χ_j para cada caso particular.

Vamos calcular o caráter da representação redutível para a base constituída pelas 3N coordenadas cartesianas de deslocamento. As operações de simetria podem ser agrupadas em dois tipos: **operações próprias** (onde só ocorrem rotações) e **operações impróprias** (onde há rotação-reflexão). Por exemplo, a reflexão pode ser considerada uma rotação de 0° (ou 360°) seguida da reflexão, ou seja, esta operação seria imprópria; o centro de inversão seria uma rotação de 180° seguida de reflexão, portanto, também seria operação imprópria; a identidade seria operação própria, rotação de 0° (ou 360°).

Sendo Δx, Δy, Δz as coordenadas de deslocamento para um átomo que não muda de posição, para uma operação própria (rotação no eixo z) estas coordenadas se transformam como:

$$\Delta x' = \Delta x \cdot \cos\varphi + \Delta y \cdot \text{sen}\varphi$$
$$\Delta y' = -\Delta x \cdot \text{sen}\varphi + \Delta y \cdot \cos\varphi$$
$$\Delta z' = \Delta z$$

ou seja, com a matriz de transformação:

$$\begin{bmatrix} \cos\varphi & \text{sen}\varphi & 0 \\ -\text{sen}\varphi & \cos\varphi & 0 \\ 0 & 0 & 1 \end{bmatrix} \qquad (5.15)$$

cujo caráter é $1+2\cos\varphi$.

Para uma operação imprópria a transformação para as coordenadas Δx e Δy será como na operação própria, mas a coordenada Δz troca de sinal na reflexão (plano de reflexão perpendicular a z). A matriz de transformação ficará:

$$\begin{bmatrix} \cos\varphi & \text{sen}\varphi & 0 \\ -\text{sen}\varphi & \cos\varphi & 0 \\ 0 & 0 & -1 \end{bmatrix} \qquad (5.16)$$

cujo caráter é $-1+2\cos\varphi$.

Estes caracteres devem ser considerados para átomos que não mudam de posição, contribuindo, portanto, na diagonal. Para ter o caráter da representação redutível devemos multiplicar estes valores pelo número de átomos que não mudaram de posição na operação considerada, ou seja, pelo número de vezes que matrizes do tipo acima comparecem na diagonal. Sendo u o número destes átomos imutáveis, teremos os caracteres da representação redutível, χ_j, de dimensão 3N:

$$u(1 + 2\cos\varphi) \text{ e } u(-1 + 2\cos\varphi) \tag{5.17}$$

respectivamente para as operações próprias e impróprias.

Aplicando para a molécula de água resulta a Tabela 5.2:

C_{2v}	E	C_2	σ_{xz}	σ_{yz}	
A_1	1	1	1	1	T_z
A_2	1	1	–1	–1	R_z
B_1	1	–1	1	–1	T_x, R_y
B_2	1	–1	–1	1	T_y, R_x
χ_j	9	–1	1	3	

Tabela 5.2

Pela expressão (5.14) obtém-se para cada espécie:

$$\begin{aligned} n^{(A1)} &= \tfrac{1}{4} \cdot (9-1+1+3) = 3 \\ n^{(A2)} &= \tfrac{1}{4} \cdot (9-1-1-3) = 1 \\ n^{(B1)} &= \tfrac{1}{4} \cdot (9+1+1-3) = 2 \\ n^{(B2)} &= \tfrac{1}{4} \cdot (9+1-1+3) = 3 \end{aligned} \tag{5.18}$$

que é a estrutura para a representação redutível de dimensão 3N:

$$\Gamma_{3N} = 3A_1 + 1A_2 + 2B_1 + 3B_2 \tag{5.19}$$

estando incluídas as rotações e translações.

Consultando a Tabela 5.2, podemos excluir as contribuições para rotações e translações. Na espécie A_1 comparece o componente T_z, na A_2 o R_z, na B_1 os componentes T_x e R_y e na B_2 os componentes T_y e R_x. A estrutura da representação para os modos vibracionais da água é obtida excluindo-se da (5.19) estas contribuições:

$$\Gamma_{3N-6} = 2A_1 + 1B_2$$

O significado de representações redutíveis e irredutíveis e em particular do "número de vezes que a representação irredutível está contida na representação redutível" fica mais claro examinando a Tabela 5.3, para a molécula de água. Nesta tabela estão escritos os caracteres da representação irredutível para cada uma das representações, sendo a soma destes caracteres (para cada operação) dada na última linha, que é a representação redutível χ_j. Na penúltima coluna, (n^{γ}), são indicadas as coordenadas normais e os componentes de translação e de rotação em cada espécie de simetria. A última coluna mostra a representação total, n^{γ}(total), em dimensão 3N.

C_{2v}	C_2	σ_{xz}	σ_{yz}	n^{γ}	n^{γ} (total)
	1	1	1	Q_1	
A_1	1	1	1	Q_3	3
	1	1	1	T_z	
A_2	1	−1	−1	R_z	1
B_1	−1	1	−1	T_x	2
	−1	1	−1	R_y	
	−1	−1	1	Q_3	
	−1	−1	1	T_y	3
	−1	−1	1	R_x	
χ_j	−1	1	3		

Tabela 5.3

Pode-se obter o caráter da representação redutível em dimensão 3N−6 usando coordenadas internas em vez de coordenadas cartesianas de deslocamento, ou subtraindo dos resultados para dimensão 3N os caracteres para as translações e rotações.

Aplicando as operações do grupo no vetor de translação, situado no centro de massas, ele se transformará com caráter 1+2cosφ, para rotações próprias, e –1+2cosφ para rotações impróprias, que devem ser subtraídos das expressões (5.17).

Para o movimento de rotação devemos considerar o momento angular e o efeito das operações do grupo neste vetor. Para as operações próprias a transformação é idêntica à obtida para translação, com caráter 1+2cosφ. Para as operações impróprias (rotação-reflexão) na operação de rotação o sentido da rotação continua o mesmo, mas na operação de reflexão o movimento é refletido nele mesmo (não sofre alteração), enquanto o vetor do momento angular sofre mudança de sentido (ver a figura). A regra do sinal do momento angular em relação ao sentido de rotação mostra que o vetor do momento angular muda de sinal na reflexão. A matriz de transformação será a da (5.16) multiplicada por –1:

$$\begin{bmatrix} -\cos\varphi & -\text{sen}\varphi & 0 \\ \text{sen}\varphi & -\cos\varphi & 0 \\ 0 & 0 & 1 \end{bmatrix}$$

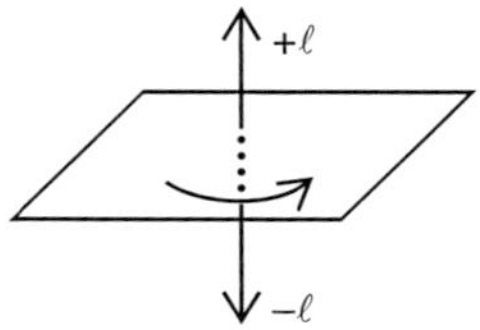

com caráter 1–2cosφ.

Subtraindo de (5.17) o caráter para translação e rotação obtém-se o caráter da representação redutível na dimensão 3N–6, para as operações próprias:

$$u(1+2\cos\varphi)-(1+2\cos\varphi)-(1+2\cos\varphi) = (u-2)(1+2\cos\varphi) \qquad (5.20)$$

e para as operações impróprias:

$$u(-1+2\cos\varphi)-(-1+2\cos\varphi)-(1-2\cos\varphi) = u(-1+2\cos\varphi) \qquad (5.21)$$

Com estas expressões, podemos recalcular a estrutura da representação para a água na dimensão 3N–6. Para rotações próprias: na identidade os 3 átomos não mudam de posição e u = 3; na rotação C_2, só o átomo de oxigênio permanece no mesmo lugar e u=1; assim, os valores do caráter da representação redutível ficam: $\chi_E = (3-2)(1+2) = 3$ e $\chi_{C_2} = (1-2)(1-2) = 1$. Para rotações impróprias: na reflexão pelo plano xz o caráter será $(1)(-1+2) = 1$ e para o plano yz será $(3)(-1+2) = 3$. Aplicando a expressão (5.14) obtém-se a representação para os modos normais de vibração: $\Gamma_Q = 2A_1 + 1B_2$.

Em outras palavras, obtivemos a previsão do número de modos normais esperados para cada espécie de simetria.

Em alguns grupos, na tabela de caracteres irredutíveis comparecem expressões com cossenos. Para determinar as representações desses grupos pode-se operar com as expressões literais dos caracteres e somente no final substituir os cossenos pelos respectivos valores numéricos. Como exemplo, vamos calcular a representação dos modos normais para uma molécula piramidal, XY_5, simetria C_{5v}.

C_{5v}	E	$2C_5$	$2C_5^{\,2}$	$5\sigma_v$	$n^{(\gamma)}$
A_1	1	1	1	1	2
A_2	1	1	1	-1	0
E_1	2	$2\cos 72^o$	$2\cos 144^o$	0	2
E_2	2	$2\cos 144^o$	$2\cos 72^o$	0	3
χ_j	12	$-(1+2\cos 72^o)$	$-(1+2\cos 144^o)$	2	

Os resultados na coluna $n^{(\gamma)}$ são obtidos calculando-se as representações para cada espécie de simetria, como segue (lembrar que $\cos 72^0 = 0{,}309$ e $\cos 144^0 = -0.809$):

$$\Gamma_{A_1} = [12 - 2(1+2\cos 72^0) - 2(1+2\cos 144^0) + 10] / 10 =$$
$$= [12 - 4 - 4(\cos 72^0 + \cos 144^0) + 10] / 10 = [8 - 4(-0{,}5) + 10] / 10 =$$
$$= 20/10 = 2$$

$$\Gamma_{A_2} = [12 - 2(1+2\cos 72^0) - 2(1+2\cos 144^0) - 10] / 10 =$$
$$= [8 - 4(-0{,}5) - 10] / 10 = 0$$

$$\Gamma_{E_1} = [24 - 4(1+2\cos 72^0)\cos 72^0 - 4(1+2\cos 144^0)\cos 144^0] / 10 =$$
$$= [24 + 2 - 6] / 10 = 2$$

$$\Gamma_{E_2} = [24 - 4(1+2\cos 72^0)\cos 144^0 - 4(1+2\cos 144^0)\cos 72^0]/10 =$$
$$= [24+2+4]/10 = 3$$

As representações vibracionais para as configurações cis e trans do $C_2H_2Cl_2$, grupo de ponto C_{2v} e C_{2h}, são semelhantes, mas, como veremos no capítulo seguinte, é possível distinguir por espectroscopia estas configurações.

cis-$C_2H_2Cl_2$

C_{2v}	E	C_2	σ_{xz}	σ_{yz}	$n^{(\gamma)}$
A_1	1	1	1	1	5
A_2	1	1	−1	−1	2
B_1	1	−1	1	−1	1
B_2	1	−1	−1	1	4
χ_j	12	2	0	6	

trans-$C_2H_2Cl_2$

C_{2h}	E	C_2	i	σ_h	$n^{(\gamma)}$
A_g	1	1	1	1	5
A_u	1	1	−1	−1	2
B_g	1	−1	1	−1	1
B_u	1	−1	−1	1	4
χ_j	12	2	0	6	

Exercícios

5.1 Determine para a molécula de piridina as matrizes de transformação e seus caracteres para a operação C_2 aplicada: (i) às coordenadas cartesianas de deslocamento dos átomos de carbono; (ii) às coordenadas internas das ligações CH.

5.2 A representação obtida para a molécula de água é: $\Gamma = 2A_1+1B_2$. O caráter da representação redutível de dimensão 3N é +9 para a operação identidade e −1 para a operação C_2. Interprete estes resultados.

5.3 Calcule os momentos de inércia em relação aos eixos X, Y e Z para a molécula de BF_3. Comente os resultados.

5.4 Calcule para as moléculas de metano e de diclorometano as representações para os modos normais.

Literatura recomendada

BARROW, G. M. *Introduction to Molecular Spectroscopy*. McGraw-Hill, 1962.

HARRIS, D. C., BERTOLUCCI, M. D. *Symmetry and Spectroscopy*. Dover Publications, 1989.

HERZBERG, G. *Molecular Spectra and Molecular Structure II. Infrared and Raman Spectra of Polyatomic Molecules* D. Van Nostrand Company, Inc., 1962.

HOLLAS, J. M. *Modern Spectroscopy*. John Wiley & Sons, 1987.

NAKAMOTO. K. *Infrared and Raman Spectra of Inorganic and Coordination Compounds*. John Wiley & Sons, 1986.

WILSON, E. B., DECIUS, J. C., CROSS, P. C. *Molecular Vibrations.* McGraw-Gill, 1955.

WOODWARD, L. A. *Introduction to the Theory of Molecular Vibrations and Vibrational Spectroscopy*. Oxford, 1972.

6 Regras de seleção e medidas de polarização

6.1 Atividade no infravermelho – oscilador harmônico

No capítulo 2 foi visto que a condição para haver atividade óptica no infravermelho era que pelo menos um dos componentes do momento de transição fosse diferente de zero. O momento de dipolo (μ) e o de transição (μ_{fi}), este na notação usual em mecânica quântica, já definidos para moléculas diatômicas, (2.19) e (2.20), podem ser reescritos para moléculas poliatômicas:

$$\mu = \mu_0 + \sum_k \left(\frac{\partial \mu}{\partial Q_k} \right)_0 Q_k + \frac{1}{2} \sum_k \sum_j \left(\frac{\partial^2 \mu}{\partial Q_k \partial Q_j} \right)_0 Q_k Q_j + \cdots$$

$$\mu_{fi} = \int \psi_f \mu \psi_i d\tau = \mu_0 \int \psi_f \psi_i d\tau + \sum_k \left(\frac{\partial \mu}{\partial Q_k} \right)_0 \int \psi_f Q_k \psi_i dQ_k$$

$$+ \frac{1}{2} \sum_k \sum_j \left(\frac{\partial^2 \mu}{\partial Q_k \partial Q_j} \right)_0 \iint \psi_f Q_k Q_j \psi_i dQ_k dQ_j + \cdots$$

onde Q_k, Q_j... são as 3N–6 coordenadas normais. Modificaremos esta última expressão para obter a atividade espectral no infravermelho. Como as coordenadas normais são independentes, as funções de onda inicial e final, ψ_i e ψ_f, podem ser definidas por:

$$\Psi_i(Q_1, Q_2, \cdots, Q_{3N-6}) = \prod_{k=1}^{3N-6} \psi_{v''}(Q_k)$$

$$\Psi_f(Q_1, Q_2, \cdots, Q_{3N-6}) = \prod_{k=1}^{3N-6} \psi_{v'}(Q_k)$$

sendo v" e v' os números quânticos vibracionais para o estado inicial e final, respectivamente.

Na aproximação do oscilador harmônico só o segundo termo do desenvolvimento em série do momento de transição é considerado:

$$\mu_{fi} = \sum_k \left(\frac{\partial \mu}{\partial Q_k} \right)_0 \int \psi_f Q_k \psi_i dQ_k$$

Como Q_k opera somente na função de onda $\psi(Q_k)$, cada uma das 3N–6 integrais deste somatório pode ser escrita pelo produto:

$$\int \psi_f Q_k \psi_i dQ_k = \int \psi_{v'}(Q_k)\, Q_k\, \psi_{v''}(Q_k) dQ_k \prod_{j \neq k} \int \psi_{v'}(Q_j) \psi_{v''}(Q_j) dQ_j$$

Pela ortogonalidade das funções de onda as integrais no produtório se anulam, a menos que $v'(Q_1) = v''(Q_1)$, $v'(Q_2) = v''(Q_2)$,... $v'(Q_j) = v''(Q_j)$ ($j \neq k$) etc. A primeira integral no segundo membro, $\int \psi_{v'}(Q_k) Q_k \psi_{v''}(Q_k) dQ_k$, é diferente de zero somente se $v' = v'' \pm 1$, que é a regra de seleção do oscilador harmônico, $\Delta v = \pm 1$.

O momento de dipolo de transição para o modo Q_k pode ser escrito:

$$\mu(k)_{v'v''} = \left(\frac{\partial \mu}{\partial Q_k} \right)_0 \int \psi_{v'}(k) Q_k \psi_{v''}(k) dQ_k = \langle \psi_{v'}(k) | \mu | \psi_{v''}(k) \rangle$$

ou, para seus três componentes:

$$\begin{aligned}\mu_x(k)_{v'v''} &= \langle\psi_{v'}(k)|\mu_x|\psi_{v''}(k)\rangle \\ \mu_y(k)_{v'v''} &= \langle\psi_{v'}(k)|\mu_y|\psi_{v''}(k)\rangle \\ \mu_z(k)_{v'v''} &= \langle\psi_{v'}(k)|\mu_z|\psi_{v''}(k)\rangle\end{aligned} \tag{6.1}$$

Se uma destas integrais for diferente de zero, a vibração associada com a coordenada normal Q_k será ativa no infravermelho. Este resultado pode ser obtido considerando as representações dos elementos que aparecem nas integrais, como será mostrado em seguida.

No modelo do oscilador harmônico só são permitidas transições com $\Delta v = \pm 1$, assim, iremos considerar o caso mais comum, da transição do estado fundamental v = 0 para o estado v = 1. Usando a (2.17), as funções de onda para estes dois estados são:

$$\begin{aligned}\psi_0(k) &= N_0(k)\cdot\exp\left(-\frac{1}{2}\alpha_k Q_k^{\,2}\right) \\ \psi_1(k) &= N_1(k)\cdot\exp\left(-\frac{1}{2}\alpha_k Q_k^{\,2}\right)\cdot 2\sqrt{\alpha_k}\,Q_k\end{aligned} \tag{6.2}$$

A simetria de $\psi_0(k)$ é a mesma de um modo totalmente simétrico, pois é invariante para qualquer operação de simetria (a coordenada normal Q_k, como comparece com $Q_k^{\,2}$, independe do sinal). A $\psi_1(k)$ tem a mesma simetria da coordenada normal Q_k, isto é, se transforma do mesmo modo que Q_k para qualquer operação de simetria. Em outras palavras, a representação de $\psi_0(k)$ é a de uma espécie totalmente simétrica, Γ_{TS}, e a representação de $\psi_1(k)$ é a do modo normal Q_k, Γ_k. As integrais em (6.1) podem ser escritas em termos das representações e vamos tomar como exemplo o componente x do momento de transição:

$$\mu_x(k)_{1,0} = \langle\psi_1(k)|\mu_x|\psi_0(k)\rangle = e\cdot\langle\psi_1(k)|x|\psi_0(k)\rangle \tag{6.3}$$

onde substituímos o componente do momento de dipolo μ_x pelo seu valor $\mu_x = e\cdot x$.

Para a integral do momento de transição ser diferente de zero, o produto das representações das três partes no integrando (produto direto dos caracteres da representação irredutível) deve pertencer à representação totalmente simétrica, Γ_{TS}. O produto direto das representações em (6.3) é dado por:

$$\Gamma = \Gamma_k \cdot \Gamma_x \cdot \Gamma_{TS}$$

Para que ele pertença a uma representação totalmente simétrica o produto $\Gamma_k \cdot \Gamma_x$ deverá pertencer a esta espécie, o que só ocorre se a representação Γ_k for a mesma de Γ_x (o produto direto dos caracteres da representação irredutível será dado pelos caracteres elevados ao quadrado). Assim, a coordenada normal Q_k deverá pertencer a uma representação Γ_x que tenha a simetria do componente translacional na direção de x, T_x. O mesmo vale com relação aos outros componentes.

Resumindo, para um modo normal k ser espectroscopicamente ativo no infravermelho, a coordenada normal Q_k deve pertencer à mesma espécie de simetria de um dos três componentes T_x, T_y, T_z. Significa que as espécies que na tabela de caracteres contiverem pelo menos um componente translacional serão ativas no infravermelho.

6.2 Atividade no Raman – oscilador harmônico

A atividade no Raman pode ser discutida examinando o momento de transição do dipolo induzido, ou da polarizabilidade, de modo análogo ao que foi feito para o momento de dipolo μ. O momento de transição em termos da polarizabilidade

$$\alpha_{fi} = \sum_k \left(\frac{\partial \alpha}{\partial Q_k} \right)_0 \int \psi_f Q_k \psi_i dQ_k$$

pode ser escrito usando as funções de onda associadas a cada uma das 3N–6 coordenadas normais, como foi feito para o momento de transição por dipolo elétrico:

$$\alpha_{fi} = \left(\frac{\partial \alpha}{\partial Q_k}\right)_0 \int \Psi_{v'}(Q_k) Q_k \Psi_{v''}(Q_k) dQ_k = \alpha(k)_{v'v''} = \langle \Psi_{v'}(k) | \alpha | \Psi_{v''}(k) \rangle$$

A interpretação desta equação é semelhante à discutida para o infravermelho; vale a regra de seleção $\Delta v = \pm 1$, sendo ativas no Raman as vibrações cuja espécie de simetria seja a mesma de pelo menos um dos componentes do tensor de polarizabilidade. Para uma transição de v = 0 para v = 1 ser ativa no Raman a integral

$$\alpha_{ij}(k)_{1,0} = \langle \psi_1(k) | \alpha_{ij} | \psi_0(k) \rangle \qquad (i, j = x, y \text{ ou } z)$$

deve ser diferente de zero, o que implica na $\Gamma(\psi_1)$ ser idêntica à $\Gamma(\alpha_{ij})$, ou seja, a representação da coordenada normal Q_k deve conter um dos componentes do tensor Raman.

6.3 Estrutura das representações do momento de dipolo e da polarizabilidade

Como foi visto, para um modo vibracional ser ativo no infravermelho sua coordenada normal deve pertencer à mesma espécie de simetria de um dos componentes translacionais, T_x, T_y ou T_z. Para utilizar estes resultados precisamos determinar a estrutura das representações destes componentes, que é a mesma dos componentes do momento de dipolo. Foi mostrado, no capítulo anterior, que o caráter da representação redutível para operações próprias é 1+2cos e para operações impróprias é $-1+2\cos\varphi$. A estrutura da representação será determinada calculando o número de vezes que o caráter da representação irredutível comparece na representação redutível $\chi_j(\mu)$ destas translações. Serão ativas no infravermelho as espécies em que este número for diferente de zero. Portanto, basta aplicar a equação já vista:

$$n_\mu^{(\gamma)} = \frac{1}{g} \sum_j g_j \cdot \chi_j^{(\gamma)} \chi_j(\mu) \tag{6.4}$$

A atividade no Raman é obtida de modo análogo, considerando como operadores no momento de transição os componentes da polarizabilidade, no lugar dos componentes do momento de dipolo. Em termos de representação, α_{xx}, α_{yy}, α_{xy} etc. se comportam como produtos das representações irredutíveis das coordenadas cartesianas dos índices.

A estrutura da representação para a polarizabilidade é obtida calculando-se os valores de:

$$n_{\alpha}^{(\gamma)} = \frac{1}{g}\sum_{j} g_j \cdot \chi_j^{(\gamma)} \chi_j(\alpha) \qquad (6.5)$$

onde os caracteres da representação redutível da polarizabilidade:

$$\begin{aligned} \chi_j(\alpha) &= 2\cos\varphi(1+2\cos\varphi) \quad \text{para operações próprias} \\ \chi_j(\alpha) &= 2\cos\varphi(-1+2\cos\varphi) \quad \text{para operações impróprias} \end{aligned} \qquad (6.6)$$

são obtidos das transformações de coordenadas aplicadas aos índices dos componentes do tensor de polarizabilidade (veja no apêndice V a dedução dessas expressões). Serão ativas no Raman as espécies em que $n_{\alpha}^{(\gamma)}$ for diferente de zero.

As estruturas assim obtidas, para momento de dipolo e polarizabilidade, não dependem da molécula em particular, são características de cada grupo de ponto.

Como exemplo pode-se calcular, para o grupo de ponto C_{2v}, a estrutura da representação para o momento de dipolo, utilizando a (6.4). Sendo os caracteres da representação redutível $\chi_E = 3$, $\chi_{C_2} = -1$ e $\chi_{\sigma} = 1$, para os dois planos, obtém-se $\Gamma_{\mu} = 1A_1+1B_1+1B_2$. Para a polarizabilidade, utilizando-se as (6.5) e (6.6) chega-se à $\Gamma_{\alpha} = 3A_1+1A_2+1B_1+1B_2$. Estes resultados são mostrados na Tabela 6.1.

Comparando com as tabelas obtidas no capítulo 5, temos que a estrutura $\Gamma_{\mu} = 1A_1+1B_1+1B_2$ corresponde à contribuição dos componentes translacionais T_z, T_x e T_y. Para saber quais componentes da polarizabilidade comparecem em cada termo de Γ_{α}, pode-se fazer o produto direto das representações irredutíveis dos componentes de translação. Por exemplo, o produto direto das representações de B_1 e B_2 (onde comparecem os componentes x e y de T) resulta na representação A_2. Portanto, o componente da polarizabilidade que comparece na espécie A_2 é o α_{xy}.

$$\begin{array}{lrrrrl} B_1 & 1 & -1 & 1 & -1 & T_x \\ B_2 & 1 & -1 & -1 & 1 & T_y \\ \hline B_1 \cdot B_2 = A_2 & 1 & 1 & -1 & -1 & \alpha_{xy} \end{array} \quad (6.7)$$

C_{2v}	E	C_2	σ_{xz}	σ_{yz}	$n_\mu^{(\gamma)}$	$n_\alpha^{(\gamma)}$		
A_1	1	1	1	1	1	3	T_z	$\alpha_{xx}, \alpha_{yy}, \alpha_{zz}$
A_2	1	1	-1	-1	0	1		α_{xy}
B_1	1	-1	1	-1	1	1	T_x	α_{xz}
B_2	1	-1	-1	1	1	1	T_y	α_{yz}
$\chi_j(\mu)$	3	-1	1	1				
$\chi_j(\alpha)$	6	2	2	2				

Tabela 6.1

As estruturas para a representação do momento de dipolo e da polarizabilidade só têm o significado de atividade no infravermelho ou Raman para cada espécie de simetria do grupo. Não têm nenhuma relação com o número obtido de modos normais de vibração para cada espécie de simetria, utilizando as expressões (5.14), (5.20) e (5.21) do capítulo anterior. Significa somente que, se para uma dada espécie de simetria o valor calculado de (6.4) ou (6.5) for diferente de zero, a espécie será ativa no infravermelho ou no Raman, respectivamente. Se for igual a zero a espécie será inativa.

6.4 Regras para bandas de combinação e harmônicas

Os resultados que obtivemos valem na aproximação de oscilador harmônico, mas muitas vezes são observadas bandas envolvendo variação simultânea de dois ou mais números quânticos vibracionais (bandas de combinação) ou a variação múltipla de um mesmo número quântico vibracional (harmônicas); o oscilador não poderá mais ser considerado como harmônico. Foi visto no capítulo 2 que a anarmonicidade elétrica é responsável pela atividade das frequências harmônicas, enquanto que a anarmonicidade mecânica envolve os valores de energia dos níveis vibracionais. Na Figura 6.1 estão representados, como exemplo, alguns níveis envolvendo combinação dos diferentes números quânticos. Um estado vibracional pode ser caracterizado pelos números quânticos $(v_1, v_2, v_3...)$, assim, para uma molécula com três modos normais de vibração podemos escrever os níveis de energia para cada série de harmônicas $(v_1, 0, 0)$, $(0, v_2, 0)$, $(0, 0, v_3)$, a primeira com espaçamento ω_1, a segunda com espaçamento ω_2 e a última com espaçamento ω_3. Existem outras séries de níveis de energia, com dois números quânticos fixados e o outro variável, por exemplo, $(v_1, 0, 1)$, $(0, 1, v_3)$, $(2, 0, v_3)$, $(1, v_2, 1)$ etc. No esquema desta figura, considerou-se o mesmo nível de energia do estado fundamental $(v=0)$ para todos os modos considerados.

v_1	v_2	v_3	v_1	v_3	v_3	v_2
4	6					4
	5		3	8	4	3
3		9		7	3	
	4	8		6	2	2
		7	2	5	1	
2	3	6		4	0	1
		5		3		
	2	4	1	2		0
1		3		1		
	1	2		0		
		1	0			

$v_1\omega_1$	$v_2\omega_2$	$v_3\omega_3$	ω_3 $+v_1\omega_1$	ω_2 $+v_3\omega_3$	$2\omega_1$ $+v_3\omega_3$	$\omega_1+\omega_3$ $+v_2\omega_2$
$(v_1,0,0)$	$(0,v_2,0)$	$(0,0,v_3)$	$(v_1,0,1)$	$(0,1,v_3)$	$(2,0,v_3)$	$(1,v_2,1)$

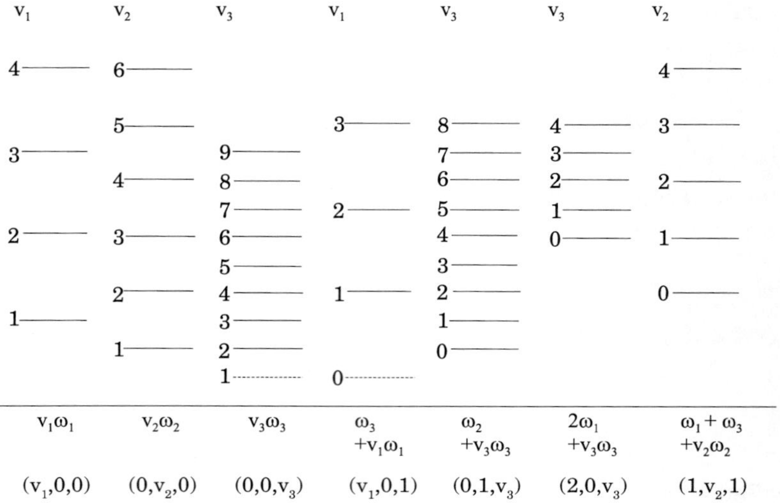

Figura 6.1 – Diagrama de níveis de energia de uma molécula triatômica.

Se o oscilador não for harmônico, podemos considerar nas integrais (6.1) a transição de um estado fundamental para um estado excitado que envolve a excitação simultânea de dois modos normais, ou seja, com a função de onda dada pelo produto de duas funções de estados excitados: $\psi_{v'}(j)$. $\psi_{v'}(k)$. Assim, o componente x do momento de transição de $v_j = v_k = 0$ para $v_j = v_k = 1$ seria:

$$\mu_x(j,k)_{11,00} = \langle \psi_1(j)\psi_1(k) | \mu_x | \psi_0(j)\psi_0(k) \rangle \tag{6.8}$$

O estado fundamental do sistema pertence sempre à espécie totalmente simétrica (neste caso $\psi_0(j)\,\psi_0(k)$) e a regra de seleção implica, agora, que o produto das representações $\Gamma_j \cdot \Gamma_k$ deve pertencer à mesma representação de μ_x (ou T_x). Semelhante consideração vale para os demais componentes de μ. Resumindo, o produto dos caracteres das representações irredutíveis, dos modos normais envolvidos na combinação, dará os caracteres da representação resultante e esta será ativa no infravermelho se contiver uma das representações de T_x, T_y ou T_z.

Na combinação de um modo B_1 com um modo B_2, do grupo de ponto C_{2v}, efetuando o produto direto das representações irredutíveis destas duas espécies de simetria, teremos o resultado mostrado em (6.7); a representação resultante, sendo de espécie A_2, será ativa só no Raman.

A combinação de um modo normal de espécie A_2 (inativa no infravermelho) com um modo de espécie B_1 resulta a espécie de simetria B_2:

A_2	1	1	−1	−1	
B_1	1	−1	1	−1	
$A_2 \cdot B_1$	1	−1	−1	1	$= B_2$

a espécie B_2 sendo ativa no infravermelho e no Raman. Este resultado mostra a importância da análise de bandas de combinação para determinar o valor de frequências fundamentais inativas; a frequência inativa (A_2) pode ser obtida da diferença entre o valor da frequência da banda de combinação e o da banda de modo B_1.

Para modos harmônicos não degenerados podemos aplicar o mesmo procedimento, considerando a forma de função de onda no estado excitado. As funções de onda em termos das coordenadas normais (2.17),

$$\psi_v(Q) = N_v \cdot H_v\left(\sqrt{\alpha}Q\right) \cdot \exp\left(-\frac{\alpha Q^2}{2}\right)$$

contém os polinômios de Hermite, $H_v(\sqrt{\alpha}\,Q)$, que são funções pares para número quântico v par e funções ímpares para v ímpar. Portanto, para modos não degenerados, os modos harmônicos para v par são sempre totalmente simétricos, enquanto os de v ímpar pertencem à mesma espécie de simetria do modo normal considerado.

Na análise das harmônicas, por exemplo de um modo A_2 do grupo C_{2v}, a primeira harmônica terá a representação da espécie totalmente simétrica A_1 (o produto da representação irredutível de uma espécie não degenerada por ela mesma é sempre totalmente simétrica), podendo ser observada no infravermelho. A segunda harmônica teria a representação do produto da espécie A_1 (do primeiro produto) por A_2, resultando na representação A_2, inativa no infravermelho. A terceira harmônica teria novamente a representação A_1, ativa no infravermelho.

Até agora só consideramos espécies não degeneradas, nos produtos das representações. Para combinação de uma espécie degenerada com uma não degenerada, ainda é possível fazer o produto direto das representações. Como exemplo, no grupo C_{3v} a combinação de um modo A_2 com um modo degenerado E resulta no produto direto:

A_2	1	1	−1	
E	2	−1	0	
$A_2 \cdot E$	2	−1	0	= E

A espécie A_2 é inativa no infravermelho e a combinação resultante, espécie E, é ativa no infravermelho. Isso permite deduzir o valor da frequência que teria a banda A_2.

Para duas vibrações degeneradas não se pode, simplesmente, proceder como acima. O caráter que se obtém é redutível e teríamos de determinar o número de vezes que a γ-ésima representação irredutível ocorre na representação redutível do produto:

$$n^{(\gamma)} = \frac{1}{g} \cdot \sum_j g_j \cdot \chi_j^{(\gamma)} \chi_j(\text{produto}) \qquad (6.9)$$

sendo os caracteres "χ_j (produto)" obtidos pelo produto direto. Como exemplo, no grupo C_{3v} os caracteres do produto direto E·E, para a combinação de duas bandas da espécie E, são:

C_{3v}	E	$2C_3$	$3\sigma_v$
E	2	−1	0
E·E	4	1	0

Aplicando a (6.9) obtém-se para cada espécie:

$$n^{(A_1)} = \tfrac{1}{6}\left[1(1 \times 4) + 2(1 \times 1) + 3(1 \times 0)\right] = 1$$
$$n^{(A_2)} = \tfrac{1}{6}\left[1(1 \times 4) + 2(1 \times 1) - 3(1 \times 0)\right] = 1$$
$$n^{(E)} = \tfrac{1}{6}\left[1(2 \times 4) - 2(1 \times 1) + 3(0 \times 0)\right] = 1$$

Significa que o produto das representações das espécies degeneradas pode ser expresso como a soma de representações:

$$E \,.\, E = 1A_1 + 1A_2 + 1E$$

ou seja, a combinação tem atividade nas três espécies de simetria do grupo.

Para um produto E . E . E podemos escrever, levando em consideração os resultados anteriores:

$$(A_1 + A_2 + E) \,.\, E = A_1 \,.\, E + A_2 \,.\, E + E \,.\, E = E + E + A_1 + A_2 + E$$
$$= 1A_1 + 1A_2 + 3E$$

No caso do produto de uma espécie duplamente degenerada com uma triplamente degenerada, F, como por exemplo o produto de E por F_2 no grupo T_d, a expressão (6.9) pode ser escrita:

$$n^{(\gamma)} = \frac{1}{g}\sum_j g_j \cdot \chi_j^{(\gamma)}\left[\chi_j^{(E)}\chi_j^{(F_2)}\right]$$

O fator entre [ ] corresponde ao χ_j(produto), obtido pelo produto dos caracteres das representações irredutíveis para as espécies E e F_2, como se verifica pela seguinte tabela:

T_d	E	$8C_3$	$3C_2$	$6S_4$	$6\sigma_d$
E	2	–1	2	0	0
F_2	3	0	–1	–1	1
$E \cdot F_2$	6	0	–2	0	0

Para modos harmônicos degenerados, o procedimento de cálculo das suas representações é muito mais complexo e não será discutido. As estruturas das representações para combinações e harmônicas encontram-se em tabelas, por exemplo, Herzberg (1962), Tabelas 31 a 33, e Wilson, Decius et al. (1955), Apêndices X-6 e X-7.

Além das bandas de combinação tipo soma de duas fundamentais, também são observadas bandas de diferença, que ocorrem quando o estado inicial não é o estado fundamental mas já é um estado excitado. Se a molécula estiver em um estado excitado v = 1 de uma vibração ν_1 e houver uma transição para um estado simplesmente excitado (v = 1) de outra vibração ν_2, sendo $\nu_2 > \nu_1$, será possível observar no infravermelho, ou no Raman, uma banda com o valor $\nu_2 - \nu_1$ (Figura 6.2), chamada banda de diferença. Esta banda segue a mesma regra de seleção da banda de soma $\nu_2 + \nu_1$. Como ela parte de um estado excitado, sua intensidade dependerá do fator de Boltzmann deste estado, não sendo observada para valores de frequências altas; o abaixamento da temperatura da amostra causará diminuição de sua intensidade. Este processo não pode ser pensado como absorção simultânea de 2 fótons, senão não haveria dependência com a distribuição de Boltzmann do estado v = 1 da vibração ν_1. Há absorção de um fóton com energia correspondente à transição $\nu_2-\nu_1$ que ocorre a partir deste estado populado termicamente. No Raman o espalhamento envolveria o estado inicial $\psi v_1^{(v=1)}$ e o final $\psi v_2^{(v=1)}$, além do estado intermediário.

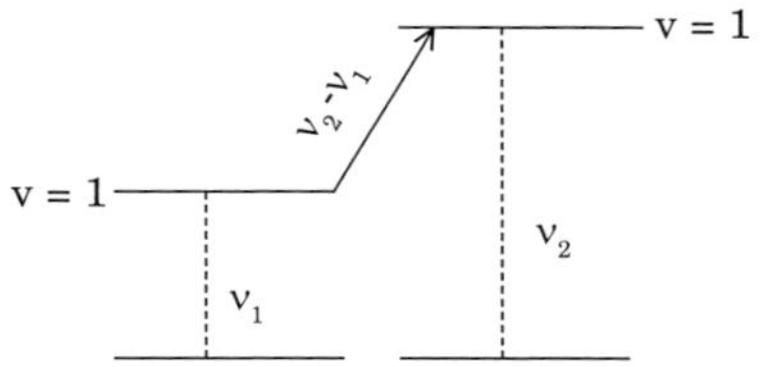

Figura 6.2 – Esquema de banda de diferença.

6.5 Ressonância de Fermi

Normalmente as bandas de combinação ou harmônicas são observadas com intensidade muito menor do que a das fundamentais que as originam. Contudo, algumas vezes elas aparecem com intensidade muito maior do que a esperada. Isto ocorre quando a frequência da banda de combinação ou harmônica se situa muito próxima de uma frequência fundamental permitida, que pertença a mesma espécie de simetria da combinação ou harmônica em questão. Este efeito de intensificação é conhecido como ressonância de Fermi. Geralmente não se pode distinguir entre a combinação (ou harmônica) e a fundamental, quase coincidentes; elas resultam do acoplamento entre as funções de onda envolvidas. Há uma perturbação dos respectivos níveis de energia, que se "repelem", o nível mais baixo é deslocado para valor menor e o nível superior para valor maior; este deslocamento é tanto maior quanto mais próximos os níveis estariam sem a perturbação.

Um exemplo típico é o observado no espectro do CCl_4, onde a combinação dos modos ν_1 (459 cm^{-1}) e ν_4 (313 cm^{-1}) é muito próxima da fundamental ν_3, dando origem a duas bandas muito intensas no infravermelho, 768 e 797 cm^{-1}, que seriam a mistura de ν_3 com a combinação acima. Tanto ν_3 como a combinação pertencem à espécie F_2. Esta ressonância também é observada no Raman, embora a intensidade não seja tão acentuada como no infravermelho. As duas bandas, 768 e a 797 cm^{-1}, têm praticamente a mesma intensidade. Outro exemplo é o do modo ν_1 do CO_2, observado no Raman como um dubleto, 1285 e 1388 cm^{-1}, devido à ressonância de Fermi com a primeira harmônica de ν_2 (ν_2= 667 cm^{-1}, inativa no Raman).

6.6 Medidas de polarização

No final do capítulo 5 obtivemos as estruturas das representações para as configurações cis e trans do $C_2H_2Cl_2$, sendo mencionado que sem conhecer a atividade no Raman e no infravermelho seria difícil distinguir os espectros destas duas moléculas. Com o procedimento mostrado no presente capítulo esta distinção se torna fácil; na configuração cis os 12 modos vibracionais são ativos no Raman, havendo coincidência com 10 vibrações ativas no infravermelho. Na configuração trans as espécies simétricas em relação ao centro de simetria são ativas somente no Raman e as antissimétricas são ativas somente no infravermelho.

Informações adicionais podem ser obtidas através da técnica de radiação polarizada. Se considerarmos uma molécula numa posição fixada, a interação da radiação (absorção) com um modo vibracional dependerá da orientação do momento de dipolo oscilante em relação ao campo elétrico da radiação. Supondo a radiação infravermelha polarizada na direção vertical e que nesta molécula haja uma ligação C=O, também na posição vertical, haverá interação e consequente absorção de radiação que tenha a mesma frequência da vibração desta ligação. Se mudarmos a direção de polarização de 90°, isto é, com o campo elétrico oscilando no plano horizontal, não haverá interação e não se observa absorção. O caso de moléculas igualmente "fixadas" ocorre em monocristais orientados. Medidas de polarização no infravermelho não são muito comuns, pelo custo elevado e faixa relativamente pequena dos polarizadores, nesta região.

Nos espectros Raman pode-se obter, para amostras no estado líquido, medidas de polarização, ou do fator de despolarização da radiação espalhada. Com estas medidas pode-se distinguir quais as bandas que pertencem à espécie totalmente simétrica. O caso de espectros Raman de monocristais orientados será discutido em outro capítulo.

Na expressão para o momento de dipolo induzido, $\mathbf{P} = \alpha\mathbf{E}$, o tensor de polarizabilidade pode ser desenvolvido em série:

$$\alpha = \alpha_0 + \sum_k \left(\frac{\partial \alpha}{\partial Q_k} \right)_0 Q_k \tag{6.10}$$

onde o primeiro termo representa o tensor da polarizabilidade intrínseca da molécula e no somatório comparecem os tensores Raman, ou seja, formados pelas derivadas da polarizabilidade em relação aos modos normais. A polarizabilidade intrínseca é a responsável pelo espalhamento elástico (Rayleigh). Iniciaremos este estudo de medidas do fator de despolarização considerando o espalhamento Rayleigh, passando depois ao espalhamento Raman.

Nas expressões para o momento de dipolo induzido (ver capítulo 2, (2.24)), se considerarmos a radiação incidente polarizada na direção x, elas se reduzem a:

$$\begin{aligned} P_x &= \alpha_{xx} E_x \\ P_y &= \alpha_{yx} E_x \\ P_z &= \alpha_{zx} E_x \end{aligned} \tag{6.11}$$

significando que, embora o campo elétrico da radiação incidente só tenha componente x, a radiação espalhada irá conter os três componentes do vetor do momento de dipolo induzido. Isso corresponde a dizer que houve despolarização da radiação e o valor de cada componente do dipolo induzido depende dos valores dos componentes do tensor de polarizabilidade. Se α_{yx} e α_{zx} forem nulos, o momento de dipolo induzido se reduz ao componente x e a radiação espalhada será polarizada na mesma direção de polarização da radiação incidente; neste caso, pode-se dizer que a despolarização é nula.

Examinemos o caso de espalhamento Rayleigh na geometria indicada na Figura 6.3, onde a observação é feita a 90° da radiação incidente. No esquema (a), com a radiação incidente na direção y e polarizada na direção x os componentes do momento de dipolo induzido serão:

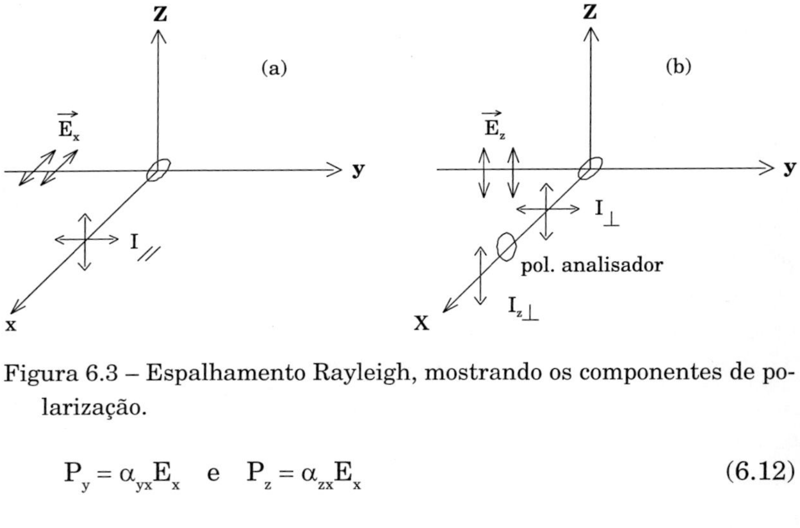

Figura 6.3 – Espalhamento Rayleigh, mostrando os componentes de polarização.

$$P_y = \alpha_{yx}E_x \quad \text{e} \quad P_z = \alpha_{zx}E_x \tag{6.12}$$

Supondo as amplitudes $E_x = E_z = E$, as intensidades correspondentes medidas pelo observador serão:

$$I_y = N\alpha_{yx}^2E^2 \quad \text{e} \quad I_z = N\alpha_{zx}^2E^2 \tag{6.13}$$

onde N é um fator de proporcionalidade, sendo a intensidade total dada pela soma destas intensidades:

$$I_{//} = N(\alpha_{yx}^2 + \alpha_{zx}^2)E^2 \tag{6.14}$$

$I_{//}$ significa que a observação é paralela à direção do campo elétrico da radiação incidente. Na Figura 6.3(b) a radiação incidente (na direção y) é polarizada na direção z, estando indicado o arranjo para medir a intensidade da luz espalhada total ou polarizada na direção z, com um polaroide analisador. A intensidade espalhada total será:

$$I_{\perp} = N(\alpha_{yz}^{2} + \alpha_{zz}^{2})E^{2} \tag{6.15}$$

onde $I_{\perp}$ indica que a observação é perpendicular à direção do campo elétrico da radiação incidente. Com o polaroide (analisador) podemos selecionar apenas o componente z de $I_{\perp}$ e estaremos observando o componente do momento de dipolo induzido $P_z = \alpha_{zz}E^2$, sendo a intensidade correspondente:

$$I_{z\perp} = N\alpha_{zz}^{2}E^{2} \tag{6.16}$$

As expressões (6.14), (6.15) e (6.16) valem para o espalhamento de uma única molécula. Num gás, ou líquido, teríamos de considerar todas as orientações possíveis das moléculas e obter as expressões de intensidade para a orientação média em relação a um referencial fixo. As transformações entre este referencial e o da molécula podem ser escritas em função dos cossenos diretores, ϕ_{Ii}, ϕ_{Jj}..., onde o índice maiúsculo é X, Y, Z do sistema fixo e o índice minúsculo é x, y, z do referencial da molécula:

$$\alpha_{IJ} = \sum_{i,j} \alpha_{ij}\Phi_{Ii}\Phi_{Jj}$$

Cálculo mais detalhado encontra-se em Wilson et al. (1955), Apêndice IV e capítulo 3.

Uma propriedade importante do tensor de polarizabilidade é que certas combinações de seus componentes permanecem inalteradas quando se efetua uma mudança (rotação) de seus eixos principais em relação a um sistema fixo de referência. Estas combinações são denominadas invariantes do tensor, sendo duas destas grandezas o invariante isotrópico (ou do valor médio), $\bar{\alpha}$, e o invariante anisotrópico, β^2, definidos por:

$$\begin{aligned} \bar{\alpha} &= \frac{1}{3}\left(\alpha_{xx} + \alpha_{yy} + \alpha_{zz}\right) \\ \beta^2 &= \frac{1}{2}\left[(\alpha_{xx} - \alpha_{yy})^2 + (\alpha_{yy} - \alpha_{zz})^2 + (\alpha_{zz} - \alpha_{xx})^2 + 6(\alpha_{xy}{}^2 + \alpha_{yz}{}^2 + \alpha_{xz}{}^2)\right] \end{aligned} \tag{6.17}$$

Na segunda equação o termo $6(\alpha_{xy}{}^2 + \alpha_{yz}{}^2 + \alpha_{xz}{}^2)$ é nulo se os eixos do sistema de referência coincidem com os eixos principais do elipsoide.

As intensidades e o fator de despolarização podem ser escritos em função destes invariantes; considerando as transformações mencionadas e a média para todas as orientações, as expressões (6.14) a (6.16) ficam:

$$\begin{aligned} I_{//} &= NE^2 \cdot \frac{1}{15}\left(2\sum_i \alpha_{ii}{}^2 - \sum_{i \neq j} \alpha_{ii}\alpha_{jj}\right) \\ I_{\perp} &= NE^2 \cdot \frac{1}{15}\left(4\sum_i \alpha_{ii}{}^2 + \tfrac{1}{2}\sum_{i \neq j} \alpha_{ii}\alpha_{jj}\right) \\ I_{z\perp} &= NE^2 \cdot \frac{1}{15}\left(3\sum_i \alpha_{ii}{}^2 + \sum_{i \neq j} \alpha_{ii}\alpha_{jj}\right) \end{aligned} \tag{6.18}$$

ou, em termos dos invariantes $\bar{\alpha}$ e β^2 definidos em (6.17):

$$\begin{aligned} I_{//} &= NE^2 \cdot \frac{2\beta^2}{15} \\ I_{\perp} &= NE^2 \cdot \frac{45\bar{\alpha}^2 + 7\beta^2}{45} \\ I_{z\perp} &= NE^2 \cdot \frac{45\bar{\alpha}^2 + 4\beta^2}{45} \end{aligned} \tag{6.19}$$

No caso de radiação incidente não polarizada, esta pode ser pensada como constituída por duas direções de polarização ortogonais; o fator de despolarização será definido pela razão entre as intensidades da radiação total espalhada paralelamente ao componente X do campo elétrico incidente ($I_{//}$, Figura 6.3(a)) e perpendicularmente ao componente Z deste campo ($I_{\perp}$, Figura 6.3(b)).

$$\rho_n = \frac{I_{//}}{I_{\perp}} \tag{6.20}$$

que pelas expressões em (6.19) se torna:

$$\rho_n = \frac{6\beta^2}{45\overline{\alpha}^2 + 7\beta^2} \tag{6.21}$$

Para luz incidente plano polarizada no plano YZ (E_Z, Figura 6.3(b)) o fator de despolarização será:

$$\rho = \frac{I_{y\perp}}{I_{z\perp}} = \frac{I_{\perp} - I_{z\perp}}{I_{z\perp}}$$

Substituindo as intensidades pelas expressões em (6.19) obtém-se:

$$\rho = \frac{3\beta^2}{45\overline{\alpha}^2 + 4\beta^2} \tag{6.22}$$

Desta expressão, válida para radiação incidente plano polarizada, é fácil ver qual o valor máximo e o mínimo que a expressão (6.22) adquire no caso de espalhamento Rayleigh. O valor mínimo corresponde ao grau de anisotropia ser zero ($\beta^2 = 0$), o elipsoide reduzindo-se a uma esfera. Como consequência, $\rho_{min} = 0$. O valor máximo corresponde ao máximo de anisotropia, quando todos os componentes de $\overline{\alpha}$, com exceção de um (por exemplo, α_{xx}), forem iguais a zero. Neste caso, $\overline{\alpha} = \frac{1}{3} \cdot \alpha_{xx}$ e $\beta^2 = \alpha_{xx}{}^2$, resultando o valor máximo do fator de despolarização:

$$\rho_{max} = \frac{3\alpha_{xx}{}^2}{5\alpha_{xx}{}^2 + 4\alpha_{xx}{}^2} = \frac{1}{3}$$

No caso de luz não polarizada o valor máximo de ρ_n é 1/2.

O formalismo obtido para o fator de despolarização é válido tanto para o espalhamento Rayleigh como para o espalhamento Raman, mas no desenvolvimento em série (6.10):

$$\alpha = \alpha_0 + \sum_k \left(\frac{\partial \alpha}{\partial Q_k} \right)_0 Q_k = \alpha_0 + \sum_k \alpha'_k \cdot Q_k$$

o tensor

$$\alpha_0 = \begin{vmatrix} \alpha_{xx} & \alpha_{xy} & \alpha_{xz} \\ \alpha_{yx} & \alpha_{yy} & \alpha_{yz} \\ \alpha_{zx} & \alpha_{zy} & \alpha_{zz} \end{vmatrix}$$

vale para o espalhamento Rayleigh e os tensores

$$\alpha'_k = \begin{vmatrix} \left(\frac{\partial \alpha_{xx}}{\partial Q_k}\right)_0 & \left(\frac{\partial \alpha_{xy}}{\partial Q_k}\right)_0 & \left(\frac{\partial \alpha_{xz}}{\partial Q_k}\right)_0 \\ \left(\frac{\partial \alpha_{yx}}{\partial Q_k}\right)_0 & \left(\frac{\partial \alpha_{yy}}{\partial Q_k}\right)_0 & \left(\frac{\partial \alpha_{yz}}{\partial Q_k}\right)_0 \\ \left(\frac{\partial \alpha_{zx}}{\partial Q_k}\right)_0 & \left(\frac{\partial \alpha_{zy}}{\partial Q_k}\right)_0 & \left(\frac{\partial \alpha_{zz}}{\partial Q_k}\right)_0 \end{vmatrix} \qquad k = 1, ..., 3N-6$$

valem para o espalhamento Raman.

Para o Raman as expressões para os invariantes (6.17) devem ser reescritas em termos destas derivadas. Indicando com $\alpha'_{xx}(k)$ a derivada de α_{xx} em relação ao modo normal Q_k, $(\partial\alpha_{xx}/\partial Q_k)_0$, com $\alpha'_{yy}(k)$ a derivada $(\partial\alpha_{yy}/\partial Q_k)_0$ etc. e com $\overline{\alpha}'_k$ e $(\beta'_k)^2$ os invariantes em termos destas derivadas, teremos:

$$\overline{\alpha}'_k = \tfrac{1}{3}\left[\alpha'_{xx}(k) + \alpha'_{yy}(k) + \alpha'_{zz}(k)\right]$$

$$(\beta'_k)^2 = \tfrac{1}{2}\left\{ \left[\alpha'_{xx}(k) - \alpha'_{yy}(k)\right]^2 + \left[\alpha'_{yy}(k) - \alpha'_{zz}(k)\right]^2 + \left[\alpha'_{zz}(k) - \alpha'_{xx}(k)\right]^2 + 6\left[\alpha'_{xy}(k)^2 + \alpha'_{yz}(k)^2 + \alpha'_{zx}(k)^2\right] \right\} \qquad (6.23)$$

O fator de despolarização para uma banda Raman correspondente ao modo normal k, para luz incidente plano polarizada, será dado por:

$$\rho = \frac{3(\beta'_k)^2}{45(\overline{\alpha}'_k)^2 + 4(\beta'_k)^2} \tag{6.24}$$

Para uma vibração totalmente simétrica em que:

$$\left(\frac{\partial\alpha_{xy}}{\partial Q_k}\right)_0 = \left(\frac{\partial\alpha_{yz}}{\partial Q_k}\right)_0 = \left(\frac{\partial\alpha_{zx}}{\partial Q_k}\right)_0 = 0 \qquad \text{e}$$

$$\left(\frac{\partial\alpha_{xx}}{\partial Q_k}\right)_0 = \left(\frac{\partial\alpha_{yy}}{\partial Q_k}\right)_0 = \left(\frac{\partial\alpha_{zz}}{\partial Q_k}\right)_0$$

resulta que $(\beta'_k)^2 = 0$ e o fator de despolarização tem o valor mínimo $\rho = 0$. Para o valor máximo, diferentemente do caso de espalhamento Rayleigh, como as derivadas $(\partial\alpha/\partial Q_k)_0$ não são necessariamente todas positivas, $\overline{\alpha}'_k$ pode ser nulo, sem que (β'_k) seja zero. Isto leva ao valor máximo do grau de despolarização $\rho_{max} = 3/4$.

Somente para vibrações totalmente simétricas de moléculas isotrópicas é que $(\beta'_k)^2 = 0$, como ocorre no exemplo clássico do modo totalmente simétrico do CCl_4. De maneira geral o fator de despolarização de bandas totalmente simétricas será menor que 3/4. Assim, se $0 \leq \rho < 3/4$ a banda pertence à espécie totalmente simétrica e se $\rho = 3/4$ a vibração considerada não é da espécie totalmente simétrica.

No exemplo da configuração cis do $C_2H_2Cl_2$, das 12 bandas ativas no Raman 5 são polarizadas e devem ser atribuídas à espécie A_1.

A maneira mais usual de obter o fator de despolarização no Raman (embora não a mais correta) é: medir primeiro a intensidade das bandas com a radiação excitante polarizada na direção de observação (obtendo-se $I_{//}$) e, em seguida, medir estas intensidades com o campo da radiação perpendicular à direção de observação (obtendo-se $I_{\perp}$). Para estas medidas utiliza-se uma lâmina de meia onda, $(\lambda/2)$, para girar o campo elétrico da radiação incidente, obtendo-se o fator de despolarização $\rho = I_{//} / I_{\perp}$. Com este método o fator máximo para o fator de despolarização é 6/7 (ver exercício 6.5). Para medidas experimentais mais corretas, deve-se fixar o campo da radiação incidente perpendicularmente à direção de observação e utilizar um polaroide analisador, entre a amostra e o espectrômetro. Para evitar a diferente resposta do espectrômetro para os dois estados de polarização, usa-se um despolarizador ("*scrambler*") na frente da fenda de entrada.

Na Figura 6.4 são mostrados os espectros do CCl_4, na região Stokes e anti-Stokes, obtidos pelo primeiro método, para os dois estados de polarização, notando-se a grande variação de intensidade da banda em 459 cm^{-1} (modo A_1) em relação às demais. Neste método, o fator de despolarização medido é dado pela expressão (6.21), como para luz incidente não polarizada. Nesta figura, as bandas em 768 e 797 cm^{-1} apresentam ressonância de Fermi. Em destaque são mostradas estas bandas na região anti-Stokes (para polarização perpendicular), com ganho de 20 vezes. Próximo a 0 cm^{-1} a radiação incidente é cortada por um sistema de segurança, para que a intensa radiação Rayleigh não danifique a fotomultiplicadora.

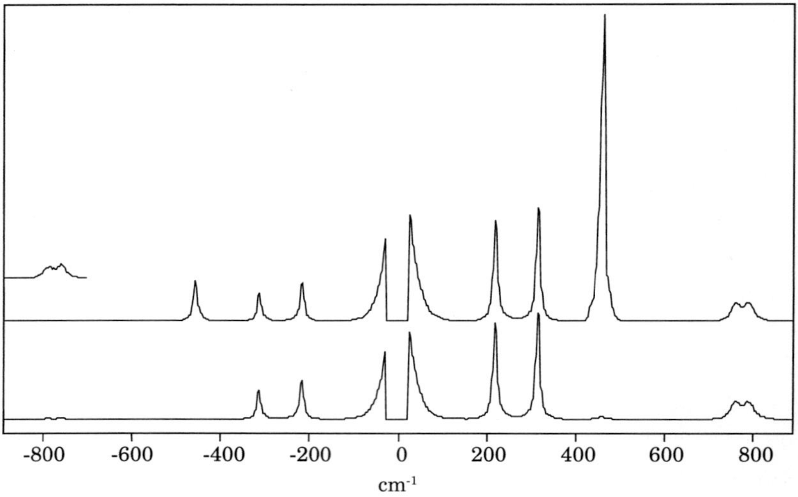

Figura 6.4 – Espectros Stokes e anti-Stokes do CCl_4 para as duas direções do campo elétrico incidente. O espectro superior é para o campo elétrico da radiação incidente perpendicular à observação.

Na Figura 6.5 são mostrados resultados de medidas do fator de despolarização para as bandas em 313 e 459 cm^{-1} do CCl_4 obtidos com vários arranjos experimentais. Na Figura 6.5(a) (somente girando o campo elétrico incidente com uma lâmina de meio comprimento de onda) a banda em 313 cm^{-1} (modo F_2) tem fator de despolarização $\rho = 6/7 \cong 0{,}86$. Pelo segundo método, com despolarizador e polaroide analisador, Figura 6.5(b), o fator de despolarização desta banda é $\rho = 3/4 = 0{,}75$.

Cuidados especiais são necessários na medida precisa do fator de despolarização. A luz que entra no espectrômetro tem diferentes estados de polarização e a resposta do instrumento pode falsificar os resultados, devido à reflectividade dos espelhos e da rede de difração não ser a mesma para luz polarizada no plano de incidência ou perpendicularmente a este. Na Figura 6.5(c) este efeito é ilustrado efetuando-se as duas medidas por meio da mudança somente de ângulo do polaroide analisador, sem utilizar o despolarizador. O fator de despolarização esperado seria $\rho = 3/4$,

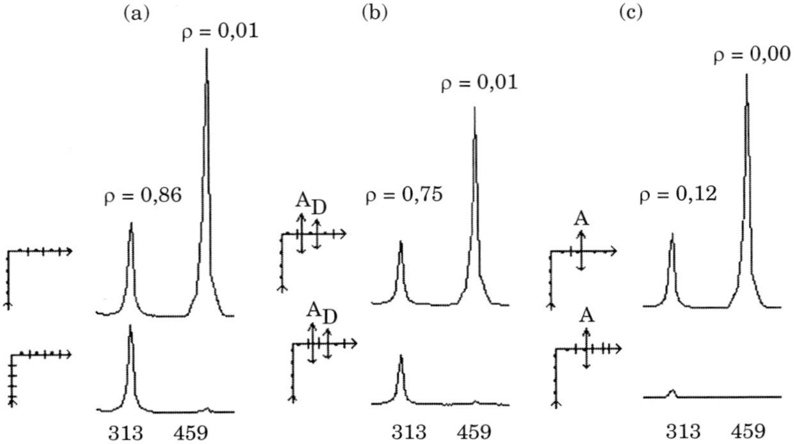

Figura 6.5 – Medidas do fator de despolarização para as bandas em 459 e 313 cm^{-1} do CCl_4:
(a) só com uso de lâmina de $\lambda/2$;
(b) com uso de polaroide analisador, A, e despolarizador, D;
(c) utilizando somente polaroide analisador.

entretanto o valor experimental, no exemplo mostrado, foi 0,12. Um fator de correção deveria ser introduzido dependendo da região espectral em estudo (devido à variação do ângulo de incidência na rede de difração), de modo que o valor experimental

$$\rho_{exp} = f \cdot \rho$$

onde f é o fator de correção e ρ é o valor teórico, 3/4. Este efeito da resposta do instrumento, é evitado colocando um despolarizador em frente à fenda do espectrômetro.

Exercícios

6.1 Para uma molécula tipo XYZ_2 foram observadas 3 frequências vibracionais de estiramento, em 1730, 2900 e 2950 cm^{-1}, sendo as duas primeiras polarizadas no espectro Raman. É possível, com estes dados, saber qual é esta molécula?

6.2 Escreva as equações para o momento de dipolo induzido supondo que a radiação incidente é polarizada num plano situado entre os planos XZ e XY.

6.3 Foram efetuadas duas medidas de fator de despolarização. Na primeira, utilizando somente uma lâmina de meia onda para girar o plano de polarização do laser incidente, obteve-se para os modos vibracionais indicados entre ( ) os valores: 0,86 (ν_1); 0,75 (ν_2); 0,5 (ν_3). Para a segunda medida, utilizando polaroide analisador e um despolarizador em frente à fenda, mantendo constante a polarização do feixe incidente, obteve-se os valores: 0,75 (ν_1); 0,65 (ν_2) e 0,43 (ν_3). Como se pode interpretar estes resultados?

6.4 Desenvolva em série de Taylor, até o termo de segunda ordem, a expressão para o momento de dipolo para molécula poliatômica. Indique o significado de cada termo.

6.5 Deduza a expressão para o fator de despolarização quando as medidas de intensidade são obtidas utilizando somente lâmina de meia onda para mudar a direção de polarização da radiação incidente.

6.6 Calcule para as moléculas de metano e diclorometano as representações para o momento de dipolo e para a polarizabilidade. Interprete os resultados comparando com os obtidos no exercício 5.4.

Literatura recomendada

BARROW, G. M. *Introduction to Molecular Spectroscopy*, McGraw-Hill, 1962.

COTTON, F. A. *Chemical Applications of Group Theory*, Interscience, 1971.

HARRIS, D. C. & BERTOLUCCI, M. D. *Symmetry and Spectroscopy*, Dover Publications, 1989.

HERZBERG, G. *Molecular Spectra and Molecular Structure* II. *Infrared and Raman Spectra of Poliatomic Molecules*, D. Van Nostrand, 1962.

HOLLAS, J. M. *Modern Spectroscopy*, John Wiley & Sons, 1987.

NAKAMOTO, K., *Infrared and Raman Spectra of Inorganic and Coordination Compounds*, John Wiley & Sons, 1986.

WILSON, E. B., DECIUS, J. C. & CROSS, P. C. *Molecular Vibrations*, McGraw-Hill, 1955.

WOODWARD, L. A. *Introduction to the Theory of Molecular Vibrations and Vibrational Spectroscopy*, Oxford, 1972.

7 Construção das coordenadas de simetria

7.1 Estrutura das coordenadas internas

Do mesmo modo que determinamos as estruturas das representações para vibrações normais, momento de dipolo e polarizabilidade, podemos determinar a estrutura da representação para as coordenadas internas. Isto é importante para mostrar o tipo de coordenada interna que irá comparecer em cada espécie de simetria, facilitando a construção das coordenadas de simetria. Estas fornecem, de forma aproximada, os movimentos envolvidos em cada frequência vibracional. As coordenadas de simetria são obtidas de combinações lineares de coordenadas internas; as coordenadas normais podem ser expressas em termos das coordenadas de simetria, das coordenadas internas ou das coordenadas cartesianas de deslocamento.

As coordenadas internas, como já foi definido, são dadas pelas variações das distâncias internucleares entre dois átomos ligados quimicamente e/ou fisicamente e pelas variações dos ângulos entre estas ligações. Para uma molécula com N átomos existirão 3N–6 coordenadas internas independentes. Se houver mais do que este número, dependendo da escolha do sistema das coordenadas, elas não serão independentes e haverá entre elas "condições de redundância", que deverão ser determinadas.

A estrutura da representação das coordenadas internas é obtida da equação:

$$n_q^{(\gamma)} = \frac{1}{g}\sum_j g_j.\chi_j^{(\gamma)}\chi_j(q) \qquad (7.1)$$

onde $\chi_j(q)$ é o caráter da representação redutível para coordenadas internas equivalentes, q. Coordenadas internas equivalentes são coordenadas que podem ser permutadas pelas operações de simetria do grupo de ponto da molécula.

Por exemplo, no benzeno todas as coordenadas internas correspondentes às variações das distâncias das ligações CC, Δr_1 a Δr_6, são equivalentes, o mesmo ocorrendo com as coordenadas de variação de ângulo CCC, $\Delta\alpha_1$ a $\Delta\alpha_6$. Na piridina haverá dois conjuntos de coordenadas internas correspondentes às variações das distâncias CC, (Δs_1, Δs_2) e (Δt_1, Δt_2), e um conjunto de coordenadas das variações das distâncias CN, (Δr_1, Δr_2); para as coordenadas internas de variação de ângulo teremos quatro conjuntos de coordenadas equivalentes: $\Delta\alpha$; ($\Delta\beta_1$ e $\Delta\beta_2$); ($\Delta\gamma_1$ e $\Delta\gamma_2$) e $\Delta\delta$, mostradas na Figura 7.1.

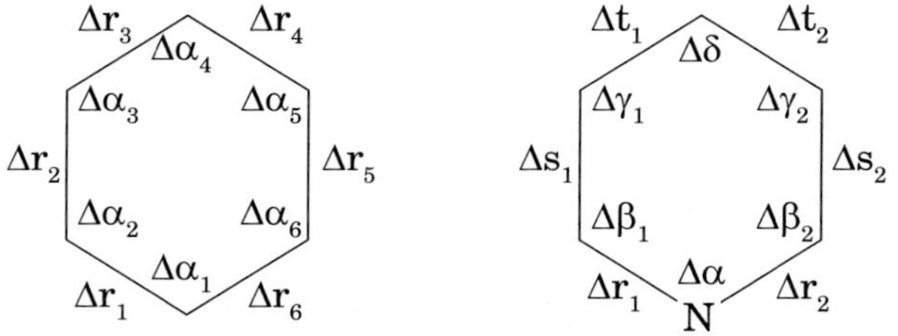

Figura 7.1 – Coordenadas internas equivalentes para o anel do benzeno e da piridina.

Nestes exemplos consideramos apenas as coordenadas internas dos anéis, excluindo as ligações CH, os ângulos CCH e os movimentos fora do plano.

Os caracteres $\chi_j(q)$ resultam da contribuição, nas matrizes de transformação das operações do grupo, das coordenadas internas q que não são permutadas (estando, portanto, na diagonal), sendo seus elementos na matriz simplesmente 1. Em outras palavras, os $\chi_j(q)$ são determinados pelo número de coordenadas internas não permutadas pelas operações da classe j. $n_q^{(\gamma)}$ é obtido de (7.1) para cada conjunto de coordenadas internas equivalentes. A Tabela 7.1 mostra estes valores para a molécula de NH_3. Neste exemplo, $n_Q^{(\gamma)}$ é obtido pela soma dos $n_q^{(\gamma)}$.

C_{3v}	E	$2C_3$	$3\sigma_v$	$n_r^{(\gamma)}$	$n_\alpha^{(\gamma)}$	$n_Q^{(\gamma)}$
A_1	1	1	1	1	1	2
A_2	1	1	−1	0	0	0
E	2	−1	0	1	1	2
$\chi_j(r)$	3	0	1			
$\chi_j(\alpha)$	3	0	1			

Tabela 7.1

Se houver mais de 3N−6 coordenadas internas, como na molécula de CCl_4 (ou qualquer molécula tipo XY_4, do grupo T_d), onde há quatro coordenadas de estiramento (Δr_1, Δr_2, Δr_3, Δr_4) e seis de deformação de ângulo ($\Delta\alpha_{12}$, $\Delta\alpha_{13}$, $\Delta\alpha_{14}$, $\Delta\alpha_{23}$, $\Delta\alpha_{24}$, $\Delta\alpha_{34}$), num total de dez coordenadas, em vez de nove, haverá uma condição de redundância, neste caso expressa por $\Sigma\Delta\alpha_{ij} = 0$. Esta expressão significa que não é possível um movimento com todas as coordenadas internas de deformação de ângulo aumentando simultaneamente. Efetuando os cálculos, as representações que se obtêm para o CCl_4 seriam as mostradas na tabela seguinte:

T_d	$n_r^{(\gamma)}$	$n_\alpha^{(\gamma)}$	$n_Q^{(\gamma)}$
A_1	1	1*	1
E	0	1	1
F_2	1	1	2

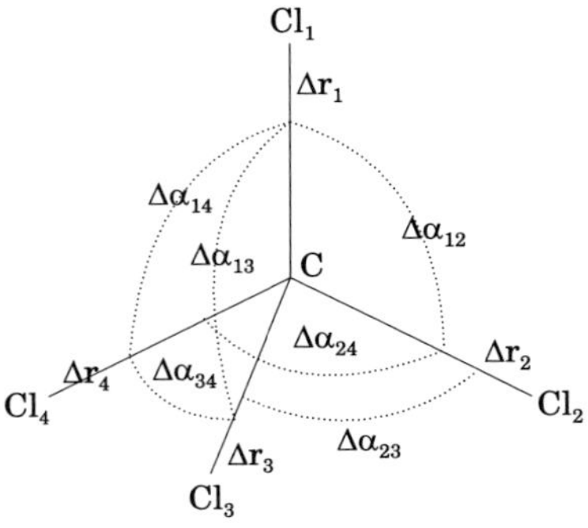

Observa-se nesta tabela que para a espécie A_1 a soma $n_r^{(\gamma)}$ + $n_\alpha^{(\gamma)}$ é maior do que o valor de $n_Q^{(\gamma)}$, ao passo que para as espécies E e F_2 a soma é igual ao valor de $n_Q^{(\gamma)}$. Quando isto ocorre significa que há condições de redundância envolvidas. Neste exemplo, como vimos, a condição é dada por $\Sigma\Delta\alpha_{ij} = 0$. O asterisco (*) na tabela indica que as coordenadas equivalentes envolvidas apresentam condição de redundância.

7.2 Construção das coordenadas de simetria

Sendo R um operador genérico das operações de simetria de um grupo de ponto, se multiplicarmos este operador pelo caráter irredutível de uma espécie γ para esta operação de simetria, $\chi^{(\gamma)}$ (R), e somarmos para todas as operações do grupo iremos criar um novo operador, conhecido como "operador de projeção":

$$\sum_R \chi^{(\gamma)}(R).R \qquad (7.2)$$

O resultado da aplicação deste operador numa base, por exemplo das coordenadas internas, irá conter as características da espécie de simetria considerada (incluída nos caracteres da representação irredutível) e as características das operações de simetria do grupo na molécula (envolvendo o tipo de coordenada e a geometria da molécula).

A aplicação dos operadores de projeção numa coordenada representativa de um conjunto de coordenadas internas equivalentes, multiplicada por um fator de normalização, 1/N, resulta nas chamadas "coordenadas de simetria":

$$S^{(\gamma)}(q_i) = \frac{1}{N}\sum_R \chi^{(\gamma)}(R) \cdot R \cdot q_i \qquad (7.3)$$

onde q_i (geratriz) é uma coordenada interna qualquer de um conjunto equivalente, por exemplo Δr_1 ou $\Delta\alpha_{12}$, para o CCl_4. As coordenadas de simetria são, portanto, uma combinação de coordenadas internas que representa um movimento da molécula para a espécie de simetria considerada, γ. Elas são importantes na análise de coordenadas normais, pois permitem fatorar o determinante secular em blocos, correspondentes às várias espécies de simetria, pois não misturam movimentos de espécies de simetria diferentes.

Como exemplo, para a água há dois conjuntos de coordenadas internas equivalentes, o das coordenadas de estiramento Δr_1 e Δr_2 e o da deformação de ângulo $\Delta\alpha$. A estrutura da representação para as coordenadas internas resulta na contribuição destes dois conjuntos para a espécie A_1 e somente o das coordenadas de estiramento para a espécie B_2, como mostra a Tabela 7.2, estando a molécula no plano yz.

C_{2v}	E	C_2	σ_{xz}	σ_{yz}	$n_r^{(\gamma)}$	$n_\alpha^{(\gamma)}$	$n_Q^{(\gamma)}$
A_1	1	1	1	1	1	1	2
A_2	1	1	–1	–1	0	0	0
B_1	1	–1	1	–1	0	0	0
B_2	1	–1	–1	1	1	0	1
$\chi_j(r)$	2	0	0	2			
$\chi_j(\alpha)$	1	1	1	1			

Tabela 7.2

A coordenada de simetria de estiramento para a espécie A_1 será, utilizando (7.3):

$$S^{(A_1)}(r_1) = \frac{1}{N}(\Delta r_1 + \Delta r_2 + \Delta r_2 + \Delta r_1) = \frac{2}{N}(\Delta r_1 + \Delta r_2) = \\ = \frac{1}{\sqrt{2}}(\Delta r_1 + \Delta r_2) \qquad (7.4)$$

O fator de normalização, N, é determinado considerando as coordenadas internas como versores e a coordenada de simetria normalizada para 1, ou seja, fazendo $(4/N^2)(1^2+1^2) = 8/N^2 = 1$, resultando $N^2 = 8$ ou $N = 2\sqrt{2}$, que dá o resultado acima. A coordenada de simetria para deformação de ângulo é:

$$S^{(A_1)}(\alpha) = \frac{1}{N}(\Delta\alpha + \Delta\alpha + \Delta\alpha + \Delta\alpha) = \frac{4}{N}\Delta\alpha = \Delta\alpha \qquad (7.5)$$

Para a espécie B_2 a coordenada de estiramento é:

$$S^{(B_2)}(r_1) = \frac{1}{N}(\Delta r_1 - \Delta r_2 - \Delta r_2 + \Delta r_1) = \frac{2}{N}(\Delta r_1 - \Delta r_2) = \frac{1}{\sqrt{2}}(\Delta r_1 - \Delta r_2) \qquad (7.6)$$

De modo prático, determina-se o fator de normalização somando os quadrados dos coeficientes das coordenadas internas que comparecem na coordenada de simetria, após a fatoração dos termos comuns, e extraindo a raiz quadrada desta soma.

Para espécies degeneradas, quando mais de uma coordenada de simetria participa da mesma espécie, um cuidado adicional precisa ser observado. Deve-se considerar a mesma orientação na construção dessas coordenadas. Isto decorre do fato que durante o movimento a molécula sofre distorção em sua simetria. Por exemplo, na molécula de BF_3, simetria D_{3h}, no movimento degenerado em que duas ligações BF distendem e a outra contrai, a molécula passa a ter simetria C_{2v} (com o eixo C_2 nesta última ligação). Isto estabelece uma direção (orientação) preferencial na molécula durante a vibração, fazendo que os outros movimentos desta espécie devam apresentar a mesma propriedade de simetria. Para isto, é necessário considerar, na coordenada geratriz das outras vibrações, a mesma orientação da primeira coordenada escolhida; as vibrações deformarão a molécula nesta mesma direção.

Nas espécies não degeneradas a orientação não é necessária; como mostra o esquema abaixo para a espécie A_1, não há deformação da molécula numa direção específica. Para modo degenerado não tem sentido falar em estiramento simétrico ou antissimétrico, pois, como mostra o esquema para a espécie E (onde a orientação foi escolhida na direção da ligação 1), uma rotação C_3 muda o átomo 1 para 2 de maneira antissimétrica, entretanto, ao mesmo tempo o átomo 2 muda para 3 de maneira simétrica. A rotação, portanto, não é nem simétrica nem antissimétrica, é degenerada.

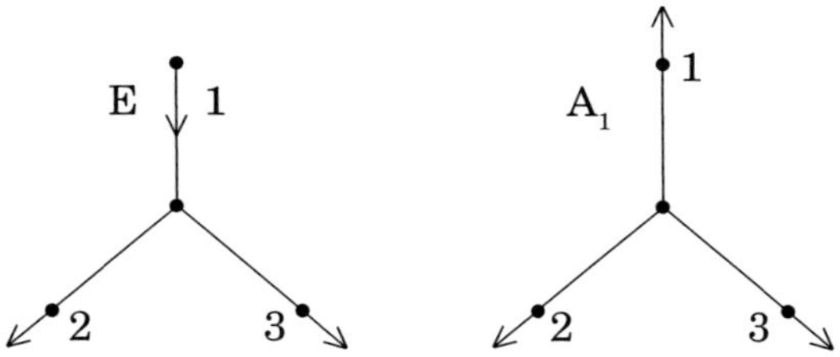

Vamos determinar as coordenadas de simetria para a molécula de $CHCl_3$ (supondo os seis ângulos iguais a 109°47′). Para esta molécula há dez coordenadas internas e como 3N–6 = 9, haverá uma condição de redundância nas coordenadas de variação de ângulo, que corresponde à coordenada de simetria da espécie A_1 envolvendo a combinação $\Delta\alpha+\Delta\beta$:

$$S^{(A_1)}(\alpha+\beta)=\frac{1}{\sqrt{6}}(\Delta\alpha_{12}+\Delta\alpha_{13}+\Delta\alpha_{23}+\Delta\beta_1+\Delta\beta_2+\Delta\beta_3)=0 \quad (7.7)$$

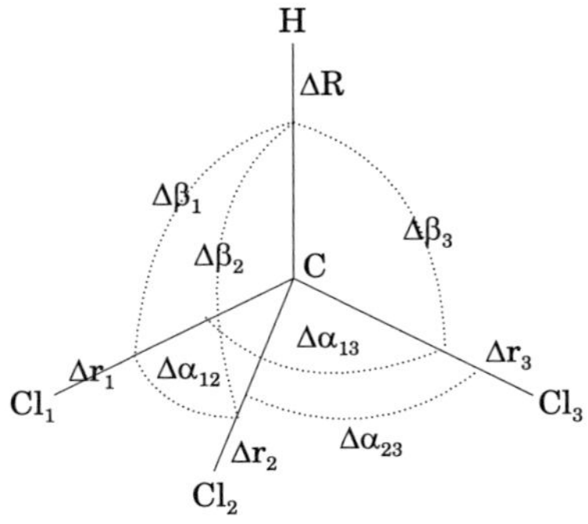

C_{3v}	E	$2C_3$	$3\sigma_v$	$n_R^{(\gamma)}$	$n_r^{(\gamma)}$	$n_\alpha^{(\gamma)}$	$n_\beta^{(\gamma)}$	$n_Q^{(\gamma)}$
A_1	1	1	1	1	1	1*	1*	3
A_2	1	1	–1	0	0	0	0	0
E	2	–1	0	0	1	1	1	3
$\chi_j(R)$	1	1	1					
$\chi_j(r)$	3	0	1					
$\chi_j(\alpha)$	3	0	1					
$\chi_j(\beta)$	3	0	1					

Essa coordenada é, evidentemente, igual a zero, pois não é possível efetuar um movimento onde todos os ângulos envolvidos aumentem simultaneamente. Embora igual a zero, esta coordenada é importante para se considerar a condição de ortogonalidade das coordenadas de simetria.

A coordenada genuína para a espécie A_1, envolvendo a variação dos ângulos, pode ser obtida da combinação $\Delta\alpha$-$\Delta\beta$, que é ortogonal à coordenada (7.7):

$$S^{(A_1)}(\alpha - \beta) = \frac{1}{\sqrt{6}}(\Delta\alpha_{12} + \Delta\alpha_{13} + \Delta\alpha_{23} - \Delta\beta_1 - \Delta\beta_2 - \Delta\beta_3) \quad (7.8)$$

A coordenada de simetria para o estiramento CH é:

$$S^{(A_1)}(R) = \Delta R \quad (7.9)$$

e para os estiramentos CCl:

$$S^{(A_1)}(r_1) = \frac{1}{\sqrt{3}}(\Delta r_1 + \Delta r_2 + \Delta r_3) \quad (7.10)$$

Para a espécie degenerada, E, deve-se observar a orientação e vamos escolhê-la gerando a primeira coordenada de simetria com a coordenada interna $\Delta\alpha_{12}$. A coordenada para o estiramento CCl deve ser construída de modo que conserve a simetria determinada por esta coordenada, havendo duas maneiras de fazer isto. Uma seria a escolha da coordenada geratriz dada pela soma das coordenadas Δr_1+Δr_2; outra seria considerar a coordenada Δr_3 como geratriz, pois ela possui a mesma orientação de $\Delta\alpha_{12}$, estando num plano de simetria passando pela bissetriz deste ângulo. As mesmas considerações valem para as demais coordenadas internas.

A coordenada de simetria gerada por $\Delta\alpha_{12}$ é:

$$S^{(E)}(\alpha_{12}) = \frac{1}{\sqrt{6}}(2\Delta\alpha_{12} - \Delta\alpha_{13} - \Delta\alpha_{23}) \quad (7.11)$$

Para a coordenada geratriz $\Delta r_1+\Delta r_2$ teremos:

$$S^{(E)}(r_1 + r_2) = \frac{1}{N}\left[2(\Delta r_1 + \Delta r_2) - (\Delta r_3 + \Delta r_1) - (\Delta r_3 + \Delta r_2)\right] =$$

$$= \frac{1}{\sqrt{6}}(\Delta r_1 + \Delta r_2 - 2\Delta r_3)$$

O sinal da coordenada é irrelevante, representa somente uma fase do movimento, e podemos escrever:

$$S^{(E)}(r_1 + r_2) = \frac{1}{\sqrt{6}}(2\Delta r_3 - \Delta r_1 - \Delta r_2) \qquad (7.12)$$

Considerando a coordenada Δr_3 como geratriz:

$$S^{(E)}(r_3) = \frac{1}{\sqrt{6}}(2\Delta r_3 - \Delta r_1 - \Delta r_2)$$

que é o mesmo resultado de (7.12). Para a deformação de ângulo ClCH, usando como geratriz a coordenada $\Delta\beta_3$:

$$S^{(E)}(\beta_3) = \frac{1}{\sqrt{6}}(2\Delta\beta_3 - \Delta\beta_1 - \Delta\beta_2) \qquad (7.13)$$

As coordenadas de simetria têm a propriedade importante de serem ortonormais (como foi visto no capítulo 5 para a estrutura das representações). Elas se comportam como vetores, onde as coordenadas internas seriam os versores. Pela própria construção, as coordenadas obtidas já estão normalizadas. Quanto à ortogonalidade, se uma delas não for ortogonal com as demais ela não poderá ser considerada; uma nova coordenada satisfazendo esta condição deve ser obtida. Como exemplo podemos verificar a ortogonalidade entre a coordenada $S^{(E)}(r_3)$ e a $S^{(A1)}(r_1)$; fazendo os produtos dos coeficientes das coordenadas internas correspondentes e somando, obtemos:

$$\left(\frac{1}{\sqrt{3}}\right)\left(-\frac{1}{\sqrt{6}}\right)+\left(\frac{1}{\sqrt{3}}\right)\left(-\frac{1}{\sqrt{6}}\right)+\left(\frac{1}{\sqrt{3}}\right)\left(2\cdot\frac{1}{\sqrt{6}}\right)=0$$

mostrando que estas duas coordenadas são ortogonais.

As coordenadas de simetria envolvendo as deformações de ângulo, em (7.7), (7.8), (7.11) e (7.13), satisfazem as condições de ortogonalidade. Se tivéssemos considerado para a espécie A_1 uma coordenada

$$S^{(A_1)}(\alpha) = \frac{1}{\sqrt{3}}(\Delta\alpha_{12} + \Delta\alpha_{13} + \Delta\alpha_{23})$$

ela não seria ortogonal à coordenada de redundância (7.7), portanto, não seria uma coordenada de simetria (para efetuar o produto podemos considerar as coordenadas $\Delta\beta$ com coeficientes zero).

Quando as coordenadas internas não são independentes, ou seja, quando houver condições de redundância, nem sempre é simples determinar as coordenadas de simetria, como mostra o exemplo da molécula de diclorometano, CH_2Cl_2, cujo grupo de ponto é C_{2v}. Há duas coordenadas internas de estiramento CH (ΔR), duas de estiramento CCl (Δr), uma de deformação de ângulo HCH ($\Delta\alpha$), uma de deformação de ângulo ClCCl ($\Delta\beta$), e quatro de deformação de ângulo HCCl ($\Delta\gamma$). O cálculo da estrutura das coordenadas internas (ver capítulo 9) para a espécie A_1 mostra contribuição destes cinco tipos de coordenadas, devendo existir uma condição de redundância envolvendo as coordenadas de deformação de ângulo. A coordenada de simetria redundante é:

$$S^{A1}(\alpha + \beta + \gamma) = (\Delta\alpha + \Delta\beta + \Delta\gamma_{13} + \Delta\gamma_{14} + \Delta\gamma_{23} + \Delta\gamma_{24})/\sqrt{6} = 0$$

A coordenada genuína das deformações de ângulo para esta espécie pode ser escrita:

$$S^{A1}(\alpha + \beta - \gamma) = (2\Delta\alpha + 2\,\Delta\beta - \Delta\gamma_{13} - \Delta\gamma_{14} - \Delta\gamma_{23} - \Delta\gamma_{24})/\sqrt{6}$$

onde os coeficientes foram ajustados para ela ser ortogonal à coordenada de redundância. A outra coordenada da espécie A_1 para deformação de ângulo seria:

$$S^{A_1}(\alpha - \beta) = (\Delta\alpha - \Delta\beta)/\sqrt{2}.$$

Para as coordenadas de simetria de espécies degeneradas, seria esperado que houvesse mais de uma coordenada para cada tipo de movimento, ou melhor, que o número delas fosse igual ao grau de degenerescência da espécie correspondente. Realmente, podemos determinar para a espécie E duas coordenadas de simetria para cada coordenada interna envolvida. Vejamos como determinar estas coordenadas no caso de estiramento CCl da molécula de $CHCl_3$. Tomando como coordenada geratriz Δr_1, Δr_2, Δr_3 e calculando as respectivas coordenadas de simetria obtém-se, sem considerar o fator de normalização:

$$\begin{aligned} S_1 &= S^{(E)}(r_1) = 2\Delta r_1 - \Delta r_2 - \Delta r_3 \\ S_2 &= S^{(E)}(r_2) = 2\Delta r_2 - \Delta r_3 - \Delta r_1 \\ S_3 &= S^{(E)}(r_3) = 2\Delta r_3 - \Delta r_1 - \Delta r_2 \end{aligned} \tag{7.14}$$

Estas três coordenadas não são ortogonais, pois $S_1 \times S_2 = -2(\Delta r_1)-2(\Delta r_2)+1(\Delta r_3)$, sendo a soma dos coeficientes neste produto diferente de zero. Além disso, elas não são independentes, pois $S_2+S_3 = 2\Delta r_1-\Delta r_2-\Delta r_3 = S_1$. Contudo, podemos considerar a combinação $S_2-S_3 = \Delta r_2-\Delta r_3$, ortonormal à S_1, que junto com a S_1 fornece as duas coordenadas degeneradas:

$$\begin{aligned} S^{(E)a}(r_1) &= \frac{1}{\sqrt{6}}(2\Delta r_1 - \Delta r_2 - \Delta r_3) \\ S^{(E)b}(r_2 - r_3) &= \frac{1}{\sqrt{2}}(\Delta r_2 - \Delta r_3) \end{aligned} \tag{7.15}$$

De modo semelhante pode-se obter as coordenadas degeneradas para as deformações de ângulo. Para o cálculo de coordenadas normais não é necessário determinar o par de coordenadas degeneradas, pois elas correspondem ao mesmo autovalor; qualquer uma destas coordenadas pode ser considerada neste cálculo.

Vejamos mais detalhadamente o efeito das operações de simetria numa vibração degenerada. Estas operações devem mudar cada coordenada normal degenerada numa combinação linear destas coordenadas, que é também solução do problema.

Para uma molécula linear, por exemplo, o CO_2, há dois modos de deformação de ângulo, representados por vetores de deslocamento no plano do papel ou por vetores perpendiculares a este plano. Qualquer combinação linear destes dois movimentos harmônicos (no plano e fora do plano), que têm a mesma frequência, é também um modo normal. O movimento resultante, no caso de diferença de fase de 90°, será um movimento circular ao redor do eixo da molécula.

O movimento descrito nas equações (7.15) pode ser examinado considerando a projeção dos vetores de deslocamento num plano horizontal. O modo $E^{(a)}$ pode ser representado como em (I), na figura que segue. Aplicando a operação de simetria C_3 teremos a figura (II). Fazendo uma combinação linear dos movimentos descritos em (I) e (II), com um fator dois para as amplitudes de (II), resulta a figura (III), onde os módulos dos vetores foram reduzidos de 1/3 (fator de escala). Pela segunda equação em (7.15) vemos que este movimento resultante corresponde ao modo $E^{(b)}$.

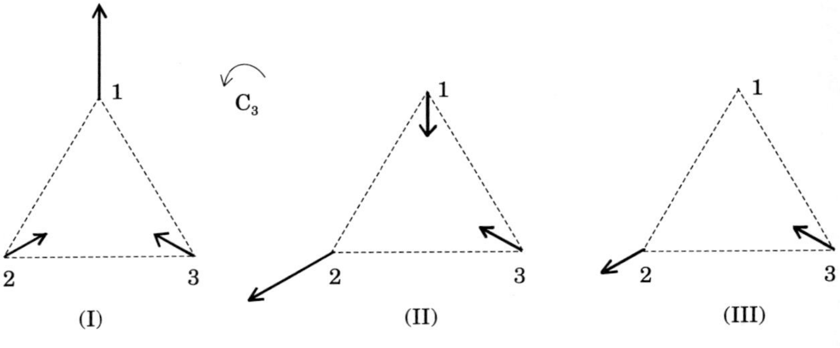

Além das coordenadas internas associadas aos movimentos de estiramento da ligação e de deformação do ângulo, existem mais dois tipos de coordenadas internas que devem ser consideradas, deformações de ângulo fora do plano e deformações torsionais.

As coordenadas internas de deformação de ângulo fora do plano são definidas pela variação de ângulo causada pelo pequeno movimento perpendicular do átomo i em relação ao plano definido por j-k-l (ao qual o átomo i também pertence, na sua posição de equilíbrio); isto está esquematizado na figura seguinte, onde γ_i representa o ângulo de deslocamento da ligação i-j em relação ao plano da posição de equilíbrio. Podemos definir coordenadas γ_i^+ e γ_i^- para cada lado do plano, com a condição de redundância $\gamma_i^+ + \gamma_i^- = 0$.

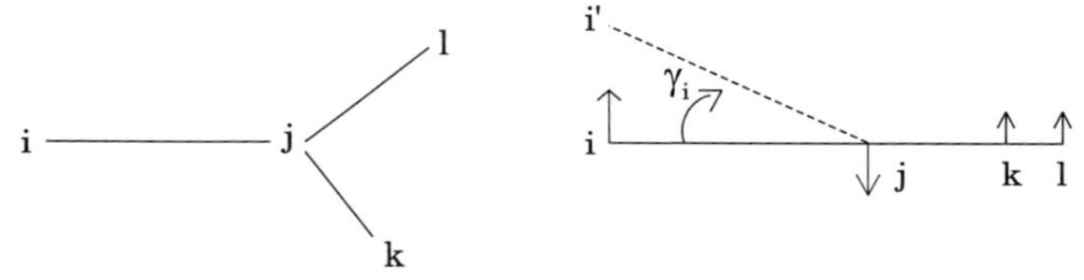

Outro exemplo importante é o das coordenadas internas de torção, $\Delta\tau$, dadas pela variação do ângulo diédrico entre dois planos, definidos pelos átomos 1, 2, 3 e 2, 3, 4, respectivamente, sendo o eixo de torção definido pelos átomos 2,3. Este ângulo varia entre $-\pi$ e $+\pi$. Considera-se o valor positivo quando observando ao longo da ligação 2-3, com o átomo 2 mais próximo, o ângulo da projeção de 1-2 com a de 3-4 é traçado no sentido horário, conforme o esquema:

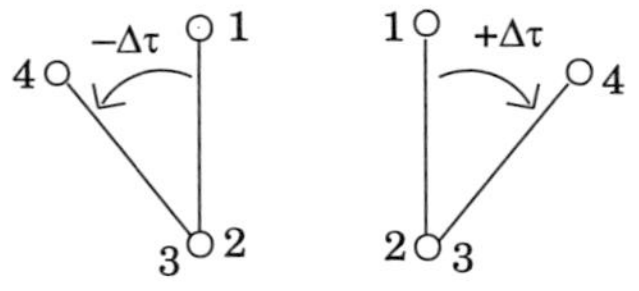

Vamos considerar o íon dicromato, supondo simetria C_{2v}, com um dos átomos de oxigênio de cada agrupamento CrO_3 (denominados de 1 e 2) no plano (yz) da molécula. Definiremos para o agrupamento 1 as coordenadas de torção $\Delta\tau'_1$ e $\Delta\tau''_1$ (o índice superior ' indica movimento saindo do plano da molécula e " indica movimento oposto) e para o agrupamento 2 as coordenadas $\Delta\tau'_2$ e $\Delta\tau''_2$, sendo $\Delta\tau'_1 = -\Delta\tau''_1$ e $\Delta\tau'_2 = -\Delta\tau''_2$, valendo as condições de redundância $\Delta\tau'_1 + \Delta\tau''_1 = 0$ e $\Delta\tau'_2 + \Delta\tau''_2 = 0$. As coordenadas foram definidas com a observação no sentido do átomo de cromo para o átomo de oxigênio central.

O caráter da representação redutível para estas coordenadas é 4 para a identidade e 0 para as demais operações, resultando a representação $1A_1 + 1A_2 + 1B_1 + 1B_2$.

A coordenada $\Delta\tau'_1$ se transforma com as operações de simetria como: $C_2(\Delta\tau'_1) = \Delta\tau''_2 = -\Delta\tau'_2$ $\sigma_{xz}(\Delta\tau'_1) = \Delta\tau'_2$ e $\sigma_{yz}(\Delta\tau'_1) = \Delta\tau''_1 = -\Delta\tau'_1$, resultando a coordenada de simetria para a espécie A_2:

$$S^{(A_2)}(\tau) = \frac{1}{2}(\Delta\tau'_1 - \Delta\tau'_2 - \Delta\tau'_2 + \Delta\tau'_1) = \frac{1}{\sqrt{2}}(\Delta\tau'_1 - \Delta\tau'_2)$$

e para a espécie B_1:

$$S^{(B_1)}(\tau) = \frac{1}{2}(\Delta\tau'_1 + \Delta\tau'_2 + \Delta\tau'_2 + \Delta\tau'_1) = \frac{1}{\sqrt{2}}(\Delta\tau'_1 + \Delta\tau'_2)$$

Para as espécies A_1 e B_2, $S^{(A_1)}(\tau) = S^{(B_2)}(\tau) = 0$

As coordenadas para as espécies A_2 e B_1 estão representadas no esquema seguinte, a seta do lado esquerdo indicando a $\Delta\tau'_1$ e a do lado direito $\Delta\tau''_2 = -\Delta\tau'_2$, para A_2, e $\Delta\tau'_2$ para B_1:

A_2 B_1

Exercícios

7.1 Pelo exame das figuras seguintes, de uma molécula planar tipo XY_4, escreva as coordenadas de simetria correspondentes, as espécies de simetria a que pertencem e atividade no Raman e no infravermelho.

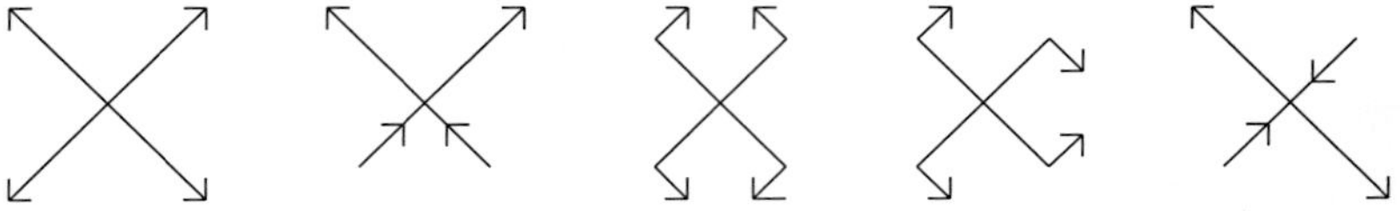

(a) (b) (c) (d) (e)

7.2 Quais dos conjuntos de coordenadas que seguem, onde se desprezou o fator de normalização, poderiam ser considerados como coordenadas de simetria? Justifique.

$S_1 = (r_1 + r_2 + r_3 + r_4)$ $S_2 = (r_1 + r_2 - r_3 - r_4)$ $S_3 = (2\alpha_{12} - \alpha_{13} - \alpha_{14})$
$S_4 = (r_1 - r_3)$ $S_5 = (r_1 - r_4)$ $S_6 = (\alpha_{13} + \alpha_{14})$
$S_7 = (r_1 - r_2 + r_3 - r_4)$ $S_8 = (r_1 - r_2 - r_3 + r_4)$ $S_9 = (\alpha_{12} + \alpha_{13} + \alpha_{14})$

7.3 Num espectro vibracional foram observadas bandas em: $\nu_1 = 450$; $\nu_2 = 200$; $\nu_3 = 700$; $\nu_4 = 250$; $2\nu_1 = 895$; $2\nu_3 = 1393$ e $3\nu_3 = 2086$ cm^{-1}. O que se pode afirmar com relação às anarmonicidades elétrica e mecânica de cada modo?

7.4 A análise vibracional de uma molécula mostrou as seguintes representações:

Γ_1 α_{xx}, α_{yy}, α_{zz}
Γ_2 T_z, α_{xy}
Γ_3 T_x, α_{yz}
Γ_4 T_y
Γ_5 α_{xz}

Os espectros no infravermelho apresentaram bandas em: 350 ms, 600 vs, 650 w e 950 vw cm^{-1} e no Raman em 180 mP, 400 wm, 550 sP, 650 m e 950 w cm^{-1}. Faça a atribuição das frequências às representações (Γ_1, Γ_2,...) acima.

7.5 O espectro vibracional do SO_2 apresenta as seguintes bandas:

infravermelho (gás)	Raman (líq.)	Raman (gás)
517,8 s	524,5 w(p)	
606,0 w		
1151,4 s	1145,0 s(p)	1150,5 s
1361,0 vs	1336,0 m	
1871,0 w		
2305,0 w		
2499,0 w		

a) Escreva as estruturas possíveis e indique seus grupos de ponto.

b) A análise vibracional pode eliminar algumas destas estruturas? Justifique.

c) Faça a análise vibracional para a estrutura que considere mais correta.

7.6 Determine as coordenadas de simetria para uma molécula XY_4 tetraédrica.

Literatura recomendada

BARROW, G. M. *Introduction to Molecular Spectroscopy*. McGraw-Hill, 1962.

HARRIS, D. C., BERTOLUCCI, M. D. *Symmetry and Spectroscopy*. Dover Publications, 1989.

NAKAMOTO, K. *Infrared and Raman Spectra of Inorganic and Coordination Compounds*. John Wiley & Sons, 1986.

WILSON, E. B., DECIUS, J. C., CROSS, P. C. *Molecular Vibrations*. McGraw-Hill, 1955.

WOODWARD, L. A. *Introduction to the Theory of Molecular Vibrations and Vibrational Spectroscopy*. Oxford, 1972.

8 Construção das matrizes para energia potencial e energia cinética

8.1 Representação matricial da energia potencial em coordenadas internas

O passo seguinte para se construir o determinante secular, já fatorado segundo as espécies de simetria do grupo, é determinar a matriz da energia potencial e da energia cinética. A energia potencial é mais bem visualizada quando definida em termos das coordenadas internas, sendo as constantes de força diretamente ligadas aos estiramentos das ligações, deformações dos ângulos ou outros termos fisicamente significativos. Em termos das coordenadas internas pode-se escrever para a energia potencial:

$$2V = \sum_i \sum_j f_{ij} q_i q_j \tag{8.1}$$

Considerando como exemplo a molécula de água, a expressão explícita da (8.1) fica:

$$\begin{aligned} 2V = {} & f_r(\Delta r_1)^2 + f_r(\Delta r_2)^2 + f_\alpha(\Delta\alpha)^2 + 2f_{rr}(\Delta r_1)(\Delta r_2) + \\ & 2f_{r\alpha}(\Delta r_1)(\Delta\alpha) + 2f_{r\alpha}(\Delta r_2)(\Delta\alpha) \end{aligned} \tag{8.2}$$

É conveniente introduzir a notação matricial, sendo a função potencial:

$$2V = \begin{bmatrix} \Delta r_1 & \Delta r_2 & \Delta\alpha \end{bmatrix} \begin{bmatrix} f_r & f_{rr} & f_{r\alpha} \\ f_{rr} & f_r & f_{r\alpha} \\ f_{r\alpha} & f_{r\alpha} & f_\alpha \end{bmatrix} \begin{bmatrix} \Delta r_1 \\ \Delta r_2 \\ \Delta\alpha \end{bmatrix} \qquad (8.3)$$

ou, na notação condensada, $2V = \mathbf{R}^t\mathbf{F}_q\mathbf{R}$, onde $\mathbf{R}$ é a matriz coluna das coordenadas internas, $\mathbf{R}^t$ é sua matriz transposta (matriz linha) e $\mathbf{F}_q$ é a matriz das constantes de força em coordenadas internas. Desenvolvendo o produto de matrizes (8.3) obtém-se a expressão (8.2).

Veremos adiante como transformar esta função potencial em termos das coordenadas de simetria, que permitem fatorar a equação secular segundo as espécies de simetria.

8.2 Energia cinética – Matriz de transformação de coordenadas cartesianas de deslocamento para coordenadas internas

Embora seja conveniente representar a energia potencial em termos das coordenadas internas, é mais simples escrever a energia cinética em termos das coordenadas cartesianas de deslocamento. Obtida a expressão desta energia, é evidente que para obter as equações de movimento devemos transformá-la para o mesmo tipo de coordenada utilizada para a energia potencial. Com este objetivo, iremos determinar a matriz de transformação de coordenadas cartesianas de deslocamento para coordenadas internas, que é denominada matriz **B**. Esta permitirá obter a energia cinética em termos das coordenadas internas. No final do capítulo transformaremos a energia cinética e potencial em termos das coordenadas de simetria, que permitem separar a equação secular em equações de menor grau (correspondentes a cada espécie de simetria), mais simples de resolver.

Designando por X_i as coordenadas cartesianas de deslocamento Δx_1, Δy_1, Δz_1, Δx_2, Δy_2, Δz_2, Δx_3, Δy_3, Δz_3 etc. (X_5, por exemplo, correspondendo a Δy_2) a energia cinética,

$$2T = \sum_i m_i \dot{X}_i^2$$

pode ser expressa em notação matricial:

$$2\mathbf{T} = \dot{\mathbf{X}}^t \mathbf{M} \dot{\mathbf{X}} \tag{8.4}$$

onde $\dot{\mathbf{X}}$ é a matriz coluna das derivadas em relação ao tempo das coordenadas cartesianas de deslocamento, $\dot{\mathbf{X}}^t$ sua matriz transposta e $\mathbf{M}$ é a matriz diagonal das massas m_i de cada átomo:

$$M = \begin{bmatrix} m_1 & & & & & & & & \\ & m_1 & & & & & & & \\ & & m_1 & & & & & & \\ & & & m_2 & & & & & \\ & & & & m_2 & & & & \\ & & & & & m_2 & & & \\ & & & & & & \cdot & & \\ & & & & & & & \cdot & \\ & & & & & & & & \cdot \end{bmatrix}$$

cada m_i comparece três vezes, devido às três coordenadas cartesianas de deslocamento de cada átomo na equação (8.4).

As coordenadas cartesianas de deslocamento estão relacionadas com as coordenadas internas pela relação matricial $\mathbf{R} = \mathbf{BX}$. Multiplicando ambos membros de $\mathbf{R} = \mathbf{BX}$ pela matriz inversa $\mathbf{B}^{-1}$, obtém-se $\mathbf{X} = \mathbf{B}^{-1}\mathbf{R}$. Considerando a derivada em relação ao tempo temos $\dot{\mathbf{X}} = \mathbf{B}^{-1}\dot{\mathbf{R}}$ e $\dot{\mathbf{X}}^t = \dot{\mathbf{R}}^t\left(\mathbf{B}^{-1}\right)^t$. Substituindo estes valores em (8.4) resulta:

$$2T = \dot{\mathbf{X}}^t \mathbf{M} \dot{\mathbf{X}} = \dot{\mathbf{R}}^t \left(\mathbf{B}^{-1}\right)^t \mathbf{M} \left(\mathbf{B}^{-1}\right) \dot{\mathbf{R}} \tag{8.5}$$

Fazendo $\left(\mathbf{B}^{-1}\right)^{t}\mathbf{M}\left(\mathbf{B}^{-1}\right)=\mathbf{G}_q^{-1}$ (8.6)

podemos reescrever a (8.5):

$$2T=\dot{\mathbf{R}}^{t}\mathbf{G}_q^{-1}\dot{\mathbf{R}} \qquad (8.7)$$

equivalente a

$$2T=\sum_i\sum_j\left(g^{-1}\right)_{ij}\dot{q}_i\dot{q}_j$$

O produto das matrizes em $\mathbf{G}_q^{-1}$ (8.6) pode ser transformado para obter a matriz $\mathbf{G}_q$, basta multiplicar cada matriz pela respectiva matriz inversa:

$$\mathbf{G}_q^{-1}\mathbf{G}_q=(\mathbf{B}^{-1})^{t}\mathbf{M}(\mathbf{B}^{-1})\cdot\mathbf{B}\mathbf{M}^{-1}\mathbf{B}^{t}=\mathbf{E}\ \text{(matriz identidade)}$$

resultando $\mathbf{G}_q=\mathbf{B}\mathbf{M}^{-1}\mathbf{B}^{t}$.

A equação secular em termos das matrizes $\mathbf{G}_q^{-1}$ e $\mathbf{F}_q$ (em coordenadas internas) pode ser escrita na forma:

$$\left|\mathbf{F}_q-\mathbf{G}_q^{-1}\lambda\right|=0$$

ou seja:

$$\begin{vmatrix} f_{11}-(g^{-1})_{11}\lambda & f_{12}-(g^{-1})_{12}\lambda & \cdots & f_{1n}-(g^{-1})_{1n}\lambda \\ f_{21}-(g^{-1})_{21}\lambda & f_{22}-(g^{-1})_{22}\lambda & \cdots & f_{2n}-(g^{-1})_{2n}\lambda \\ \cdots & \cdots & \cdots & \cdots \\ f_{n1}-(g^{-1})_{n1}\lambda & f_{n2}-(g^{-1})_{n2}\lambda & \cdots & f_{nn}-(g^{-1})_{nn}\lambda \end{vmatrix}=0$$

Multiplicando esta equação secular pela matriz $\mathbf{G}_q$, obtém-se:

$$\left|\mathbf{G}_q\right|\left|\mathbf{F}_q-\mathbf{G}_q^{-1}\lambda\right|=\left|\mathbf{G}_q\mathbf{F}_q-\mathbf{E}\lambda\right|=0$$

Explicitamente,

$$\begin{vmatrix} \sum_j g_{1j}f_{j1}-\lambda & \sum_j g_{1j}f_{j2} & \cdots & \sum_j g_{1j}f_{jn} \\ \sum_j g_{2j}f_{j1} & \sum_j g_{2j}f_{j2}-\lambda & \cdots & \sum_j g_{2j}f_{jn} \\ \cdots & \cdots & \cdots & \cdots \\ \sum_j g_{nj}f_{j1} & \sum_j g_{nj}f_{j2} & \cdots & \sum_j g_{nj}f_{jn}-\lambda \end{vmatrix} = 0$$

Qualquer destas duas formas da equação secular, com os elementos da matriz $\mathbf{G}_q^{-1}$ ou da matriz $\mathbf{G}_q$, está em termos de coordenadas internas, portanto, ainda não fatorada.

Escrevemos a relação **R** = **BX**, mas ainda não determinamos a matriz de transformação **B**. Seus elementos dependem da geometria da molécula. Calcularemos esta matriz tomando como exemplo a molécula de água. Na figura que segue, as setas em negrito correspondem aos deslocamentos dos átomos pelas coordenadas internas (na direção da ligação para estiramentos e perpendicular a esta para deformações de ângulo) e as setas tracejadas representam as coordenadas cartesianas de deslocamento; as equações que relacionam as coordenadas cartesianas de deslocamento de cada átomo com as coordenadas internas (a coordenada $\Delta\alpha$ tem a contribuição dos três átomos) podem ser escritas:

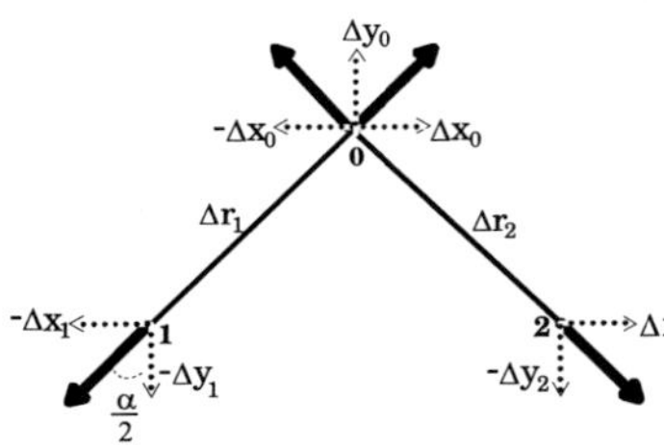

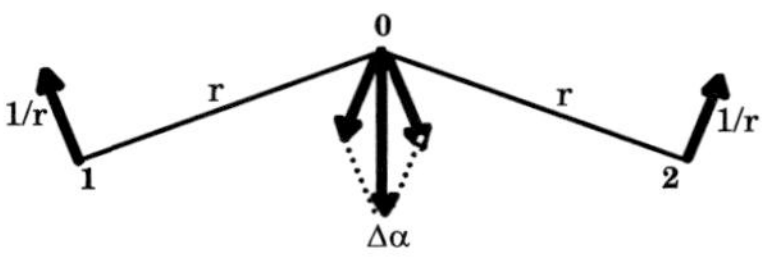

$$\Delta r_1 = \Delta x_o \operatorname{sen}\tfrac{\alpha}{2} + \Delta y_o \cos\tfrac{\alpha}{2} - \Delta x_1 \operatorname{sen}\tfrac{\alpha}{2} - \Delta y_1 \cos\tfrac{\alpha}{2}$$

$$\Delta r_2 = -\Delta x_o \operatorname{sen}\tfrac{\alpha}{2} + \Delta y_o \cos\tfrac{\alpha}{2} + \Delta x_2 \operatorname{sen}\tfrac{\alpha}{2} - \Delta y_2 \cos\tfrac{\alpha}{2}$$

$$\Delta\alpha = \tfrac{1}{r}(-2\Delta y_o \operatorname{sen}\tfrac{\alpha}{2} - \Delta x_1 \cos\tfrac{\alpha}{2} + \Delta y_1 \operatorname{sen}\tfrac{\alpha}{2} + \Delta x_2 \cos\tfrac{\alpha}{2} + \Delta y_2 \operatorname{sen}\tfrac{\alpha}{2})$$

para a coordenada de deformação de ângulo o deslocamento produzido em um núcleo, devido à variação de ângulo $\Delta\alpha$, é $\Delta l = r\Delta\alpha$; assim, a coordenada $\Delta\alpha = (1/r)\cdot\Delta l$. O fator 2 no primeiro termo da terceira equação é devido à contribuição dos dois componentes no átomo O.

Para simplificar a escrita, vamos utilizar a notação S = sen(α/2) e C = cos(α/2). A equação matricial **R** = **BX**, que representa as transformações de coordenadas que acabamos de obter, fica:

$$\begin{bmatrix} \Delta r_1 \\ \Delta r_2 \\ \Delta\alpha \end{bmatrix} = \begin{bmatrix} S & C & 0 & -S & -C & 0 & 0 & 0 & 0 \\ -S & C & 0 & 0 & 0 & 0 & S & -C & 0 \\ 0 & -2S/r & 0 & -C/r & S/r & 0 & C/r & S/r & 0 \end{bmatrix} \begin{bmatrix} \Delta x_o \\ \Delta y_o \\ \Delta z_o \\ \Delta x_1 \\ \Delta y_1 \\ \Delta z_1 \\ \Delta x_2 \\ \Delta y_2 \\ \Delta z_2 \end{bmatrix}$$

onde a matriz no primeiro membro é a matriz **R**, a primeira matriz do segundo membro é a matriz **B** e a última é a matriz **X**.

É conveniente representar esta equação introduzindo, no lugar das coordenadas cartesianas de deslocamento, um vetor ρ_α para descrever os deslocamentos do átomo α (não confundir com o α da coordenada). No lugar da matriz **B** podemos introduzir um vetor $\mathbf{s}_{k\alpha}$, que agrupa os coeficientes B_{kj} associados ao átomo α de modo que a expressão

$$q_k = \sum_j B_{kj} X_j$$

seja transformada na expressão

$$q_k = \sum_\alpha s_{k\alpha} \cdot \rho_\alpha$$

onde o ponto indica produto escalar.

A direção dos vetores **s** é a que produz maior acréscimo à coordenada interna **R** e o módulo de **s** é igual ao acréscimo de **R** devido a um deslocamento unitário do átomo α, nesta direção mais efetiva. Na forma matricial, $\mathbf{R} = \mathbf{s}\rho$.

Considerando a expressão da energia cinética $2\mathbf{T} = \dot{\mathbf{X}}^t\mathbf{M}\dot{\mathbf{X}}$, (8.5), pode-se escrever no lugar de **X** o vetor deslocamento ρ. Lembrando que $\mathbf{R} = \mathbf{s}\rho$, ou $\rho = \mathbf{s}^{-1}\mathbf{R}$, teremos

$$2\mathbf{T} = \dot{\rho}^t\mathbf{M}\dot{\rho} = \dot{\mathbf{R}}^t\left(\mathbf{s}^{-1}\right)^t\mathbf{M}\left(\mathbf{s}^{-1}\right)\dot{\mathbf{R}} = \dot{\mathbf{R}}^t\mathbf{G}_q^{-1}\dot{\mathbf{R}} \qquad (8.8)$$

sendo $(\mathbf{s}^{-1})^t\mathbf{M}(\mathbf{s}^{-1}) = \mathbf{G}_q^{-1}$ ou $\mathbf{G}_q = \mathbf{s}\mathbf{M}^{-1}\mathbf{s}^t$. Esta última expressão permite determinar os elementos da matriz $\mathbf{G}_q$, uma vez conhecidos os vetores **s**. De forma explícita:

$$g_{jk} = \sum_{\alpha} \mu_\alpha \mathbf{s}_{j\alpha} \cdot \mathbf{s}_{k\alpha} \qquad (8.9)$$

onde μ_α é o recíproco da massa do átomo α, $\mu_\alpha = 1/m_\alpha$, e os índices j e k caracterizam as coordenadas internas envolvidas. A equação (8.9) será utilizada para determinar os elementos da matriz da energia cinética.

8.3 Utilização dos vetores **s** no cálculo dos elementos da matriz **G**q

Considerando como exemplo uma molécula triatômica de simetria C_{2v}, vamos calcular os elementos da matriz $\mathbf{G}_q$ utilizando os vetores **s**. Iniciaremos pelo elemento g_{rr}, que corresponde ao elemento diagonal da matriz envolvendo a mesma coordenada interna de estiramento. Este elemento da matriz pode ser designado por g^2_{rr} (o sobrescrito 2 indica que há dois átomos comuns às duas coordenadas internas), seguindo a notação de Wilson (Wilson et al., 1965, Apêndice VI), ou por g_{11} (j = k = 1).

(1) Cálculo para g^2_{rr} (= g_{11}= g_{22}), estiramento.

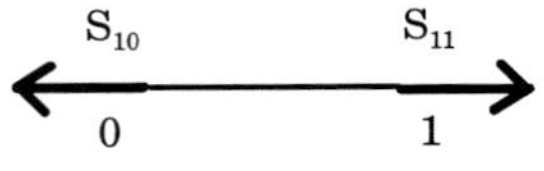

Utilizando a expressão (8.9):

$g_{11} = \mu_0 \mathbf{s}_{10} \cdot \mathbf{s}_{10} + \mu_1 \mathbf{s}_{11} \cdot \mathbf{s}_{11} = \mu_0 + \mu_1$

(2) Cálculo para $g^3_{\alpha\alpha}$ (= g_{33}), deformação de ângulo.

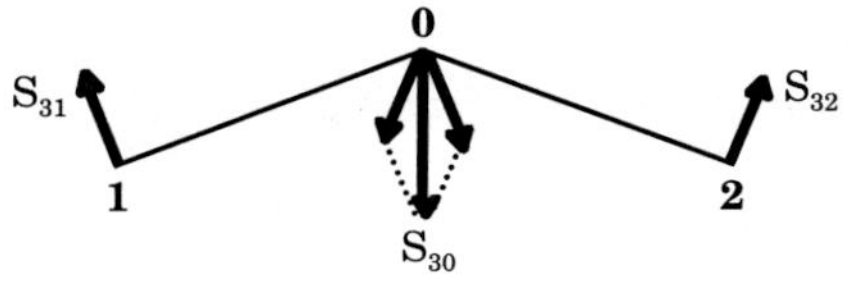

Para deslocamento unitário dos átomos temos que $r\Delta\alpha = 1$, ou $\Delta\alpha = 1/r$, que é o módulo do vetor **s**, por definição. Assim, $\mathbf{s}_{31} \cdot \mathbf{s}_{31} = \mathbf{s}_{32} \cdot \mathbf{s}_{32} = 1/r^2$ e $\mathbf{s}_{30} \cdot \mathbf{s}_{30} = (2/r^2)(1\text{-}\cos\alpha)$. Este último valor é obtido do triângulo considerado na figura, onde $\mathbf{s}_{30} \cdot \mathbf{s}_{30} = (1/r^2) + (1/r^2) - (2/r^2)\cos\alpha$. Substituindo em g_{33} resulta:

$$g_{33} = \mu_o \mathbf{s}_{30} \cdot \mathbf{s}_{30} + \mu_1 \mathbf{s}_{31} \cdot \mathbf{s}_{31} + \mu_2 \mathbf{s}_{32} \cdot \mathbf{s}_{32}$$
$$= \frac{1}{r^2}\left[2\mu_0(1 - \cos\alpha) + \mu_1 + \mu_2\right]$$

Para a água, $\mu_1 = \mu_2 = \mu_H$

(3) Cálculo para interação estiramento-deformação de ângulo, $g^2_{r\alpha}$ (= g_{13}= g_{23}).

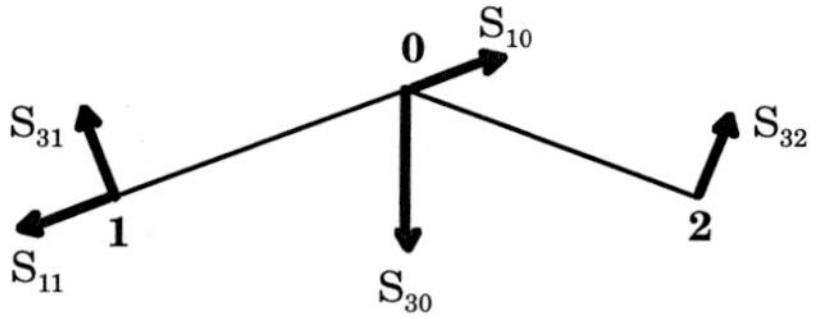

Vemos pela figura que $\mathbf{s}_{11}$ e $\mathbf{s}_{31}$ são ortogonais, isto é, $\mathbf{s}_{11} \cdot \mathbf{s}_{31} = 0$. $|\mathbf{s}_{12}| = 0$, pois não há estiramento r_1 no átomo 2. $|s_{30}| = \sqrt{2(1 - \cos\alpha)/r^2}$ e $|\mathbf{s}_{10}| = 1$. Portanto:

$$g_{13} = \mu_0 \mathbf{s}_{10} \cdot \mathbf{s}_{30} + \mu_1 \mathbf{s}_{11} \cdot \mathbf{s}_{31} + \mu_2 \mathbf{s}_{12} \cdot \mathbf{s}_{32}$$

$$= \mu_0 \mathbf{s}_{10} \cdot \mathbf{s}_{30} = \mu_0 \sqrt{\frac{2(1 - \cos\alpha)}{r^2}} \cos\left(180^\circ - \frac{\alpha}{2}\right)$$

$$\text{De } \cos\alpha = \cos(\frac{\alpha}{2} + \frac{\alpha}{2}) = \cos^2\frac{\alpha}{2} - \text{sen}^2\frac{\alpha}{2} \quad \text{e}$$

$$\cos^2\frac{\alpha}{2} + \text{sen}^2\frac{\alpha}{2} = 1$$

obtém-se $\cos\frac{\alpha}{2} = \sqrt{(1+\cos\alpha)/2}$. Portanto,

$\cos\left(180^\circ - \frac{\alpha}{2}\right) = -\cos\frac{\alpha}{2} = -\sqrt{(1+\cos\alpha)/2)}$, que substituído acima fornece:

$$g_{13} = -\frac{\mu_0}{r}\sqrt{1-\cos^2\alpha} = -\frac{\mu_0}{r}\text{sen}\alpha$$

(4) Cálculo para interação entre dois estiramentos, g^1_{rr} (= g_{12}).

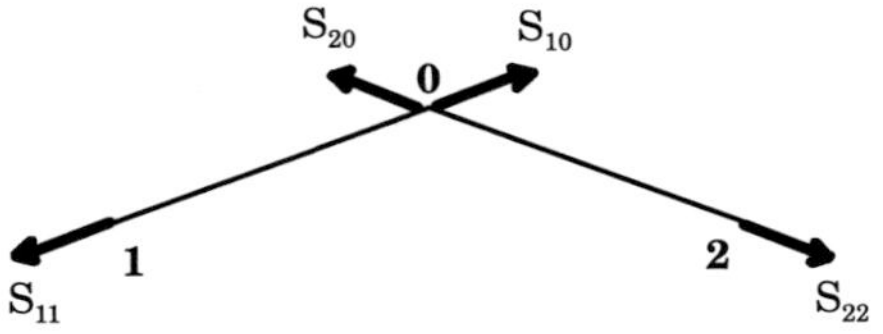

$$g_{12} = \mu_0 \mathbf{s}_{10}\cdot\mathbf{s}_{20} + \mu_1 \mathbf{s}_{11}\cdot\mathbf{s}_{21} + \mu_2 \mathbf{s}_{12}\cdot\mathbf{s}_{22}$$

Neste caso, $|\mathbf{s}_{21}| = |\mathbf{s}_{12}| = 0$, restando somente o primeiro termo, onde $\mathbf{s}_{10}\cdot\mathbf{s}_{20} = \cos\alpha$ e o elemento de matriz fica:

$$g_{12} = \mu_0 \mathbf{s}_{10}\cdot\mathbf{s}_{20} = \mu_0 \cos\alpha$$

8.4 Construção da matriz das constantes de força em coordenadas de simetria

As coordenadas de simetria podem ser obtidas das coordenadas internas, através da matriz de transformação **U**, **S** = **UR**, onde **S** é a matriz coluna das coordenadas de simetria e **U** é a matriz formada pelos coeficientes das coordenadas internas que comparecem em cada coordenada de simetria. No exemplo da molécula de água, as coordenadas de simetria podem ser escritas:

$$S_1 = \frac{1}{\sqrt{2}}(\Delta r_1 + \Delta r_2)$$
$$S_2 = \Delta\alpha \qquad (8.10)$$
$$S_3 = \frac{1}{\sqrt{2}}(\Delta r_1 - \Delta r_2)$$

e a matriz **U** seria:

$$\mathbf{U} = \begin{bmatrix} 1/\sqrt{2} & 1/\sqrt{2} & 0 \\ 0 & 0 & 1 \\ 1/\sqrt{2} & -1/\sqrt{2} & 0 \end{bmatrix} \qquad (8.11)$$

A matriz **S** = **UR** fica:

$$\begin{bmatrix} S_1 \\ S_2 \\ S_3 \end{bmatrix} = \begin{bmatrix} 1/\sqrt{2} & 1/\sqrt{2} & 0 \\ 0 & 0 & 1 \\ 1/\sqrt{2} & -1/\sqrt{2} & 0 \end{bmatrix} \begin{bmatrix} \Delta r_1 \\ \Delta r_2 \\ \Delta\alpha \end{bmatrix}$$

Efetuando-se este produto obtêm-se as (8.10).

A matriz **U** (matriz de transformação das coordenadas internas em coordenadas de simetria) multiplicada pela matriz $\mathbf{F}_q$ (das constantes de força em coordenadas internas) fornece a matriz **F** das constantes de força em coordenadas de simetria.

Sendo **S** = **UR**, onde **U** é uma matriz ortogonal (a matriz é ortogonal quando sua matriz inversa é igual à sua matriz transposta, $\mathbf{U}^{-1} = \mathbf{U}^t$), pode-se verificar que $\mathbf{R} = \mathbf{U}^t\mathbf{S}$ e $\mathbf{R}^t = \mathbf{S}^t\mathbf{U}$. A função potencial pode ser escrita:

$$2\mathbf{V} = \mathbf{R}^t\mathbf{F}_q\mathbf{R} = \mathbf{S}^t\mathbf{U}\mathbf{F}_q\mathbf{U}^t\mathbf{S} = \mathbf{S}^t\mathbf{F}\mathbf{S} \qquad (8.12)$$

onde $\mathbf{F} = \mathbf{U}\mathbf{F}_q\mathbf{U}^t$ é a matriz das constantes de força em coordenadas de simetria.

Aplicando este resultado para a molécula de água obtém-se:

$$\mathbf{F} = \begin{bmatrix} F_{11} & F_{12} & F_{13} \\ F_{21} & F_{22} & F_{23} \\ F_{31} & F_{32} & F_{33} \end{bmatrix}$$

$$= \begin{bmatrix} 1/\sqrt{2} & 1/\sqrt{2} & 0 \\ 0 & 0 & 1 \\ 1/\sqrt{2} & -1/\sqrt{2} & 0 \end{bmatrix} \begin{bmatrix} f_r & f_{rr} & f_{r\alpha} \\ f_{rr} & f_r & f_{r\alpha} \\ f_{r\alpha} & f_{r\alpha} & f_\alpha \end{bmatrix} \begin{bmatrix} 1/\sqrt{2} & 0 & 1/\sqrt{2} \\ 1/\sqrt{2} & 0 & -1/\sqrt{2} \\ 0 & 1 & 0 \end{bmatrix}$$

Efetuando o produto da segunda pela terceira matriz, teremos:

$$\mathbf{F} = \begin{bmatrix} 1/\sqrt{2} & 1/\sqrt{2} & 0 \\ 0 & 0 & 1 \\ 1/\sqrt{2} & -1/\sqrt{2} & 0 \end{bmatrix} \begin{bmatrix} \frac{1}{\sqrt{2}}(f_r + f_{rr}) & f_{r\alpha} & \frac{1}{\sqrt{2}}(f_r - f_{rr}) \\ \frac{1}{\sqrt{2}}(f_{rr} + f_r) & f_{r\alpha} & \frac{1}{\sqrt{2}}(f_{rr} - f_r) \\ \frac{1}{\sqrt{2}}(f_{r\alpha} + f_{r\alpha}) & f_\alpha & \frac{1}{\sqrt{2}}(f_{r\alpha} - f_{r\alpha}) \end{bmatrix}$$

$$= \begin{bmatrix} \frac{1}{2}(f_r + f_{rr}) + \frac{1}{2}(f_{rr} + f_r) & \frac{1}{\sqrt{2}}(f_{r\alpha} + f_{r\alpha}) & \frac{1}{2}(f_r - f_{rr}) + \frac{1}{2}(f_{rr} - f_r) \\ \frac{1}{\sqrt{2}}(f_{r\alpha} + f_{r\alpha}) & f_\alpha & \frac{1}{\sqrt{2}}(f_{r\alpha} - f_{r\alpha}) \\ \frac{1}{2}(f_r + f_{rr}) - \frac{1}{2}(f_{rr} + f_r) & \frac{1}{\sqrt{2}}(f_{r\alpha} - f_{r\alpha}) & \frac{1}{2}(f_r - f_{rr}) - \frac{1}{2}(f_{rr} - f_r) \end{bmatrix}$$

que resulta em:

$$\begin{bmatrix} F_{11} & F_{12} & F_{13} \\ F_{21} & F_{22} & F_{23} \\ F_{31} & F_{32} & F_{33} \end{bmatrix} = \begin{bmatrix} f_r + f_{rr} & \sqrt{2}f_{r\alpha} & 0 \\ \sqrt{2}f_{r\alpha} & f_\alpha & 0 \\ 0 & 0 & f_r - f_{rr} \end{bmatrix} \tag{8.13}$$

É importante notar que a matriz **F** resultante foi fatorada em dois blocos, um de dimensão 2×2 e outro com um único termo. Estes blocos correspondem, respectivamente, à contribuição das espécies de simetria A_1 e B_2. Esta é uma consequência direta do uso das coordenadas de simetria.

O resultado obtido em (8.13), efetuando produto de matrizes, pode ser conseguido de modo prático com o seguinte procedimento: escreve-se para cada espécie de simetria, em uma linha e em uma coluna, as coordenadas internas com os coeficientes que comparecem nas coordenadas de simetria desta espécie. No bloco compreendido entre elas, são escritas as constantes de força correspondentes, com coeficientes iguais ao produto dos coeficientes das coordenadas internas correspondentes, como na tabela abaixo:

A_1	$\frac{1}{\sqrt{2}}\Delta r_1$	$\frac{1}{\sqrt{2}}\Delta r_2$	$\Delta\alpha$
$\frac{1}{\sqrt{2}}\Delta r_1$	$\frac{1}{2}f_r$	$\frac{1}{2}f_{rr}$	$\frac{1}{\sqrt{2}}f_{r\alpha}$
$\frac{1}{\sqrt{2}}\Delta r_2$	$\frac{1}{2}f_{rr}$	$\frac{1}{2}f_r$	$\frac{1}{\sqrt{2}}f_{r\alpha}$
$\Delta\alpha$	$\frac{1}{\sqrt{2}}f_{r\alpha}$	$\frac{1}{\sqrt{2}}f_{r\alpha}$	f_α

Somando os elementos dentro de um bloco teremos:

$$F_{11} = f_r + f_{rr}$$
$$F_{12} = F_{21} = \sqrt{2}f_{r\alpha}$$
$$F_{22} = f_\alpha$$

que são os elementos da matriz **F** para a espécie A_1, mostrados em (8.13). Para a espécie B_2:

B_2	$\frac{1}{\sqrt{2}}\Delta r_1$	$-\frac{1}{\sqrt{2}}\Delta r_2$
$\frac{1}{\sqrt{2}}\Delta r_1$	$\frac{1}{2}f_r$	$-\frac{1}{2}f_{rr}$
$-\frac{1}{\sqrt{2}}\Delta r_2$	$-\frac{1}{2}f_{rr}$	$\frac{1}{2}f_r$

resultando:

$$F_{33} = f_r - f_{rr}$$

8.5 Obtenção da matriz G

Uma vez obtida a matriz $\mathbf{G}_q$ (em coordenadas internas) podemos obter a matriz **G** (em coordenadas de simetria) através da transformação $\mathbf{G} = \mathbf{U}\mathbf{G}_q\mathbf{U}^t$. De modo idêntico ao que foi feito para obter a matriz **F**, no final do item anterior, pode-se obter a matriz **G** sem efetuar o produto das matrizes.

De $\mathbf{G} = \mathbf{U}\mathbf{G}_q\mathbf{U}^t$, considerando os resultados obtidos para os elementos da matriz $\mathbf{G}_q$, teremos:

$$\mathbf{G} = \begin{bmatrix} G_{11} & G_{12} & G_{13} \\ G_{21} & G_{22} & G_{23} \\ G_{31} & G_{32} & G_{33} \end{bmatrix} =$$

$$= \begin{bmatrix} 1/\sqrt{2} & 1/\sqrt{2} & 0 \\ 0 & 0 & 1 \\ 1/\sqrt{2} & -1/\sqrt{2} & 0 \end{bmatrix} \begin{bmatrix} g_{11} & g_{12} & g_{13} \\ g_{21} & g_{22} & g_{23} \\ g_{31} & g_{32} & g_{33} \end{bmatrix} \begin{bmatrix} 1/\sqrt{2} & 0 & 1/\sqrt{2} \\ 1/\sqrt{2} & 0 & -1/\sqrt{2} \\ 0 & 1 & 0 \end{bmatrix}$$

$$= \begin{bmatrix} g_{11} + g_{12} & \sqrt{2}g_{13} & 0 \\ \sqrt{2}g_{13} & g_{33} & 0 \\ 0 & 0 & g_{11} - g_{12} \end{bmatrix}$$

para a molécula de água $\mu_1 = \mu_2$ e:

$$\mathbf{G} = \begin{bmatrix} \mu_0(1+\cos\alpha)+\mu_1 & -\sqrt{2}\mu_0\text{sen}\alpha/r & 0 \\ -\sqrt{2}\mu_0\text{sen}\alpha/r & 2[\mu_0(1-\cos\alpha)+\mu_1]/r^2 & 0 \\ 0 & 0 & \mu_0(1-\cos\alpha)+\mu_1 \end{bmatrix} \quad (8.14)$$

Essa matriz **G** está fatorada em matrizes correspondentes às espécies de simetria que participam da representação das coordenadas normais, no caso particular, A_1 e B_2. Para o estiramento antissimétrico da água, o elemento da matriz $\mathbf{G}_{33}$, da espécie B_2, é $\mu_0(1-\cos\alpha)+\mu_1$, ou, $\mu_O(1-\cos\alpha)+\mu_H$ onde μ_O e μ_H são, respectivamente, os inversos das massas dos átomos de oxigênio e hidrogênio.

Resumindo, obtivemos para a molécula de água as matrizes **F** e **G** já fatoradas, correspondentes às espécies A_1 e B_2:

$$A_1: \begin{bmatrix} F_{11} & F_{12} \\ F_{21} & F_{22} \end{bmatrix} \quad \text{e} \quad \begin{bmatrix} G_{11} & G_{12} \\ G_{21} & G_{22} \end{bmatrix}$$

$$B_2: \begin{bmatrix} F_{33} \end{bmatrix} \quad \text{e} \quad \begin{bmatrix} G_{33} \end{bmatrix}$$

Uma vez obtidas as matrizes para a energia cinética, **G**, e para as constantes de força, **F**, em coordenadas de simetria (já fatoradas) passaremos, no capítulo seguinte, à resolução do determinante secular $|\mathbf{GF}-\mathbf{E}\lambda| = 0$ e determinação das coordenadas normais.

Exercícios

8.1 Determine a matriz de transformação de coordenadas internas para coordenadas de simetria (matriz **U**) para a molécula de água. Mostre que esta matriz é ortogonal, ou seja, que $\mathbf{U}^{-1} = \mathbf{U}^{t}$, onde $\mathbf{U}^{t}$ indica a matriz transposta.

8.2 Determine as expressões para a matriz **F** (em coordenadas de simetria) para a molécula de CCl_4.

8.3 Utilizando os vetores **s**, calcule a matriz **G** para a espécie totalmente simétrica do CCl_4. Com este resultado e o do exercício anterior, resolva a equação secular para esta espécie.

8.4 Calcule as matrizes **G** para as moléculas de H_2O e D_2O. Compare estes valores com as frequências vibracionais existentes na literatura.

Literatura recomendada

BARROW, G. M. *Introduction to Molecular Spectroscopy*. McGraw-Hill, 1962.

COLTHUP, N. B., DALY, L. H., WIBERLEY, S. E. *Introduction to Infrared and Raman Spectroscopy*. Academic Press, 1964.

HARRIS, D. C., BERTOLUCCI, M. D. *Symmetry and Spectroscopy*. Dover Publications, 1989.

HOLLAS, J. M. *Modern Spectroscopy*. John Wiley & Sons, 1987.

NAKAMOTO, K. *Infrared and Raman Spectra of Inorganic and Coordination Compounds*. John Wiley & Sons, 1986.

WILSON, E. B., DECIUS, J. C., CROSS, P. C. *Molecular Vibrations*. McGraw-Hill, 1955.

WOODWARD, L. A. *Introduction to the Theory of Molecular Vibrations and Vibrational Spectroscopy*. Oxford, 1972.

9 Determinação das coordenadas normais

9.1 Resolução da equação secular

No capítulo 8 a matriz **G** foi determinada a partir da geometria da molécula (distâncias e ângulos de equilíbrio) e das massas de seus átomos, obtendo-se uma matriz numérica. Na equação secular, $|\mathbf{GF}-\mathbf{E}\lambda| = 0$, os valores de λ são conhecidos, proporcionais às frequências vibracionais, $\lambda = 4\pi^2c^2\nu^2$ (para massas em u.m.a., constantes de força em mdinas/Å e ν em cm^{-1}, $\lambda = 5{,}8915.10^{-7}\nu^2$). Resta calcular as constantes de força, ou seja, a matriz **F**. Contudo, este processo não pode ser efetuado diretamente, a não ser no caso particular de matriz uni ou bidimensional. O que se faz é o caminho inverso. Admite-se um conjunto de constantes de força e calculam-se as raízes da equação secular.

Embora existam vários programas computacionais para a análise de coordenadas normais, é útil efetuar uma vez esta análise "manualmente", para entender o procedimento do cálculo. A maneira usual é escolher um conjunto inicial de constantes de força, que se julgue razoável, e resolver as equações seculares para as raízes λ. Comparando estes valores com os obtidos experimentalmente, em geral não se observa boa concordância neste primeiro cálculo. Efetuam-se algumas mudanças nas constantes de força do conjunto inicial e torna-se a resolver as equações. Examinando os resultados pode-se ter ideia das mudanças provocadas nas raízes pelas variações feitas nas constantes de força e, assim, experimentar um novo conjunto cujos resultados poderão ser mais exatos. Os programas para análise de coordenadas normais efetuam um processo iterativo, geralmente empregando o método de quadrados mínimos aplicado ao conjunto de valores observados e calculados, modificando o conjunto de constantes de forças até ser obtida a concordância desejada.

Algumas vezes não se obtém convergência no processo iterativo e deve-se tentar um novo conjunto inicial de constantes de força. Obtida a convergência, o conjunto de constantes de força final é considerado o de melhor aproximação, mas não é um conjunto "perfeito". Isto decorre do número de constantes de força ser maior do que o de parâmetros conhecidos, obrigando a aproximações, como supor algumas constantes iguais a zero ou com valor prefixado; além disso, a própria função potencial quadrática (oscilador harmônico) é uma aproximação.

Como exemplo da equação secular podemos considerar a molécula de água, cujas matrizes **G** e **F** foram obtidas no capítulo anterior, obtendo-se para a espécie A_1:

$$\begin{vmatrix} G_{11} & G_{12} \\ G_{21} & G_{22} \end{vmatrix} \begin{vmatrix} F_{11} & F_{12} \\ F_{21} & F_{22} \end{vmatrix} - \begin{vmatrix} \lambda & 0 \\ 0 & \lambda \end{vmatrix} = 0$$

ou

$$\begin{vmatrix} G_{11}F_{11} + G_{12}F_{21} - \lambda & G_{11}F_{12} + G_{12}F_{22} \\ G_{12}F_{11} + G_{22}F_{21} & G_{12}F_{12} + G_{22}F_{22} - \lambda \end{vmatrix} = 0 \qquad (9.1)$$

que gera a equação de segundo grau em λ:

$$\lambda^2 - (G_{11}F_{11} + G_{22}F_{22} + 2G_{12}F_{12})\lambda +$$

$$+ \left(G_{11}G_{22} - G_{12}{}^2\right)\left(F_{11}F_{22} - F_{12}{}^2\right) = 0$$

sendo $G_{21} = G_{12}$ e $F_{21} = F_{12}$.

Como só há duas frequências fundamentais de espécie A_1, não se pode determinar de modo unívoco as três constantes de força F_{11}, F_{12} e F_{22}. Pode-se tentar, inicialmente, a aproximação $F_{12} = 0$. Com esta aproximação pode acontecer que o discriminante da equação fique negativo; se isto ocorrer, teremos de introduzir um valor diferente de zero para a constante de força F_{12}, utilizando algum critério, por exemplo, pode-se determinar o valor de F_{12} que torne nulo o discriminante.

Se as vibrações normais obtidas usando um número mínimo de constantes de força não forem aceitáveis (em comparação aos valores das frequências observadas, ou pela distribuição de energia potencial, que mostre ser incorreta a atribuição aos modos vibracionais), os valores das constantes de força devem ser alterados. Isto pode ser feito por tentativa, ou transpondo valores de moléculas semelhantes, para reproduzir melhor os dados experimentais.

Outra maneira seria utilizar a técnica de substituição isotópica completa, que no caso da água introduziria mais duas frequências fundamentais na espécie A_1, sem alterar o número de constantes de força.

Para a espécie B_2 a equação secular é simplesmente:

$$|G_{33}F_{33} - \lambda| = 0$$

ou

$$\lambda = G_{33}F_{33}$$

Com a expressão obtida no capítulo 8, $G_{33} = \mu_O(1-\cos\alpha) + \mu_H$, obtém-se o valor numérico de G_{33} e calcula-se diretamente o valor de F_{33}, a partir da frequência experimental.

Obtidos os valores das constantes de força em coordenadas de simetria, o sistema de equações

$$\begin{aligned} F_{11} &= f_r + f_{rr} \\ F_{12} &= \sqrt{2}f_{r\alpha} \\ F_{22} &= f_\alpha \\ F_{33} &= f_r - f_{rr} \end{aligned} \qquad (9.2)$$

permite determinar os valores das constantes de força em coordenadas internas. É comum, na literatura, dar os valores das constantes de força em mdinas/Å (1 mdina/Å = N/m). Para ligações covalentes, por exemplo em hidrocarbonetos, cada ordem de ligação corresponde aproximadamente a 7,5 mdina/Å (750 N/m) e para ligações iônicas a constante de força é da ordem de 0,1 mdinas/Å (10 N/m). Para compostos de coordenação, onde a ligação é intermediária entre covalente e iônica, a constante de força tem valores entre 2,5 e 0,2 mdinas/Å.

Uma vez determinadas as constantes de força pode-se calcular as coordenadas normais, através da matriz das amplitudes normalizadas, **L** ou $\mathbf{L_S}$. Para espécies onde só há uma frequência vibracional, a coordenada de simetria é a própria coordenada normal. Vamos calcular a matriz $\mathbf{L_S}$ para o caso de um determinante secular de segundo grau, considerando os modos ν_3 e ν_4 do íon CrO_4^{2-}. Usando os valores das matrizes G e F para este íon,

$$G_{33} = 0{,}08815,\ G_{34} = 0{,}07875 \text{ e } G_{44} = -0{,}03017$$

$$F_{33} = 5{,}246,\ F_{34} = 0{,}2404 \text{ e } F_{44} = 1{,}1721 \text{ (mdinas/Å)}$$

e supondo soluções $S_i = A_{ik}\cos\left(\sqrt{\lambda_k}\,t + \phi\right)$, podemos escrever as equações

$$(a_{33} - \lambda_k)A_{3k} + a_{34}A_{4k} = 0$$

$$a_{43}A_{3k} + (a_{44} - \lambda_k)A_{4k} = 0$$

onde

$$a_{ij} = \sum_h G_{ih}F_{hj}$$

Haverá um sistema de equações para cada raiz λ_k. A relação entre as amplitudes é obtida da relação entre os complementos algébricos (ou cofatores) dos coeficientes das amplitudes, que formam o determinante:

$$\begin{vmatrix} (a_{33} - \lambda_k) & a_{34} \\ a_{43} & (a_{44} - \lambda_k) \end{vmatrix} \qquad (9.3)$$

ou seja,

$$A_{3k}:A_{4k} = (a_{44} - \lambda_k):-a_{43}$$

Para o íon CrO_4^{2-}, substituindo os pelos valores numéricos calculado com G_{ih} e F_{hj} e considerando as raízes λ_3 e λ_4 teremos o exemplo numérico:

$$\begin{aligned} A_{33}:A_{43} &= 1:-0{,}37037 \\ A_{34}:A_{44} &= 0{,}03876:1 \end{aligned} \tag{9.4}$$

Introduzindo amplitudes normalizadas $\mathbf{L_S}$, as (9.4) podem ser escritas:

$$\begin{aligned} L_{43} / L_{33} &= -0{,}37037 \\ L_{34} / L_{44} &= \ \ 0{,}03876 \end{aligned} \tag{9.5}$$

Pela condição de normalização (Ver item 4.1)

$$\lambda_k = \sum_i \sum_j F_{ij} L_{ik} L_{jk}$$

ou

$$\begin{aligned} F_{33}L_{33}^2 + F_{34}L_{33}L_{43} + F_{43}L_{43}L_{33} + F_{44}L_{43}^2 &= \lambda_3 \\ F_{33}L_{34}^2 + F_{34}L_{34}L_{44} + F_{43}L_{44}L_{34} + F_{44}L_{44}^2 &= \lambda_4 \end{aligned}$$

Dividindo a primeira equação por L_{33}^2 e a segunda por L_{44}^2 resulta:

$$\begin{aligned} L_{33} &= \sqrt{\lambda_3 / \left[F_{33} + 2F_{34}L_{43} / L_{33} + F_{44}(L_{43} / L_{33})^2\right]} \\ L_{44} &= \sqrt{\lambda_4 / \left[F_{44} + 2F_{34}L_{34} / L_{44} + F_{33}(L_{34} / L_{44})^2\right]} \end{aligned} \tag{9.6}$$

que juntamente com as (9.5) e as constantes de força fornecem:

$L_{33} = 0{,}297$; $L_{44} = 0{,}258$; $L_{34} = 0{,}010$ e $L_{43} = -0{,}110$

Estes resultados podem ser colocados em forma matricial, a matriz $\mathbf{L_S}$, que representa a transformação entre as coordenadas de simetria (exercício 7.6) e as coordenadas normais, $\mathbf{S} = \mathbf{L_S Q}$

	Q_3	Q_4
S_3	0,297	0,010
S_4	–0,110	0,258

Observa-se que a coordenada S_3 contribui mais para a coordenada normal Q_3 e a coordenada S_4 contribui mais para a coordenada normal Q_4, ou seja, a maior contribuição é dos termos na diagonal principal. Isto confirma a descrição do modo ν_3 pela coordenada de simetria S_3 e a do modo ν_4 pela coordenada S_4.

9.2 Cálculo de coordenadas normais

No capítulo 4 foram obtidas as equações de movimento, a equação secular em coordenadas internas e a relação entre coordenadas internas e coordenadas normais, através das amplitudes normalizadas (equações 4.10 e 4.11). A equação (4.12) em notação matricial seria $\mathbf{R} = \mathbf{LQ}$. Por outro lado, as coordenadas normais estão relacionadas com as coordenadas de simetria através da matriz das amplitudes normalizadas, $\mathbf{L_S}$, pela equação matricial $\mathbf{S} = \mathbf{L_S Q}$. Evidentemente, a matriz $\mathbf{L}$ definida para coordenadas internas é diferente da matriz $\mathbf{L_S}$ para coordenadas de simetria.

Pode-se obter a matriz de transformação de coordenadas cartesianas de deslocamento para coordenadas normais, $\mathbf{L_X}$, conveniente para representar, em cada átomo, vetores proporcionais aos seus deslocamentos na coordenada normal. De $\mathbf{S} = \mathbf{L_S Q}$, sendo $\mathbf{S} = \mathbf{UR} = \mathbf{UBX}$, segue que $\mathbf{UBX} = \mathbf{L_S Q}$. Multiplicando ambos os membros pela matriz $\mathbf{U^{-1}}$, que vimos ser igual à $\mathbf{U^t}$, obtém-se $\mathbf{BX} = \mathbf{U^t L_S Q}$. Multiplicando pela $\mathbf{B^{-1}}$, $\mathbf{X} = \mathbf{B^{-1} U^t L_S Q}$. Como a transformação de coordenadas cartesianas de deslocamento para coordenadas normais é dada por $\mathbf{X} = \mathbf{L_X Q}$, obtém-se a transformação da matriz $\mathbf{L_S}$ na $\mathbf{L_X}$, ou seja, $\mathbf{L_X} = \mathbf{B^{-1} U^t L_S}$.

O procedimento para o cálculo das coordenadas normais fica mais claro através de um exemplo. Vamos considerar a molécula de diclorometano, CH_2Cl_2, que pertence ao grupo de ponto C_{2v}. A Tabela 9.1 contém o grupo de ponto e a estrutura das representações para as coordenadas internas e normais, $\mathbf{n}^{\gamma}(\mathbf{Q})$.

C_{2v}	E	C_2	σ_{xz}	σ_{yz}	$n^{\gamma}(R)$	$n^{\gamma}(r)$	$n^{\gamma}(\alpha)$	$n^{\gamma}(\beta)$	$n^{\gamma}(\delta)$	$\mathbf{n}^{\gamma}(\mathbf{Q})$
A_1	1	1	1	1	1	1	1*	1*	1*	4
A_2	1	1	−1	−1	0	0	0	0	1	1
B_1	1	−1	1	−1	0	1	0	0	1	2
B_2	1	−1	−1	1	1	0	0	0	1	2

Tabela 9.1 Tabela de caracteres para o grupo C_{2v} e estrutura das representações para as coordenadas internas e para as coordenadas normais do CH_2Cl_2.

As coordenadas internas estão representadas na Figura 9.1, onde os átomos 1 e 2 são os hidrogênios, 3 e 4 são os cloros e 5 o carbono, estando os hidrogênios no plano yz e os cloros no plano xz.

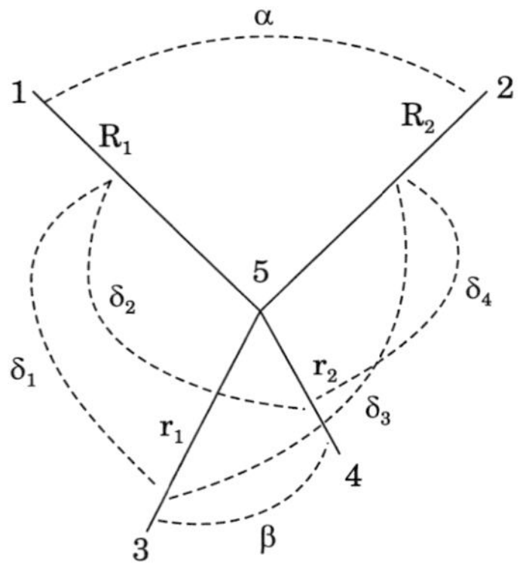

Figura 9.1. Coordenadas internas para o CH_2Cl_2.

Há 10 coordenadas internas, sendo 4 de estiramento, R_1, R_2, r_1 r_2, e 6 de deformação de ângulo, α, β, δ_1, δ_2, δ_3 e δ_4. Como há 3N–6 = 9 graus de liberdade, haverá uma condição de redundância. Esta condição é evidenciada pela soma das representações das coordenadas internas para a espécie A_1 ser maior do que a representação das coordenadas normais, $\mathbf{n}^{\gamma}(\mathbf{Q})$, desta espécie. Esta redundância dá origem a uma coordenada de simetria igual a zero, a coordenada $S^{*(A1)}$ gerada pela soma dos três tipos de coordenadas, $\Delta\alpha+\Delta\beta+\Delta\delta_1$. Esta coordenada é importante para se verificar a condição de ortogonalidade com as demais coordenadas de simetria.

As coordenadas de simetria foram obtidas aplicando diretamente o operador de projeção, definido no capítulo 7, com exceção da coordenada S_3, cujos coeficientes das coordenadas internas foram ajustados para satisfazer a condição de ortogonalidade com a coordenada de redundância $S^{*(A1)}$. A S_4 foi gerada pela combinação $\Delta\alpha$-$\Delta\beta$. Estas coordenadas estão representadas na Tabela 9.2 e satisfazem as condições de ortonormalidade:

$$S^{*(A_1)} = \frac{1}{\sqrt{6}}(\Delta\alpha + \Delta\beta + \Delta\delta_{13} + \Delta\delta_{14} + \Delta\delta_{23} + \Delta\delta_{24})$$

$$S_1(R)^{(A_1)} = \frac{1}{\sqrt{2}}(\Delta R_1 + \Delta R_2)$$

$$S_2(r)^{(A_1)} = \frac{1}{\sqrt{2}}(\Delta r_1 + \Delta r_2)$$

$$S_3(\alpha,\beta,\delta)^{(A_1)} = \frac{1}{2\sqrt{3}}(2\Delta\alpha + 2\Delta\beta - \Delta\delta_{13} - \Delta\delta_{14} - \Delta\delta_{23} - \Delta\delta_{24})$$

$$S_4(\alpha - \beta)^{(A_1)} = \frac{1}{\sqrt{2}}(\Delta\alpha - \Delta\beta)$$

$$S_5(\delta)^{(A_2)} = \frac{1}{2}(\Delta\delta_{13} - \Delta\delta_{14} + \Delta\delta_{24} - \Delta\delta_{23})$$

$$S_6(R)^{(B_1)} = \frac{1}{\sqrt{2}}(\Delta R_1 - \Delta R_2)$$

$$S_7(\delta)^{(B_1)} = \frac{1}{2}(\Delta\delta_{13} + \Delta\delta_{14} - \Delta\delta_{23} - \Delta\delta_{24})$$

$$S_8(r)^{(B_2)} = \frac{1}{\sqrt{2}}(\Delta r_1 - \Delta r_2)$$

$$S_9(\delta)^{(B_2)} = \frac{1}{2}(\Delta\delta_{13} - \Delta\delta_{14} + \Delta\delta_{23} - \Delta\delta_{24})$$

Tabela 9.2. Coordenadas de simetria para o CH_2Cl_2.

A matriz das constantes de força em coordenadas internas, F_q, é mostrada na Tabela 9.3 e contém vinte e duas constantes de força; sendo esta matriz simétrica, foram escritos somente os elementos da diagonal principal e acima dela.

O número de constantes de força é maior do que o de equações e não é possível calcular de forma unívoca todas as constantes. Nos exemplos que serão vistos adiante utilizaremos dois campos de força, discutindo os resultados da distribuição da energia potencial para os mesmos.

	R_1	R_2	r_1	r_2	α	β	δ_{13}	δ_{14}	δ_{23}	δ_{24}
R_1	f_R	f_{RR}	f_{Rr}	f_{Rr}	$f_{R\alpha}$	$f_{R\beta}$	$f_{R\delta}^{a}$	$f_{R\delta}^{a}$	$f_{R\delta}^{o}$	$f_{R\delta}^{o}$
R_2		f_R	f_{Rr}	f_{Rr}	$f_{R\alpha}$	$f_{R\beta}$	$f_{R\delta}^{o}$	$f_{R\delta}^{o}$	$f_{R\delta}^{a}$	$f_{R\delta}^{a}$
r_1			f_r	f_{rr}	$f_{r\alpha}$	$f_{r\beta}$	$f_{r\delta}^{a}$	$f_{r\delta}^{o}$	$f_{r\delta}^{a}$	$f_{r\delta}^{o}$
r_2				f_r	$f_{r\alpha}$	$f_{r\beta}$	$f_{r\delta}^{o}$	$f_{r\delta}^{a}$	$f_{r\delta}^{o}$	$f_{r\delta}^{a}$
α					f_α	$f_{\alpha\beta}$	$f_{\alpha\delta}$	$f_{\alpha\delta}$	$f_{\alpha\delta}$	$f_{\alpha\delta}$
β						f_β	$f_{\beta\delta}$	$f_{\beta\delta}$	$f_{\beta\delta}$	$f_{\beta\delta}$
δ_{13}							f_δ	$f_{\delta\delta}^{R}$	$f_{\delta\delta}^{r}$	$f_{\delta\delta}^{o}$
δ_{14}								f_δ	$f_{\delta\delta}^{o}$	$f_{\delta\delta}^{r}$
δ_{23}									f_δ	$f_{\delta\delta}^{R}$
δ_{24}										f_δ

Tabela 9.3. Elementos da matriz das constantes de força em coordenadas internas para o CH_2Cl_2.

9.3 Distribuição da energia potencial entre as coordenadas de simetria

A matriz $\mathbf{L_S}$ fornece uma relação entre as coordenadas de simetria e as coordenadas normais, podendo confirmar a atribuição das frequências vibracionais, como foi visto no item 9.1. Esta atribuição pode ser examinada mais vantajosamente através da distribuição da energia potencial entre as coordenadas de simetria.

A distribuição da energia potencial entre as coordenadas de simetria é obtida considerando a expressão da energia potencial em (9.7):

$$2V = \sum_k \sum_j F_{kj} S_k S_j = \sum_v Q_v^{\,2} \sum_k \sum_j F_{kj} L_{kv} L_{jv} = \sum_v \lambda_v Q_v^{\,2} \qquad (9.7)$$

Nesta expressão $\sum F_{kj} L_{kv} L_{jv} = \lambda_v$; $F_{kj} L_{kv} L_{jv} / \lambda_v$ (ou este valor multiplicado por 100) indica a distribuição da energia potencial entre as coordenada de simetria, ou seja, a contribuição relativa de cada coordenada de simetria S_k na coordenada normal Q_v. Isto permite que a atribuição das bandas seja mais rigorosa, pela descrição correta dos movimentos envolvidos nas coordenadas normais.

No cálculo das constantes de força pode ocorrer que os valores obtidos reproduzam bem as frequências observadas, mas, ao se efetuar o cálculo da distribuição da energia potencial verifica-se, por exemplo, que modos de estiramento surgem como modos de deformação de ângulo e vice-versa. Isto significa que o conjunto inicial de constantes de força conduziu a um resultado errôneo; um novo conjunto de constantes de força (ou outro campo de forças) deve ser experimentado.

Como primeiro exemplo, vamos examinar o resultado do cálculo para o CH_2Cl_2 considerando um campo de forças de valência. Neste campo só comparecem as constantes de força principais, duas de estiramento e três de deformação de ângulo, não havendo nenhuma constante de força de interação. A atribuição das bandas será discutida no Capítulo 12.

Utilizando as distâncias internucleares: CH = 1,068 Å e CCl = 1,772 Å e todos os ângulos com o valor 109°28', obtêm-se os valores da matriz $\mathbf{G_S}$ em coordenadas de simetria. Os cálculos aqui apresentados foram realizados utilizando o programa computacional para cálculo de coordenadas normais, NCTP6, de Yoshiyuki Hase, Instituto de Química da Universidade Estadual de Campinas.

Com o programa mencionado, por processo iterativo obteve-se para o campo de forças de valência as seguintes constantes de força, em mdina/Å:

$f_R = 4{,}97910$ $f_r = 2{,}85189$ $f_\alpha = 0{,}41749$

$f_\beta = 0{,}47478$ $f_\delta = 0{,}31494$

resultando para a distribuição da energia potencial entre as coordenadas de simetria:

Espécie A_1				
Obs.	2989,00	1425,00	704,00	288,00
Calc.	2984,52	1425,02	706,77	284,94
Obs.-Calc.	4,47	-0,02	-2,77	3,06
S_1	99,51	0,24	0,24	0,00
S_2	0,19	1,57	66,35	33,11
S_3	0,06	90,48	18,48	16,53
S_4	0,37	88,65	5,72	30,92

Espécie A_2	
Obs.	1157,00
Calc.	1155,86
Obs.-Calc.	-1,14
S_5	100,00

Espécie B_1		
Obs.	3055,00	898,00
Calc.	3059,41	792,26
Obs.-Calc.	-4,41	105,74
S_6	99,76	0,24
S_7	0,24	99,76

Espécie B_2		
Obs.	1268,00	742,00
Calc.	1341,26	721,99
Obs.-Calc.	-73,26	20,01
S_8	11,94	88,06
S_9	88,06	11,94

Para as espécies B_1 e B_2 há um desvio relativamente grande para algumas frequências calculadas, além da mistura das coordenadas de simetria S_2 e S_4, na espécie A_1, para o modo em 288 cm^{-1}.

Como segundo exemplo, vamos refazer estes cálculos utilizando um campo de força mais completo, com 10 constantes de força incluindo, além das cinco constantes de força do campo de valência já consideradas, as seguintes constantes de interação:

f_{RR} e f_{rr} (para melhor reprodução das frequências de estiramento CH e CCl entre as vária espécies de simetria);

$f_{r\beta}$ (interação entre os estiramentos CCl e o ângulo ClCCl);

$f_{\delta\delta}^{R}$ (interação entre os ângulos HCCl tendo em comum a ligação CH);

$f_{\delta\delta}^{r}$ (interação entre os ângulos HCCl tendo em comum a ligação CCl).

As duas últimas são importantes para o ajuste das frequências calculadas das espécies B_1 e B_2.

Com este novo campo foram calculadas as constantes de força (mdina/Å):

$f_R = 4{,}97890$	$f_r = 3{,}67684$	$f_\alpha = 0{,}40180$	$f_\beta = 0{,}34357$	$f_\delta = 0{,}33844$
$f_{RR} = 0{,}01768$	$f_{rr} = 0{,}55950$	$f_{r\beta} = 0{,}28009$	$f_{\delta\delta}^{R} = 0{,}04467$	$f_{\delta\delta}^{r} = -0{,}02179$

resultando para a distribuição da energia potencial:

Espécie A_1				
Obs.	2989,00	1425,00	704,00	288,00
Calc.	2989,00	1425,00	704,00	288,00
Obs.-Calc.	0,00	0,00	0,00	0,00
S_1	99,57	0,22	0,20	0,01
S_2	0,28	2,18	107,34	0,90
S_3	0,05	79,15	11,41	24,72
S_4	0,28	68,70	3,24	46,01

Espécie A_2	
Obs.	1157,0
Calc.	1157,0
Obs.-Calc.	0,0
S_5	100,0

Espécie B_1		
Obs.	3055,0	898,0
Calc.	3055,0	898,0
Obs.-Calc.	0,0	0,0
S_6	99,68	0,32
S_7	0,32	99,68
Espécie B_2		
Obs.	1268,0	742,0
Calc.	1268,0	742,0
Obs.-Calc.	0,0	0,0
S_8	17,59	82,41
S_9	82,41	17,59

Observa-se, com este campo de forças, que não há mais a mistura das coordenadas de simetria S_2 e S_4 para o modo em 288 cm^{-1} e a reprodução dos números de onda experimentais é perfeita em todas as espécies de simetria. Fica, assim, confirmada a atribuição do modo vibracional em 1425 cm^{-1} para a deformação de ângulo CH_2, formalmente descrita como $\Delta\alpha$ e $\Delta\beta$ em fase (coordenada S_3), do modo em 288 cm^{-1} para a deformação de ângulo CCl_2, formalmente descrita como $\Delta\alpha$ e $\Delta\beta$ com fases opostas (coordenada S_4) e do modo em 704 cm^{-1} para o estiramento CCl, descrito pela coordenada S_2.

Na distribuição da energia potencial para as espécies B_1 e B_2, os elementos em cada diagonal são iguais, para a espécie B_1, 99,68 na diagonal principal e 0,32 na outra. Isto ocorre porque não foi considerada nenhuma constante de força de interação fora da diagonal; introduzindo as constantes $f_{R\delta}{}^{a}$ e $f_{r\delta}{}^{a}$, com valor 0,01(mdina/Å), resulta para esta espécie a distribuição de energia potencial:

S_6	99,80	0,21
S_7	0,31	99,70

A dependência da distribuição da energia potencial com o campo de força utilizado decorre da própria definição da distribuição da energia potencial, $F_{kj}L_{kv}L_{jv}/\lambda_v$, onde comparecem as constantes de força F_{kj}.

9.4 Considerações sobre campos de força

Nos exemplos vistos, a função potencial foi escrita considerando somente as constantes de força principais ou introduzindo algumas constantes de força de interação, podendo o número de constantes ser maior do que o de frequências observadas. Quando todas as constantes de força são levadas em conta, o campo de forças é conhecido como campo de forças de valência geral (abreviado na literatura como GVFF – General Valence Force Field).

Sendo as constantes de força principais, geralmente, maiores do que as de interação, algumas vezes emprega-se um campo de força extremamente simplificado, com somente as constantes de força principais, de estiramento entre as ligações químicas e de deformação de ângulo entre estas ligações. Este tipo de campo de forças é conhecido como campo de força de valência simples (SVFF – Simple Valence Force Field). O caso intermediário, considerar apenas algumas constantes de interação, é conhecido como campo de força de valência modificado (MVFF – Modified Valence Force Field), que foi o utilizado no exemplo do CH_2Cl_2.

O campo de força de valência simples não dá resultados muito satisfatórios, sendo utilizado somente quando se deseja a ordem de grandeza das constantes de força principais. O GVFF pode ser usado convenientemente quando se dispõe de dados adicionais, como nos espectros com substituições isotópicas, que fornecem um conjunto maior de frequências observadas sem introduzir novas constantes de força.

Um campo de força bastante utilizado, pelo fato de ter um número relativamente pequeno de constantes de força, é o introduzido por Urey e Bradley (UBFF – Urey-Bradley Force Field), que consiste de um campo de força de valência com constantes de força adicionais, devidas a forças de Van der Walls entre átomos não ligados. Este campo foi modificado por Shimanouchi (MUBFF – Modified Urey-Bradley Force Field) sendo a forma geral do campo potencial:

$$V = \sum\left[\tfrac{1}{2}K_i(\Delta r_i)^2 + K_i' r(\Delta r_i)\right] + \sum\left[\tfrac{1}{2}H_i r^2(\Delta\alpha_i)^2 + H_i' r^2(\Delta\alpha_i)\right] + \sum\left[\tfrac{1}{2}F_i(\Delta q_i)^2 + F_i' q(\Delta q_i)\right] + \sum Y_i(\Delta\phi)^2 \quad (9.8)$$

onde K_i e K_i' são constantes de força de estiramento, H_i e H_i' são constantes de força de deformação de ângulo e F_i e F_i' são constantes de força repulsivas (respectivamente para termos quadráticos e termos lineares); o último termo leva em consideração coordenadas internas adicionais, como coordenadas fora do plano e de torção. Na função potencial comparecem tanto termos quadráticos como termos lineares, porque a derivada primeira não se anula, devido as coordenadas envolvidas na função potencial não serem independentes. No caso particular de uma molécula triatômica angulada esta função potencial fica:

$$V = \tfrac{1}{2}K_{r_1}(\Delta r_1)^2 + \tfrac{1}{2}K_{r_2}(\Delta r_2)^2 + K_{r_1}' r_1(\Delta r_1) + K_{r_2}' r_2(\Delta r_2) + \tfrac{1}{2}Hr_1r_2(\Delta\alpha)^2 + H' r_1 r_2(\Delta\alpha) + \tfrac{1}{2}F(\Delta q)^2 + F' q(\Delta q) \quad (9.9)$$

com

$$q^2 = r_1^{\,2} + r_2^{\,2} - 2r_1r_2\cos\alpha \quad (9.10)$$

Δq pode ser obtido pelo desenvolvimento em série de Taylor; considerando somente os termos lineares e quadráticos:

$$\Delta q = \left(\frac{\partial q}{\partial r_1}\right)(\Delta r_1) + \left(\frac{\partial q}{\partial r_2}\right)(\Delta r_2) + \left(\frac{\partial q}{\partial \alpha}\right)(\Delta\alpha) + \frac{1}{2}\left(\frac{\partial^2 q}{\partial r_1^{\,2}}\right)(\Delta r_1)^2 + \frac{1}{2}\left(\frac{\partial^2 q}{\partial r_2^{\,2}}\right)(\Delta r_2)^2 + \frac{1}{2}\left(\frac{\partial^2 q}{\partial \alpha^2}\right)(\Delta\alpha^2) + \left(\frac{\partial^2 q}{\partial r_1 \partial r_2}\right)(\Delta r_1)(\Delta r_2) + \left(\frac{\partial^2 q}{\partial r_1 \partial \alpha}\right)(\Delta r_1)(\Delta\alpha) + \left(\frac{\partial^2 q}{\partial r_2 \partial \alpha}\right)(\Delta r_2)(\Delta\alpha) \quad (9.11)$$

onde as derivadas são na posição de equilíbrio. As derivadas parciais podem ser obtidas derivando $q = \sqrt{r_1^{\,2} + r_2^{\,2} - 2r_1r_2\cos\alpha}$. Como exemplo podemos calcular as derivadas em relação à r_1:

$$\frac{\partial q}{\partial r_1} = \frac{1}{2\sqrt{r_1^{\,2} + r_2^{\,2} - 2r_1 r_2 \cos\alpha}}(2r_1 - 2r_2\cos\alpha) = \frac{1}{q}(r_1 - r_2\cos\alpha)$$

$$\frac{\partial^2 q}{\partial r_1^{\,2}} = \frac{\partial}{\partial r_1}\left(\frac{\partial q}{\partial r_1}\right) = \frac{\partial}{\partial r_1}\left(\frac{1}{q}(r_1 - r_2\cos\alpha)\right) = \frac{1}{q} + (r_1 - r_2\cos\alpha)\left(\frac{\partial q^{-1}}{\partial r_1}\right)$$

$$= \frac{1}{q} - \frac{1}{q^3}(r_1 - r_2\cos\alpha)^2$$

Procedendo do mesmo modo para todas as derivadas parciais em (9.11) e substituindo o valor assim determinado para Δq na função potencial (9.9), num processo bastante trabalhoso de cálculo, chega-se à função potencial; essa função, no caso de molécula triatômica angulada simétrica ($r_1 = r_2$) fica:

$$V = \left[K + t^2F' + s^2F\right](\Delta r)^2 + \tfrac{1}{2}\left[H - s^2F' + t^2F\right](r\Delta\alpha)^2 + $$
$$+\left[-t^2F' + s^2F\right](\Delta r_1)(\Delta r_2) + ts\left[F + F'\right](\Delta r)(r\Delta\alpha)$$

onde $s = r(1-\cos\alpha)/q$ e $t = (r\,\text{sen}\alpha)/q$. Nesta função potencial há quatro constantes de força, mas somente três frequências vibracionais são observadas. Contudo, um valor bastante razoável para F' é obtido fazendo-se F' = –0,1F, o que reduz a três o número de constantes de força a serem determinadas.

Exercícios

9.1 Utilizando as expressões para a matriz **G**, no apêndice VI de Wilson et al. (1955), resolva a equação secular para o esqueleto $PtCl_2S_2$ do complexo trans-$PtCl_2(SEt_2)_2$, para as espécies ativas no Raman. As frequências Raman atribuídas a este esqueleto foram observadas em 342, 327 e 159 cm^{-1} e as distâncias interatômicas são: Pt-Cl = 2,30Å e Pt-S = 2,29Å.

9.2 A molécula de HCN apresenta em seu espectro duas bandas atribuídas aos modos de estiramento, 2089 e 3312 cm^{-1}, e uma de deformação de ângulo, 712 cm^{-1}. Determine os valores das constantes de força para os estiramentos na aproximação de um campo de força de valência.

9.3 Com os valores das constantes de força obtidos no exercício 9.2, calcule as frequências vibracionais dos estiramentos da molécula de DCN. Qual seria o deslocamento da frequência do estiramento CN, no HCN, devido à presença de ^{13}C?

9.4 Calcule as constantes de força de simetria para o estiramento antissimétrico das moléculas H_2O e D_2O, sabendo que as frequências vibracionais (gás) deste modo se situam em 3756 e em 2788 cm^{-1}, respectivamente. Discuta o resultado.

(Sugestão: Calcule, também, as constantes de força utilizando as frequências harmônicas, 3936 e 2882 cm^{-1}, respectivamente.)

Literatura recomendada

BARROW, G. M. *Introduction to Molecular Spectroscopy.* McGraw-Hill, 1962.

COLTHUP, N. B., DALY, L. H., WIBERLEY, S. E. *Introduction to Infrared and Raman Spectroscopy*. Academic Press, 1990.

HOLLAS, J. M. *Modern Spectroscopy.* John Wiley & Sons, 1987.

NAKAMOTO, K. *Infrared and Raman Spectra of Inorganic and Coordination Compounds*. John Wiley & Sons, 1986.

WILSON, E. B., DECIUS, J. C., CROSS, P. C. *Molecular Vibrations.* McGraw-Hill, 1955.

WOODWARD, L. A. *Introduction to the Theory of Molecular Vibrations and Vibrational Spectroscopy*. Oxford, 1972.

10 Complementos sobre análise vibracional

10.1 Grupos com caracteres complexos

Nas tabelas de caracteres de alguns grupos de ponto aparecem, nas espécies de simetria duplamente degeneradas, caracteres complexos $\varepsilon = \exp(2\pi i/n)$ e seus conjugados, em pares indicados entre { }, como nos grupos C_3, C_4, C_{3h} etc. Cada membro destes pares deve ser considerado como uma representação separada e, nas aplicações, os termos correspondentes de cada par devem ser adicionados. Este procedimento fica claro considerando a expressão:

$$\varepsilon = \exp(i\varphi) = \cos\varphi + i\,\text{sen}\varphi$$

e a de seu complexo conjugado

$$\varepsilon^* = \exp(-i\varphi) = \cos\varphi - i\,\text{sen}\varphi$$

cuja soma $\varepsilon + \varepsilon^* = 2\cos\varphi$ é um número real. Como resultado, para representações de dimensão 2 obtêm-se caracteres que são números reais (soma de um complexo com seu conjugado).

No capítulo 7 as coordenadas de simetria para espécies duplamente degeneradas foram representadas pelo par $S^{(E)a}$ e $S^{(E)b}$.

Isto pode ser estendido às coordenadas normais, introduzindo-se coordenadas normais complexas:

$$Q^{(a)*} = Q_x + iQ_y \quad \text{e} \quad Q^{(b)*} = Q_x - iQ_y \qquad (10.1)$$

A aplicação de uma transformação de coordenadas deve deixar a energia potencial invariante e isto ocorre se cada coordenada se transforma simétrica ou antissimetricamente com relação à operação de simetria. Em outras palavras, para coordenadas duplamente degeneradas a operação deve manter a mesma origem das coordenadas cartesianas, deixando invariante a energia potencial, $\lambda(Q_x^2 + Q_y^2)$. A operação de rotação definida pelas equações:

$$Q_x' = Q_x \cos\alpha + Q_y \operatorname{sen}\alpha \quad \text{e} \quad Q_y' = -Q_x \operatorname{sen}\alpha + Q_y \cos\alpha \quad (10.2)$$

satisfaz esta invariância, pois

$$Q'^2_x + Q'^2_y = Q_x^2 + Q_y^2$$

Aplicando estas transformações nas equações (10.1):

$$\begin{aligned}\left(Q^{(a)*}\right)' &= Q_x' + i\,Q_y' = Q_x \cos\alpha + Q_y \operatorname{sen}\alpha - i\,Q_x \operatorname{sen}\alpha + i\,Q_y \cos\alpha \\ &= Q_x(\cos\alpha - i\operatorname{sen}\alpha) + i\,Q_y(\cos\alpha - i\operatorname{sen}\alpha) \\ &= (Q_x + i\,Q_y)(\cos\alpha - i\operatorname{sen}\alpha) = (Q_x + i\,Q_y)\cdot\exp(-i\,\alpha)\end{aligned}$$

$$\begin{aligned}\left(Q^{(b)*}\right)' &= Q_x' - i\,Q_y' = Q_x \cos\alpha + Q_y \operatorname{sen}\alpha + i\,Q_x \operatorname{sen}\alpha - i\,Q_y \cos\alpha \\ &= Q_x(\cos\alpha + i\operatorname{sen}\alpha) - i\,Q_y(\cos\alpha + i\operatorname{sen}\alpha) \\ &= (Q_x - i\,Q_y)(\cos\alpha + i\operatorname{sen}\alpha) = (Q_x - i\,Q_y)\cdot\exp(+i\,\alpha)\end{aligned}$$

resulta

$$\left(Q^{(a)*}\right)' = (Q_x + i\,Q_y)\cdot\exp(-i\alpha) = Q^{(a)*}\cdot\exp(-i\alpha)$$

$$\left(Q^{(b)*}\right)' = (Q_x - i\,Q_y)\cdot\exp(+i\alpha) = Q^{(b)*}\cdot\exp(+i\alpha)$$

ou seja, a menos de um fator constante (exp(-*i*α)) cada coordenada complexa se transformou nela mesma. Se além das operações de rotação houvesse reflexões, por exemplo no plano yz, as transformações em (10.2) seriam:

$$Q_x^{'} = -Q_x \cos\alpha + Q_y \text{sen}\alpha \qquad \text{e} \qquad Q_y^{'} = Q_x \text{sen}\alpha + Q_y \cos\alpha$$

Se houver uma representação com elementos complexos a, b, c..., seus complexos conjugados a*, b*, c*... seguem as mesmas regras de multiplicação, se ab = c, a*b* = c* etc. Isto significa que além da representação Γ(a, b, c...) existe também a representação Γ*(a*, b*, c*...). Estas representações não são consideradas separadamente, mas escritas juntas dentro de colchetes, mantendo-se o símbolo E para a representação bidimensional. A razão de não serem designadas separadamente é que nas aplicações elas ocorrem juntas, nos seus pares conjugados.

Examinaremos dois exemplos de aplicação destes grupos, com o objetivo de determinar a representação dos modos normais de vibração:

A molécula de $H_3C\text{-}CCl_3$, com conformação intermediária entre a eclipsada e a dispersa, pertence ao grupo de ponto C_3. O número de átomos N = 8 e os caracteres das representações redutíveis para a identidade e para as operações de rotação são, respectivamente, dezoito e zero. Com o procedimento já visto anteriormente, pode-se calcular a representação para as coordenadas normais; resulta que o número de vibrações para a espécie E será dado pela soma dos valores determinados para cada representação Γ e Γ*, ou seja, doze.

C_3		E	C_3	C_3^2	$n^{(\gamma)}$
A		1	1	1	6
E	Γ	1	ε	ε*	6
	Γ*	1	ε*	ε	6
χ_j		18	0	0	

$$\varepsilon = \exp(2\pi i / 3)$$

Neste número já é considerado o rompimento da degenerescência, assim, a contribuição para o número de graus de liberdade nesta espécie é 12 e não 24. Isto fica claro quando se considera cada representação separadamente, embora o resultado total seja a soma das duas representações, $\Gamma + \Gamma^*$.

No segundo exemplo, uma molécula tipo $X(YZ)_3$ (ligação XYZ angulada, como no íon radical $(NH_2)_3C^+$, considerando H_2 como uma única massa na posição Z) de simetria C_{3h}, a tabela de caracteres, juntamente com a representação dos modos normais e os caracteres da representação redutível, pode ser escrita:

C_{3h}	E	C_3	C_3^2	σ_h	S_3	S_3^2	$n^{(\gamma)}$
A'	1	1	1	1	1	1	3
E'	$\begin{Bmatrix} 1 \\ 1 \end{Bmatrix}$	ε / ε^*	ε^* / ε	1 / 1	ε / ε^*	ε^* / ε	8
A''	1	1	1	−1	−1	−1	2
E''	$\begin{Bmatrix} 1 \\ 1 \end{Bmatrix}$	ε / ε^*	ε^* / ε	−1 / −1	$-\varepsilon$ / $-\varepsilon^*$	$-\varepsilon^*$ / $-\varepsilon$	2
χ_j	15	0	0	7	−2	−2	

$\varepsilon = \exp(2\pi i / 3)$

O cálculo da representação para as espécies A' e A'' é feito do modo usual, sendo o resultado 3 e 2, respectivamente. Para a espécie E' o cálculo detalhado para as duas representações separadas fica:

$$n(\Gamma) = \tfrac{1}{6}\left(15 + 7 - 2\varepsilon - 2\varepsilon^*\right)$$

$$n(\Gamma^*) = \tfrac{1}{6}\left(15 + 7 - 2\varepsilon^* - 2\varepsilon\right)$$

somando termo a termo, lembrando que $\varepsilon + \varepsilon^* = 2\cos\varphi$ obtemos a representação

$$n^{(E')} = \tfrac{1}{6}\left[30 + 14 - 4(\varepsilon + \varepsilon^*)\right] = \tfrac{1}{6}\left[44 - 4(2\cos 120^\circ)\right]$$

$$= \tfrac{1}{6}\left[44 - 4(-1)\right] = 8$$

Para a espécie E":

$$n(\Gamma) = \tfrac{1}{6}\left(15 - 7 + 2\varepsilon + 2\varepsilon^*\right)$$

$$n(\Gamma^*) = \tfrac{1}{6}\left(15 - 7 + 2\varepsilon^* + 2\varepsilon\right)$$

somando termo a termo obtemos a representação

$$n^{(E")} = \tfrac{1}{6}\left[30 - 14 + 4(\varepsilon + \varepsilon^*)\right] = \tfrac{1}{6}\left[16 - 4\right] = 2$$

sendo a soma das representações obtidas 3 + 8 + 2 + 2 = 15 = 3N–6. Não se conta em dobro a contribuição das espécies E, pois elas já resultam da soma de representações unidimensionais.

10.2 Moléculas lineares

Moléculas lineares com centro de simetria ou sem centro de simetria pertencem, respectivamente, aos grupos de ponto $D_{\infty h}$ ou $C_{\infty v}$. Estes grupos, ao contrário dos outros, contêm infinitos elementos, pois é possível qualquer valor de ângulo de rotação ao redor do eixo da molécula. Como consequência a expressão (5.14), $n^{(\gamma)} = \frac{1}{g}\sum_j g_j \cdot \chi_j^{(\gamma)} \chi_j$, não pode ser utilizada, pois contém o fator 1/g, onde g (ordem do grupo) seria infinito. Neste caso, um método simples de determinar o número de vibrações para cada espécie de simetria (e que pode ser aplicado, de modo geral, a qualquer molécula) é através de considerações sobre os graus de liberdade.

Num conjunto equivalente de núcleos (núcleos que podem ser transportados um no outro por alguma operação de simetria do grupo), o deslocamento de um núcleo representativo deste conjunto determina o deslocamento de todos os núcleos do conjunto. Se o núcleo representativo não estiver contido em nenhum elemento de simetria não haverá restrições sobre seu movimento e ele possuirá três graus de liberdade. Se houver m conjuntos equivalentes nesta condição, haverá 3m graus de liberdade.

Examinemos o que ocorre quando um núcleo representativo estiver em algum elemento de simetria do grupo:

1 – Se o núcleo estiver contido em um plano de simetria haverá 2 graus de liberdade para movimentos simétricos em relação a este plano e 1 grau de liberdade (perpendicular ao plano) para movimentos antissimétricos.

2 – Se o núcleo estiver em um eixo de simetria o movimento ao longo desse será simétrico e haverá 1 grau de liberdade; para movimentos antissimétricos em relação ao eixo, o núcleo deverá mover-se perpendicularmente a ele e haverá 2 graus de liberdade.

3 – Se o núcleo estiver no centro de simetria não haverá possibilidade de movimento simétrico em relação a esse centro e o número de graus de liberdade será zero; para movimentos antissimétricos não haverá restrições e teremos 3 graus de liberdade.

Para determinar o número de vibrações, com estas considerações, pode-se fazer uso de tabelas (Herzberg, 1962, tabelas 35 e 36). Para vibrações duplamente degeneradas deve-se lembrar que o número de vibrações é metade do número de graus de liberdade

Como exemplo, vamos determinar o número de vibrações para a molécula de CO_2, cuja simetria é $D_{\infty h}$. Pela tabela 36 (Herzberg) define-se m_0 como o número de núcleos em todos elementos de simetria, m_∞ como o número de conjunto de núcleos no eixo C_∞, mas em nenhum outro elemento de simetria que não coincida inteiramente com este eixo. No caso em estudo $m_0 = 1$, pois o átomo de C está em todos os eixos e planos do grupo, e $m_\infty = 1$, que é o conjunto formado pelos dois átomos de O. Estes valores podem ser testados pela expressão $N = 2m_\infty + m_0$.

Espécie de simetria	Número de vibrações	
Σ_g^+	m_∞	$= 1$
Σ_u^+	$m_\infty + m_0 - 1$	$= 1$
Σ_g^-, Σ_u^-		0
Π_g	$m_\infty - 1$	$= 0$
Π_u	$m_\infty + m_0 - 1$	$= 1$
$\Delta_g, \Delta_u, \Phi_g, \Phi_u, \ldots$		0

A vibração Σ_g^+ corresponde ao estiramento simétrico, a Σ_u^+ ao estiramento antissimétrico e a Π_u corresponde à deformação de ângulo

Um exemplo de molécula de simetria $C_{\infty v}$ é HC≡CCl, sendo m_0 o número de núcleos em todos os elementos de simetria; neste exemplo $m_0 = 4$. A expressão para teste neste grupo, é $N = m_0$. O resultado é:

Espécie de simetria	Número de vibrações
Σ^+	$m_0 - 1 = 3$
Σ^-	0
Π	$m_0 - 2 = 2$
Δ , Φ , ...	0

As três vibrações Σ^+ correspondem aos estiramentos HC, CC e CCl; as duas vibrações degeneradas, Π, são as de deformações de ângulo.

10.3 Efeito isotópico

Quando em uma molécula se efetua substituição isotópica de um de seus átomos, a função potencial praticamente fica inalterada, embora possam ser observadas variações apreciáveis nas frequências vibracionais. Este efeito é bastante acentuado quando a substituição é de hidrogênio por deutério e se torna menos drástico à medida que se aumenta a massa atômica do átomo substituído. A substituição isotópica é um método bastante útil na análise vibracional e é importante considerar a **regra dos produtos**.

A regra dos produtos é obtida da equação secular $|\mathbf{GF} - \mathbf{E}\lambda| = 0$. Esta equação pode ser expressa:

$$|\mathbf{G}|\mathbf{F}| = \lambda_1 \cdot \lambda_2 \cdot \lambda_3 \cdot \ldots \cdot \lambda n \qquad (10.3)$$

Efetuando substituição isotópica nesta molécula e supondo que a matriz F seja exatamente a mesma, teremos:

$$|\mathbf{G'}||\mathbf{F}| = \lambda'_1 \cdot \lambda'_2 \cdot \lambda'_3 \cdots \lambda'_n \qquad (10.4)$$

que permite escrever:

$$\frac{\lambda'_1\lambda'_2\lambda'_3\ldots\lambda'_n}{\lambda_1\lambda_2\lambda_3\ldots\lambda_n} = \frac{|\mathbf{G'}|}{|\mathbf{G}|} \qquad (10.5)$$

Como λ é proporcional a ν^2, a equação (10.5) pode ser reescrita:

$$\frac{\nu_1'\nu_2'\nu_3'\cdots\nu_n'}{\nu_1\nu_2\nu_3\cdots\nu_n} = \sqrt{\frac{|\mathbf{G'}|}{|\mathbf{G}|}} \qquad (10.6)$$

Teller e Redlich mostraram que a equação

$$\frac{\nu_1'\nu_2'\nu_3'\cdots\nu_n'}{\nu_1\nu_2\nu_3\cdots\nu_n} = \sqrt{\frac{m_1m_2m_3\ldots m_n}{m'_1\,m'_2\,m'_3\ldots m'_n}} \qquad (10.7)$$

(sendo m_1, m_2 ... as massas dos átomos representativos dos vários conjuntos equivalentes e m'_1, m'_2... as massas com substituição isotópica) é válida quando a espécie de simetria considerada não contém translações ou rotações; caso contrário haveria frequências zero e a relação ficaria indeterminada. Uma expressão geral, válida também nestes casos, é:

$$\prod_n\left(\frac{\nu'_n}{\nu_n}\right) = \sqrt{\prod_k\left(\frac{m_k}{m'_k}\right)\left(\frac{M'}{M}\right)^3\left(\frac{I'_x\,I'_y\,I'_z}{I_xI_yI_z}\right)} \qquad (10.8)$$

onde M e M' são, respectivamente, as massas da molécula sem e com substituição isotópica e I_x, I_y e I_z são os componentes do momento de inércia em relação aos eixos principais.

Uma forma mais conveniente, para a regra dos produtos, é considerar separadamente cada espécie de simetria:

$$\prod_n\left(\frac{\nu'_n}{\nu_n}\right) = \sqrt{\prod_k\left(\frac{m_k}{m'_k}\right)^{v}\left(\frac{M'}{M}\right)^{T}\left(\frac{I'_x}{I_x}\right)^{R_X}\left(\frac{I'_y}{I_y}\right)^{R_Y}\left(\frac{I'_z}{I_z}\right)^{R_Z}} \qquad (10.9)$$

O índice superior T indica o número de componentes de translação (T_x, T_y, T_z) que comparecem nesta espécie de simetria, R_x, R_y e R_z representam o número de componentes de rotação na espécie considerada e v é o número de graus de liberdade de cada conjunto de átomos equivalentes, ou seja, são os coeficientes dos m, m_h, m_v ... nas tabelas 35 e 36 (Herzberg), citadas anteriormente para o cálculo do número de vibrações de moléculas lineares.

Como exemplo, para o grupo C_{3v} o número de vibrações para a espécie A_1 é dado por $3m + 2m_v + m_0 - 1$ (m = número de núcleos em nenhum elemento de simetria, m_v = número de conjuntos de núcleos nos planos σ_v, mas em nenhum outro elemento de simetria, m_o = número de núcleos em todos elementos de simetria).

Considerando a espécie A_1 da molécula de NH_3, nesta espécie há duas vibrações e não comparecem componentes rotacionais ($R_x = R_y = R_z = 0$). Só há um componente translacional (T = 1); para o conjunto dos átomos N, v = 1 (coeficiente de m_0, o átomo de N está em todos os elementos de simetria) e para o conjunto dos átomos H, v = 2 (coeficiente de m_v, os átomos de H estão nos planos σ_v, havendo dois graus de liberdade). Portanto, a equação (10.9) se torna:

$$\frac{(\nu_1\nu_2)_D}{(\nu_1\nu_2)_H} = \sqrt{\left(\frac{m_N}{m_N}\right)\left(\frac{m_H}{m_D}\right)^2\left(\frac{M_{ND_3}}{M_{NH_3}}\right)} \tag{10.10}$$

onde $M_{NH_3} = m_N + 3m_H$ e $M_{ND_3} = m_N + 3m_D$. Sendo ν_1 e ν_2 respectivamente 3335 e 932 cm^{-1}, para o NH_3, e 2419 e 746 cm^{-1} para o ND_3, o primeiro membro da equação vale 0,5805, enquanto o segundo membro vale 0,5423. Os valores são aproximadamente iguais, mas não exatamente. Deve-se lembrar que somente termos quadráticos foram considerados na função potencial, aproximação do oscilador harmônico, e na realidade o oscilador não é harmônico. Utilizando frequências harmônicas o valor do primeiro membro se aproxima melhor do valor do segundo membro.

Para a espécie degenerada, E, da mesma maneira que cada modo vibracional duplamente degenerado corresponde a dois graus de liberdade, o par de componentes de translação ou de rotação deve ser contado como se fosse um único componente. Assim, na equação (10.9) a contribuição de T_x e T_y, nesta espécie E, é contada como um componente, T = 1, o mesmo ocorrendo com R_x e R_y, contribuindo com somente 1 termo. Da expressão do número de vibrações para a espécie E, $6m + 3m_v + m_0 - 2$ (tabelas de Herzberg), para o átomo de N (está em todos elementos de simetria) o coeficiente de m_0 é igual a 1 e para os átomos de H (estão nos planos σ_v) v = 3, coeficiente de m_v. Lembrando, ainda, que no rotor simétrico $I_x = I_y$, a equação (10.9) se reduz à equação (10.11):

$$\frac{(\nu_3\,\nu_4)_D}{(\nu_3\,\nu_4)_H} = \sqrt{\left(\frac{m_N}{m_N}\right)\left(\frac{m_H}{m_D}\right)^3\left(\frac{M_{ND_3}}{M_{NH_3}}\right)\left(\frac{I'_x}{I_x}\right)} \qquad (10.11)$$

Calculando os componentes do momento de inércia obtém-se $I_x = 1{,}695$ u.m.a.·Å² e $I'_x = 3{,}286$ u.m.a.·Å², que dão para o segundo membro da equação o valor 0,5347. Os valores de ν_3 e ν_4 para o NH_3 são, respectivamente, 3414 e 1627 cm^{-1} e para o ND_3, 2555 e 1191 cm^{-1}, resultando para o primeiro membro o valor 0,5478. Melhor concordância é obtida usando valores de frequências harmônicas.

Exercícios

10.1 Determine a representação dos modos normais da molécula H_3C-CCl_3 numa conformação parcialmente girada (grupo de ponto C_3).

10.2 Os espectros Raman das moléculas de CH_4 e CD_4 apresentam bandas polarizadas em 2917 e 2085 cm^{-1}, respectivamente; são observadas bandas não polarizadas em 1534, 3019 e 1306 cm^{-1} para o CH_4 e 1092, 2259 e 996 cm^{-1} para o CD_4. As duas últimas bandas (não polarizadas) para cada um destes compostos são observadas também no infravermelho. Aplique a regra dos produtos para este exemplo e comente o resultado.

10.3 Determine a representação dos modos normais para a molécula de O=C=C=C=O.

Literatura recomendada

COLTHUP, N. B., DALY, L. H., WIBERLEY, S. E. *Introduction to Infrared and Raman Spectroscopy*. Academic Press, 1970.

HARRIS, D. C., BERTOLUCCI, M. D. *Symmetry and Spectroscopy*. Dover Publications, 1989.

HERZBERG, G., *Molecular Spectra and Molecular Structure II. Infrared and Raman Spectra of Poliatomic Molecules*, D. Van Nostrand, 1962.

NAKAMOTO, K. *Infrared and Raman Spectra of Inorganic and Coordination Compounds*. John Wiley & Sons, 1986.

WILSON, E. B., DECIUS, J. C., CROSS, P. C. *Molecular Vibrations*. McGraw-Hill, 1955.

WOODWARD, L. A. *Introduction to the Theory of Molecular Vibrations and Vibrational Spectroscopy*. Oxford, 1972.

11 Rotação de moléculas poliatômicas

11.1 Rotação de moléculas não lineares

No capítulo 3 estudou-se a rotação de moléculas diatômicas, sendo mencionado que o mesmo tipo de tratamento era válido para moléculas poliatômicas lineares. Para moléculas não lineares deve-se considerar os momentos principais de inércia (três direções mutuamente ortogonais, passando pelo centro de massa, em relação às quais os momentos de inércia têm valor máximo ou mínimo), I_A, I_B e I_C, com $I_A \leq I_B \leq I_C$. Se $I_A = I_B = I_C$, teremos o rotor esférico; se $I_A \neq I_B = I_C$ o rotor é chamado simétrico e se $I_A \neq I_B \neq I_C$ o rotor é assimétrico.

11.2 Rotor esférico

Quando a molécula possui dois ou mais eixos C_3, ou de maior ordem, o elipsoide dos momentos de inércia se degenera numa esfera. É o caso de moléculas do grupo de ponto T_d, como CH_4 ou CCl_4, ou do grupo O_h, como SF_6. Como elas não possuem momento de dipolo permanente, não haverá espectro rotacional no infravermelho. No Raman, durante a rotação o momento de dipolo induzido pelo campo elétrico da radiação excitante permanece inalterado, sempre na direção do campo; assim, $(\partial\alpha/\partial Q)_0 = 0$ e não se observa espectro rotacional.

11.3 Rotor simétrico

Consideremos uma molécula com um eixo de simetria C_3 que coincide com um eixo principal de inércia (I_A), como, por exemplo, o CCl_3H. Em um plano perpendicular a este eixo, os momentos de inércia em relação a qualquer eixo neste plano são iguais, isto é, o elipsoide de inércia é um elipsoide rotacional, com $I_A \neq I_B = I_C$. Para o modelo de rotor rígido a energia do sistema pode ser escrita:

$$E_J = \tfrac{1}{2}\left(I_A {\omega_A}^2 + I_B {\omega_B}^2 + I_C {\omega_C}^2\right) = \frac{{p_A}^2}{2I_A} + \frac{{p_B}^2}{2I_B} + \frac{{p_C}^2}{2I_C} \qquad (11.1)$$

onde p_A, p_B e p_C são os momentos angulares ($I\omega$).

Como existe um eixo principal, haverá uma direção preferencial e o componente do momento angular, na direção deste eixo, será quantizado e igual a $K(h/2\pi)$, com $K = 0, \pm1, \pm2..., \pm J$, ou seja, $p_A = Kh/2\pi$. Pela figura que segue temos:

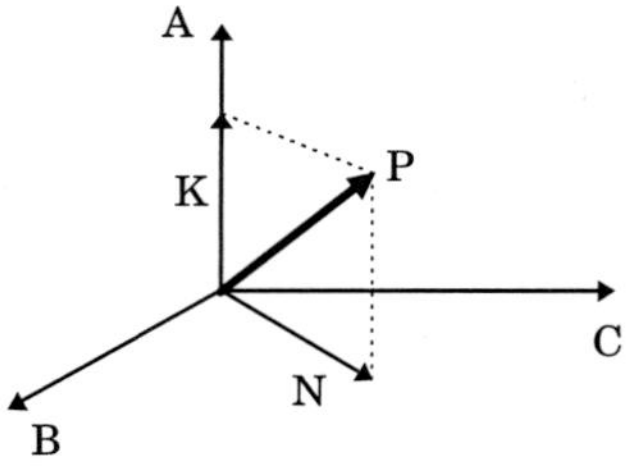

$${p_B}^2 + {p_C}^2 = N^2 = p^2 - {p_A}^2$$

como o momento angular total $p = \sqrt{J(J+1)} \cdot \frac{h}{2\pi}$, resulta:

$$p_B{}^2 + p_C{}^2 = J(J+1)\left(\frac{h}{2\pi}\right)^2 - K^2\left(\frac{h}{2\pi}\right)^2$$

Os níveis de energia são caracterizados por dois índices, J e K; sendo que $I_B = I_C$, a equação (11.1) fica:

$$\begin{aligned} E_{JK} &= \frac{h^2}{8\pi^2 I_A} \cdot K^2 + \frac{h^2}{8\pi^2 I_B}\left[J(J+1) - K^2\right] \\ &= \frac{h^2}{8\pi^2 I_B} \cdot J(J+1) + \left(\frac{h^2}{8\pi^2 I_A} - \frac{h^2}{8\pi^2 I_B}\right) \cdot K^2 \end{aligned} \tag{11.2}$$

ou, em unidade de cm^{-1}

$$F_{JK} = BJ(J+1) + (A - B)K^2 \tag{11.3}$$

onde $A = h/8\pi^2 cI_A$ e $B = h/8\pi^2 cI_B$ são constantes rotacionais.

Podem ocorrer dois casos:

(i) A > B (ou seja, $I_A < I_B = I_C$), denominado rotor prolato, o coeficiente de K^2 será positivo e a energia, para um dado valor de J, aumenta com o valor de K; um exemplo de rotor prolato é o clorofórmio.

(ii) A < B (ou seja, $I_A > I_B = I_C$), denominado rotor oblato, o coeficiente de K^2 será negativo, de modo que para um dado valor de J a energia diminui quando K aumenta; um exemplo de rotor oblato é a molécula de benzeno.

Na Figura 11.1 estão representados os níveis de energia para os rotores prolato e oblato. Pela dependência com K^2 os níveis de energia serão duplamente degenerados, com exceção de K = 0. Para cada valor de J os valores de K variam de 0 a J. Na figura cada coluna corresponde a um determinado valor de K e contém somente níveis com J maior ou igual a K, pois K é a projeção de J. Para K = 1 não há o nível com J = 0, para K = 2 não há níveis com J = 0 e J = 1 e assim por diante.

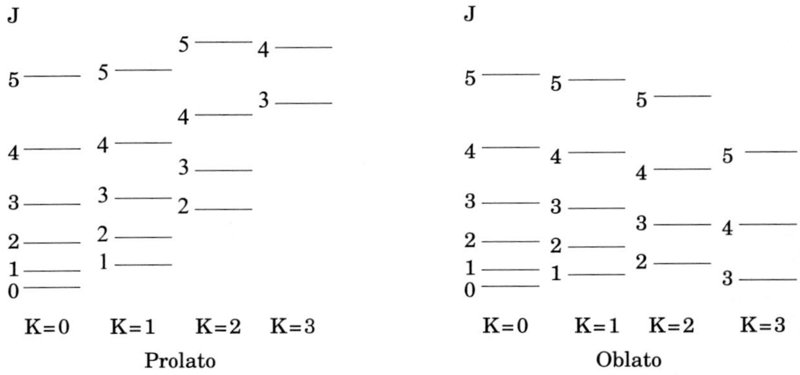

Figura 11.1 – Diagrama dos níveis de energia para rotor simétrico.

Obtidos os níveis de energia, podemos considerar as regras de seleção para fazer a previsão dos espectros. No infravermelho valem as regras:

$$\Delta K = 0 \quad e \quad \Delta J = 0, \pm 1 \quad \text{para} \quad K \neq 0$$

A regra $\Delta K = 0$ é uma consequência de que no rotor simétrico o momento de dipolo permanente se situa no eixo de simetria e a rotação ao redor deste eixo não causa variação do momento de dipolo nesta direção. No diagrama da Figura 11.1 as transições ocorrem somente entre níveis de uma mesma coluna (transições verticais). Em decorrência destas regras, as frequências (cm^{-1}) de absorção no infravermelho ($\Delta J = +1$) serão dadas, como para moléculas lineares, por

$$\nu = 2B(J+1) \tag{11.4}$$

sendo o espaçamento entre linhas sucessivas 2B.

Se a distorção centrífuga for considerada, além do termo com a constante D_J haverá um termo com uma constante D_{JK}, responsável por uma pequena separação dos componentes com diferentes valores de K e a expressão (11.4) ficará:

$$\nu = 2B(J+1) - 2D_{JK}K^2 (J+1) - 4D_J(J+1)^3$$

Este desdobramento é extremamente pequeno, da ordem de 10^{-4} cm^{-1}.

No Raman as regras de seleção para rotor simétrico são:

$$\Delta J = 0, \pm 1, \pm 2 \quad e \quad \Delta K = 0$$

com a restrição de $\Delta J = \pm 1$ não ocorrer para $K = 0$. A regra $\Delta K = 0$ é uma consequência de um eixo do elipsoide de polarizabilidade coincidir com o eixo principal, de modo que a rotação neste eixo não altera o momento de dipolo induzido, não havendo espalhamento de luz.

Por convenção, ΔJ é a diferença J'–J'', onde J' se refere ao estado superior e J'' ao estado inferior. As transições com $\Delta J = +1$ e $+2$ dão origem às linhas Stokes e as transições para $\Delta J = -1$ ou -2 originam as linhas anti-Stokes, mas tanto as linhas Stokes como as anti-Stokes são denominadas de ramos R (para $\Delta J = \pm 1$) ou S (para $\Delta J = \pm 2$); para distingui-las costuma-se designar as linhas do lado Stokes por ^{P}R e ^{O}S (com forma de ramos P e O) e as do lado anti-Stokes por ^{R}R e ^{S}S (com forma de ramos R e S).

As frequências (cm^{-1}) Raman são dadas por:

$$\nu_R = F(J+1, K) - F(J, K) = 2BJ + 2B \qquad J = 1,2 \ldots$$
$$\nu_S = F(J+2, K) - F(J, K) = 4BJ + 6B \qquad J = 0,1 \ldots$$

Os níveis rotacionais têm exatamente os mesmos espaçamentos energéticos, assim, o espectro Raman seria constituído de duas séries de linhas equidistantes situadas de cada lado da linha Rayleigh ($\Delta J = 0$), uma para $\Delta J = +1$ (ramos ^{P}R e ^{R}R) e outra para $\Delta J = +2$ (ramos ^{O}S e ^{S}S).

O esquema do espectro Raman, representado na Figura 11.2, mostra separadamente a contribuição dos dois ramos e o espectro resultante, que pela sobreposição das duas contribuições apresentará alternância de intensidades.

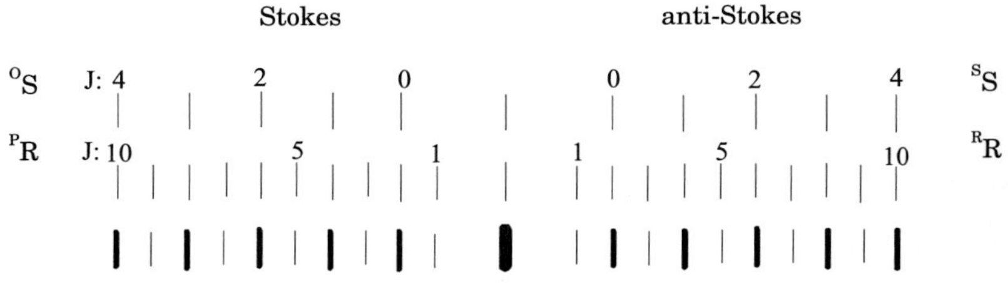

Figura 11.2 – Esquema de espectro Raman de rotor simétrico

11.4 Rotor assimétrico

No rotor assimétrico os três momentos de inércia são diferentes, $I_A \neq I_B \neq I_C$, e a energia será:

$$E = \frac{p_A^{\,2}}{2I_A} + \frac{p_B^{\,2}}{2I_B} + \frac{p_C^{\,2}}{2I_C}$$

No caso de rotor simétrico, os subníveis para um determinado J, caracterizados pelos valores K = 0, ±1... ±J, eram duplamente degenerados, com exceção de J = 0. No rotor assimétrico não há mais uma direção privilegiada e a degenerescência é rompida. Haverá 2J+1 níveis, em vez de J+1, mas não haverá números quânticos perfeitos para caracterizá-los. K deixa de ser um número quântico perfeito; em seu lugar adiciona-se ao valor de J um índice τ, J_τ, onde τ toma valores entre –J, –J+1... +J.

Os níveis de energia não podem ser representados por uma fórmula explícita; devem ser comparados com os níveis do rotor simétrico nos casos extremos do rotor oblato e prolato, como no diagrama de energia da Figura 11.3. Lembrar que no rotor prolato as energias aumentam com K, para um mesmo J, ao passo que no oblato as energias diminuem com o aumento de K (ver Figura 11.1).

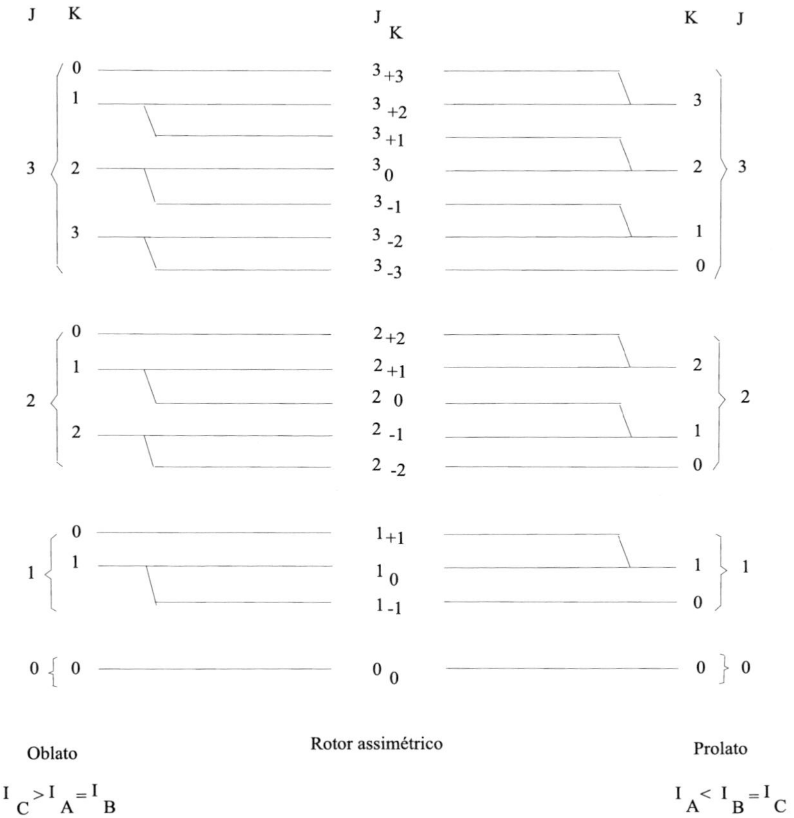

Figura 11.3 – Diagrama da correlação entre níveis de energia de rotores oblato, prolato e assimétrico

Este diagrama é somente esquemático, supondo iguais os níveis oblato e prolato para um mesmo J, o que em geral não é verdade. Nele não se considera A como eixo único, mas podem-se fixar os momentos de inércia I_A e I_C e fazer I_B variar entre $I_B = I_A$ e $I_B = I_C$, de modo que o rotor oblato seria $I_C > I_A = I_B$ (e não $I_A > I_B = I_C$) e o prolato seria como o usual, $I_A < I_B = I_C$. O rotor assimétrico teria valor intermediário de I_B, as linhas unindo os níveis dos dois extremos, com mesmo valor de J. Os índices τ são considerados tomando-se a linha unindo os níveis mais baixos, de um mesmo

J, como sendo o nível J_{-J}; em seguida, unindo-se os níveis prolato e oblato imediatamente acima, obtém-se o nível J_{-J+1} e assim por diante.

Para o rotor assimétrico valem as regras de seleção $\Delta J = 0, \pm 1$ para o infravermelho e $\Delta J = 0, \pm 1, \pm 2$ para o Raman. Os espectros são bastante complicados, sendo difícil seu estudo.

Exercícios

11.1 Construa o esquema dos níveis de energia rotacionais, até J = 6, de uma molécula onde as constantes rotacionais são A = 5 cm^{-1} e B = 3 cm^{-1}. Como classificaria esse rotor?

11.2 Com os resultados do exercício anterior faça uma previsão do espectro rotacional envolvendo esses níveis.

Literatura recomendada

BARROW, G. M. *Introduction to Molecular Spectroscopy*. McGraw-Hill, 1962.

HERZBERG, G. *Molecular Spectra and Molecular Structure* II. *Infrared and Raman Spectra of Poliatomic Molecules*, D. Van Nostrand, 1962.

HOLLAS, J. M. *Modern Spectroscopy.* John Wiley & Sons, 1987.

KROTO, H. W. *Molecular Rotation Spectra*. Dover Publications, Inc., 1992.

WOLLRAB, J. E. *Rotational Spectra and Molecular Structure*. Academic Press, 1967.

12 Interação rotação-vibração

12.1 Moléculas lineares

No capítulo 3 foi estudada a interação rotação-vibração em moléculas diatômicas, que envolvem um único modo vibracional, o de estiramento da ligação. Como o momento de inércia muda ligeiramente durante uma vibração, na constante rotacional (B_v) comparecia o número quântico vibracional, v, deste modo.

Para moléculas poliatômicas, a constante rotacional irá depender dos vários modos vibracionais existentes, ou seja, dos correspondentes números quânticos destes modos. Para modos não degenerados a constante rotacional B pode ser expressa como em (12.1):

$$E_{v1v2v3}...=B_e-\alpha_1\left(v_1+\frac{1}{2}\right)-\alpha_2\left(v_2+\frac{1}{2}\right)-... \qquad (12.1)$$

v_i indicando o número quântico vibracional do modo i e o somatório sendo estendido a todos os modos vibracionais.

Para um particular modo vibracional i a energia (em cm^{-1}), desprezando a distorção centrífuga e a anarmonicidade, será:

$$F_{v_iJ} = \omega_i\left(v_i + \frac{d}{2}\right) + B_{v_i}J(J+1) \qquad (12.2)$$

sendo d o grau de degenerescência (d = 1, 2...).

Embora seja simples obter espectro Raman rotacional de moléculas relativamente leves, como vimos para O_2 e N_2, é mais fácil conseguir o espectro de rotação-vibração no infravermelho. Assim, neste capítulo serão discutidas apenas as regras de seleção para os espectros de absorção no infravermelho.

As propriedades de simetria dos níveis rotacionais devem, agora, ser consideradas para cada nível vibracional. No capítulo 3, para moléculas diatômicas foi desprezada a contribuição da função de onda vibracional, pois, nos espectros rotacionais puros somente se leva em conta o estado vibracional fundamental v = 0, totalmente simétrico.

Para moléculas poliatômicas, no estado vibracional excitado a função de onda pode não ser totalmente simétrica, como veremos no exemplo do CO_2. Para essa molécula, sendo os spins nucleares zero, no estado eletrônico fundamental, Σ_g^+, só existirão níveis rotacionais com J par, simétricos e positivos (ver Figura 3.7, para o $^{35}Cl_2$). Isto vale para o estado vibracional fundamental ou para um estado excitado totalmente simétrico. Para o CO_2 as vibrações fundamentais ativas no infravermelho decorrem de transições entre um estado totalmente simétrico (v = 0) e estados de espécie Σ_u^+ ou Π_u, originando as bandas em 2349 ou 667 cm^{-1}, respectivamente. Para a espécie Σ_u^+ só haverá níveis com J ímpar, simétricos e negativos. A notação das espécies de simetria para moléculas lineares (grupos de ponto $C_{\infty v}$ e $D_{\infty h}$) segue a dos componentes do momento angular orbital eletrônico ao longo do eixo da molécula (não devem ser confundidos com estados eletrônicos). Assim, Σ_u^+ designa uma espécie de simetria não degenerada e Π_u uma espécie de simetria duplamente degenerada.

Se durante a vibração de uma molécula linear houver variação do momento de dipolo, esta pode ocorrer paralelamente ou perpendicularmente ao eixo da molécula. Isto dá origem, no espectro de rotação-vibração, às bandas denominadas paralelas ou perpendiculares.

Para bandas paralelas o espectro de absorção no infravermelho obedece às regras de seleção

$$\Delta v = +1;\ \Delta J = \pm 1;\ + \leftrightarrow -;\ s \not\leftrightarrow a$$

Consequentemente, haverá os ramos P e R com ausência do ramo Q, ocorrendo somente transições entre níveis de diferente paridade (transições entre níveis de mesma paridade são proibidas), como mostra o esquema da Figura 12.1.

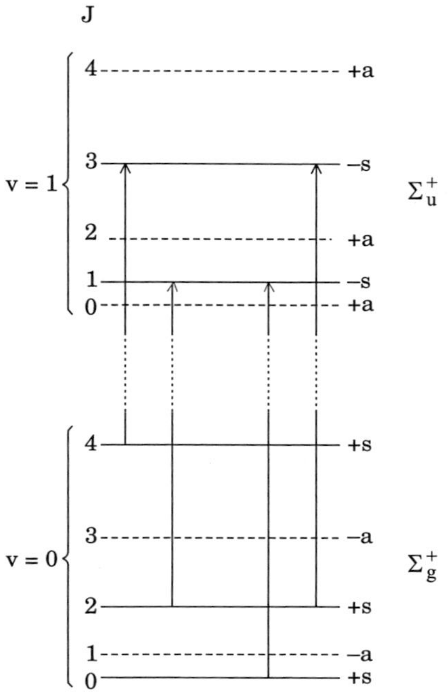

Figura 12.1 – Esquema dos níveis e transições permitidas no infravermelho para banda paralela do CO_2.

A Figura 12.2 mostra o espectro de rotação-vibração do modo ν_3, estiramento antissimétrico do CO_2. As regras $+ \leftrightarrow -$ e $\Delta J = \pm 1$ é que permitem a observação do espectro.

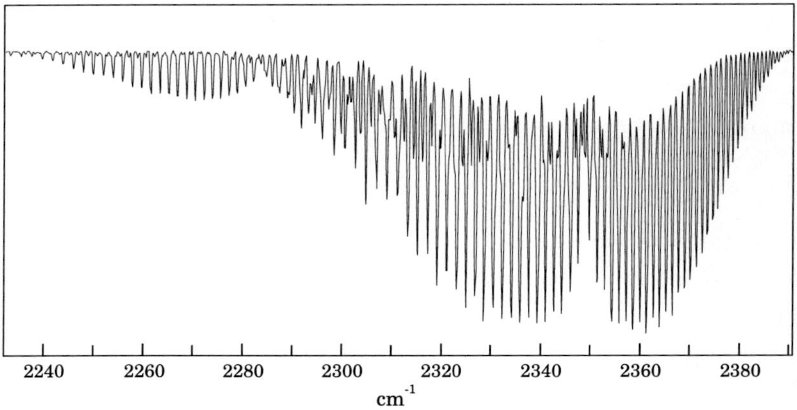

Figura 12.2 – Espectro de rotação-vibração para banda paralela, ν_3, modo de estiramento antissimétrico do CO_2 (resolução 0,3 cm^{-1}). Observa-se a contribuição da banda do $^{13}CO_2$, centrada aproximadamente em 2280 cm^{-1}.

Verifica-se, neste espectro, a inexistência do ramo Q (em *ca.* 2350 cm^{-1}) e o aparecimento do ramo P da banda de $^{13}CO_2$, centrada em *ca.* 2284 cm^{-1}, estando o ramo R sobreposto parcialmente ao ramo P do $^{12}CO_2$. O espaçamento observado entre as bandas é da ordem de 1,52 cm^{-1}; se todos os níveis fossem permitidos, este valor corresponderia a 2B, ou seja, B = 0,76 cm^{-1}. Contudo, a separação entre a primeira banda do ramo P e a primeira banda do ramo R é de 2,30 cm^{-1} e não 3,04 cm^{-1} (4B), como seria esperado. Considerando a alternância na existência dos níveis rotacionais, para os dois estados vibracionais mostrados na Figura 12.1, os resultados experimentais se tornam claros. A diferença energética entre a primeira linha do ramo P e a primeira linha do ramo R é 6B (supondo o mesmo B para v = 0 e v = 1) e entre linhas sucessivas destes ramos é 4B, dando o valor B = 0,38 cm^{-1}.

No Raman, além das regras, $\Delta v = \pm 1$ e $\Delta J = 0, \pm 2$, são proibidas as intercombinações, $+ \leftrightarrow -$ e $s \leftrightarrow a$, o que é coerente com a regra para ΔJ. Deve-se lembrar que o modo de estiramento simétrico envolve transições entre estados Σ_g^+.

Para bandas perpendiculares, por exemplo, o modo de deformação de ângulo do CO_2, espécie Π_u, os dois componentes desse modo degenerado causam uma rotação dos átomos ao redor do eixo da molécula, cujo momento angular, ℓ, é idêntico ao vetor K do rotor simétrico. Como consequência, a regra de seleção de ΔJ, para o infravermelho, passa a ser

$$\Delta J = 0, \pm 1$$

originando o ramo Q, em 667,9 cm^{-1}, mais intenso do que os ramos P e R.

Pela presença do momento angular ℓ, o momento angular total J não pode ser menor do que o de ℓ; portanto, para o estado Π_u não existe o nível J = 0. Devido à diferença no espaçamento rotacional nos dois níveis vibracionais envolvidos, a banda do ramo Q pode apresentar um alargamento assimétrico para J alto. O movimento de deformação de ângulo modifica a geometria da molécula, que se comportará como um rotor assimétrico, com rompimento da degenerescência de K (ou ℓ). A Figura 12.3 mostra os níveis de energia, sendo indicadas algumas transições possíveis dos ramos P, Q e R, estando na Figura 12.4 o espectro de rotação-vibração da banda perpendicular do CO_2.

O diagrama dos níveis de energia mostra que a separação entre duas transições consecutivas, dos ramos P ou R, é 4B (supondo mesma constante rotacional para os dois estados). Sendo B = 0,38 cm^{-1}, o espaçamento entre as linhas no espectro da Figura 12.4 seria da ordem de 1,52 cm^{-1}, como de fato se observa.

Os níveis do estado Π_u são desdobrados, com espaçamento crescente com o valor de J, devido à força de Coriolis, que aumenta com a velocidade de rotação. Contudo, o espaçamento entre os níveis desdobrados é muito pequeno, sendo observado somente em espectros de alta resolução. Os desdobramentos mostrados na Figura 12.3 não estão em escala.

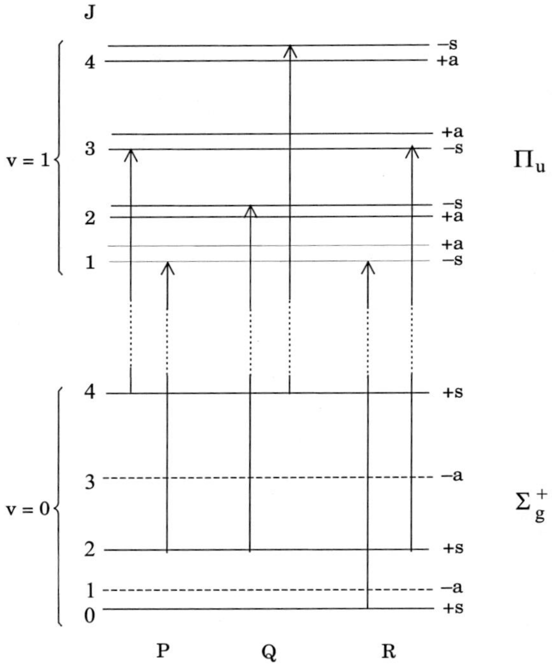

Figura 12.3 – Esquema dos níveis de energia e transições permitidas para a banda de deformação de ângulo do CO_2.

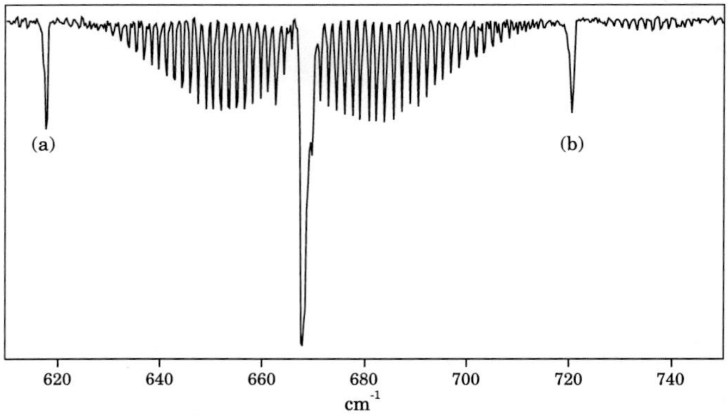

Figura 12.4 – Espectro de rotação-vibração para banda perpendicular, ν_2, modo de deformação de ângulo do CO_2 (resolução 0,4 cm^{-1}). Ver texto para as bandas (a) e (b).

No espectro da Figura 12.4, além dos ramos P, Q, e R do modo ν_2, são observadas as bandas assinaladas por (a) e (b). A banda (a), em 617,9 cm^{-1}, é atribuída à transição de $(0,2^0,0)\ \Sigma_g^+$ para $(0,1^1,0)\ \Pi_u$ (o índice superior indica o valor de ℓ) e a banda (b), em 720,5 cm^{-1}, é atribuída à transição de $(0,0^0,0)\ \Sigma_g^+$ para $(0,1^1,0)\ \Pi_u$. Para mais detalhes sobre este espectro veja Herzberg (1962), capítulo III,3.

Além da força de distorção centrífuga, deve-se considerar o aparecimento da força de Coriolis, que causará desdobramento dos níveis degenerados. Para movimentos vibracionais ao longo do eixo molecular, ℓ será zero e os níveis serão como os considerados na Figura 12.1; contudo, para a espécie Π_u as rotações no sentido horário e anti-horário causam desdobramento dos níveis $\ell = \pm 1$.

Vejamos como aparecem as forças de Coriolis e seu efeito nos níveis de energia.

12.2 Interação de Coriolis

Quando se consideram os movimentos de rotação e vibração de uma molécula linear, deve-se pensar no acoplamento destes dois movimentos, isto é, ao mesmo tempo em que ela está girando existem os movimentos vibracionais, ocorrendo a interação de Coriolis.

Para um observador num referencial externo ao de um corpo em rotação, um ponto deste corpo descreve um movimento circular e está sujeito a uma aceleração centrípeta, $\omega^2 r$, sentida na tensão de uma corda que mantém a trajetória circular deste ponto.

Se além do movimento circular o ponto executa um movimento retilíneo uniforme, com velocidade v (em relação ao referencial no corpo), dirigido para o centro de rotação, haverá uma aceleração adicional conhecida como aceleração de Coriolis.

Usando coordenadas polares, a aceleração pode ser escrita segundo os componentes radial γ_r, na direção do raio vetor, e γ_α, perpendicular à γ_r. Na figura que segue, na extremidade do raio vetor OP está representada a aceleração γ e seus componentes em coordenadas cartesianas, $\ddot{x}$ e $\ddot{y}$, e em coordenadas polares, γ_r e γ_α, podendo-se determinar as expressões para as acelerações centrípeta e de Coriolis.

Em coordenadas cartesianas, a aceleração tem componentes $\ddot{x}$ e $\ddot{y}$, de modo que os componentes radial e azimutal podem ser obtidos pelas equações:

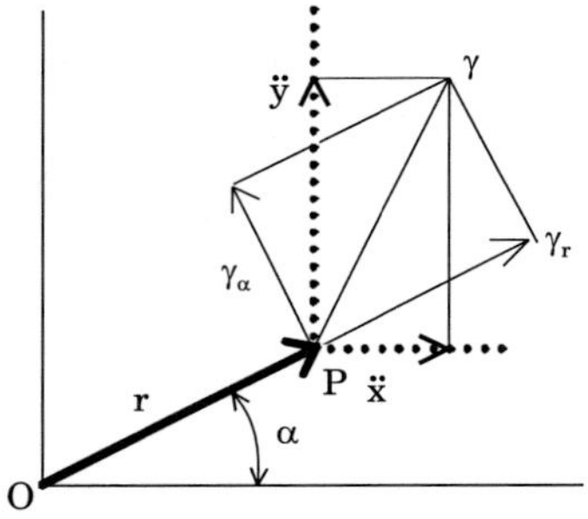

$$\begin{aligned}\gamma_r &= \ddot{x}\cos\alpha + \ddot{y}\,\text{sen}\alpha \\ \gamma_\alpha &= \ddot{y}\cos\alpha + \ddot{x}\,\text{sen}\alpha\end{aligned} \qquad (12.3)$$

De x = r cosα e y = r senα, derivando duas vezes em relação ao tempo:

$$\begin{aligned}\ddot{x} &= \ddot{r}\cos\alpha - 2\dot{r}\dot{\alpha}\,\text{sen}\alpha - r\dot{\alpha}^2\cos\alpha - r\ddot{\alpha}\,\text{sen}\alpha \\ \ddot{y} &= \ddot{r}\,\text{sen}\alpha - 2\dot{r}\dot{\alpha}\cos\alpha - r\dot{\alpha}^2\,\text{sen}\alpha + r\ddot{\alpha}\cos\alpha\end{aligned} \qquad (12.4)$$

Substituindo estes valores em (12.3):

$$\begin{aligned}\gamma_r &= \ddot{r} - r\dot{\alpha}^2 \\ \gamma_\alpha &= 2\dot{r}\dot{\alpha} + r\ddot{\alpha}\end{aligned}$$

No caso considerado $\ddot{r}$ e $\ddot{\alpha}$ são nulos (movimento retilíneo uniforme e velocidade angular constante), restando os termos de aceleração centrípeta, $r\dot{\alpha}^2 (= r\omega^2)$, e de Coriolis, $2\dot{r}\dot{\alpha}$.

A força de Coriolis, definida pelo produto vetorial $2m\mathbf{v}\wedge\omega$, onde ω é a velocidade angular, é dirigida perpendicularmente à direção do movimento e ao eixo de rotação. Esta força leva a um acoplamento adicional entre rotação e vibração (acoplamento de Coriolis) muito maior do que o efeito de distorção centrífuga, pois a velocidade de vibração é maior do que a de rotação.

Consideremos uma molécula linear tipo XY_2 (CO_2, como exemplo), sendo ν_1 e ν_3 os estiramentos simétrico e antissimétrico e ν_2 a deformação de ângulo (duplamente degenerada). Nestes movimentos os átomos passam simultaneamente pelas posições de equilíbrio e os vetores de deslocamento representam as velocidades em qualquer instante. Pelo movimento rotacional (supondo sentido horário, com eixo perpendicular ao plano do papel) as forças de Coriolis em cada átomo têm as direções indicadas pelos vetores em negrito, na Figura 12.5.

Como resultado, a força de Coriolis atuando no modo de estiramento ν_3 tende a excitar um dos modos de deformação de ângulo ν_2, mas com a frequência de ν_3. Da mesma maneira o movimento do modo ν_2 tende a excitar o modo ν_3, mas com a frequência de ν_2. Se as frequências dos modos vibracionais ν_2 e ν_3 forem próximas, haverá forte acoplamento entre eles; se um for excitado o outro também se tornará excitado. O mesmo ocorre entre os modos ν_1 e ν_2.

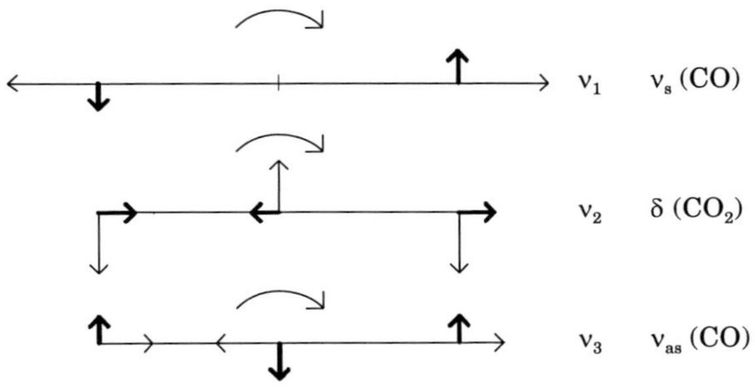

Figura 12.5 – Forças de Coriolis em uma molécula linear.

Como consequência da força de Coriolis e do movimento oscilatório, cada átomo descreverá uma elipse cuja excentricidade dependerá da grandeza do acoplamento, criando um momento angular adicional e mudança de energia.

Em outras palavras, a interação de Coriolis causa acoplamento dos modos ν_1 ou ν_3 com o modo ν_2, refletido no desdobramento dos níveis degenerados (desdobramento tipo ℓ). O acoplamento será tanto maior quanto mais próximas forem as frequências vibracionais. Não ocorre acoplamento entre os modos de estiramento ν_1 e ν_3 ($\ell = 0$) nem entre os dois componentes de ν_2.

Devido a este desdobramento, os níveis rotacionais para o estado excitado de simetria darão origem aos níveis + e –, indicados na Figura 12.6. Nesta figura, para uma transição partindo de mesmo J do estado fundamental Σ_g^+ (J par e estado +s), os ramos P e R envolvem níveis com J ímpar e estados –s da espécie Π_u, que são os níveis inferiores no desdobramento ocorrido. No ramo Q, ao contrário, o J final é o mesmo do estado inicial e os estados –s são os níveis superiores no desdobramento. Este exemplo mostra somente transições partindo de J = 2 do nível Σ_g^+.

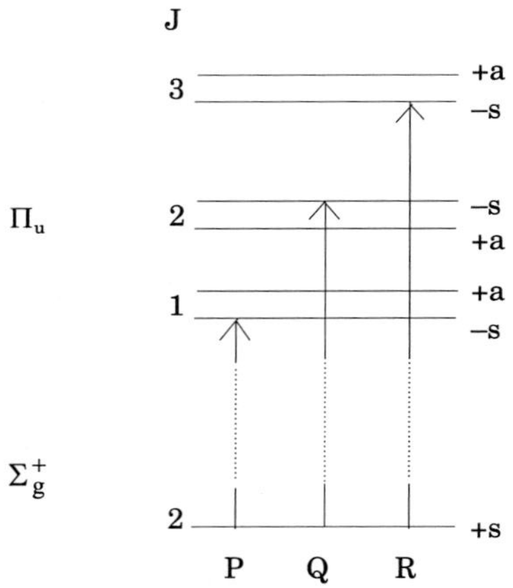

Figura 12.6 – Esquema dos níveis (com desdobramento tipo ℓ) e transições partindo, como exemplo, do nível J = 2.

12.3 Rotor simétrico

Moléculas que se comportam como rotores simétricos, semelhantemente às moléculas lineares, possuem um eixo principal e pode-se distinguir vibrações com momento de dipolo oscilando paralela ou perpendicularmente a este eixo, originando as bandas paralelas e perpendiculares. Para bandas paralelas, no infravermelho valem as regras de seleção:

$\Delta K=0$ $\Delta J = 0, \pm 1$ para $K \neq 0$

$\Delta K=0$ $\Delta J = \pm 1$ para $K= 0$

No Raman as regras de seleção são:

$\Delta K = 0, \pm 1, \pm 2$ e $\Delta J = 0, \pm 1, \pm 2$

Na Figura 12.7 estão esquematizados, para banda paralela, os níveis de energia, as transições permitidas no infravermelho (as setas indicam que as transições são entre valores de J para um mesmo valor de K) e o tipo de espectro. Na Figura 12.8 é mostrado como exemplo de banda paralela o espectro de transmitância do modo ν_2, deformação de ângulo CH_3 do CH_3I, cujo ramo Q se situa em *ca.* 1251 cm^{-1}.

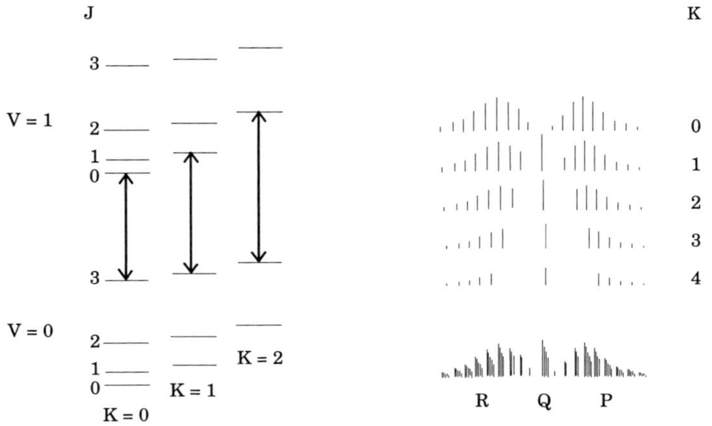

Figura 12.7 – Transições e tipo de espectro para banda paralela de rotor simétrico.

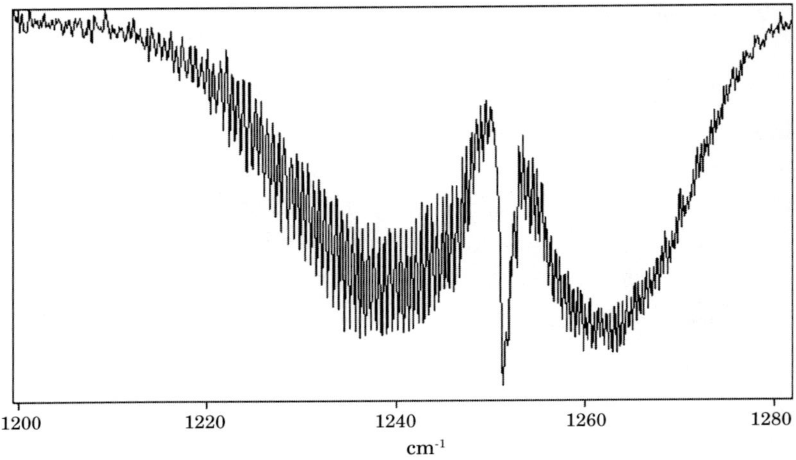

Figura 12.8 – Espectro de rotação-vibração para a banda paralela ν_2, do CH_3I (resolução 0,2 cm^{-1}).

Para bandas perpendiculares, no infravermelho são permitidas as transições com $\Delta K = \pm 1$ e $\Delta J = 0, \pm 1$; no Raman vale o que foi mencionado para bandas paralelas. Na Figura 12.9 estão esquematizados os níveis de energia, as transições permitidas no infravermelho e o tipo de espectro, notando-se que em geral este consiste dos ramos Q, sobrepostos a um fundo não resolvido resultante da sobreposição dos demais ramos com diferentes valores de K.

Na Figura 12.10 é mostrado o espectro de transmitância da banda perpendicular do modo degenerado do CH_3I (ν_5, deformação de ângulo CH_3), com atribuição de algumas linhas. Este é um caso onde ocorre alternância de intensidade dos ramos Q (duas fracas seguidas de uma forte). Esta molécula pertence ao grupo de ponto C_{3v} e tem um eixo C_3. A função de onda contém o fator $e^{\pm iK\varphi}$, sendo φ o ângulo de rotação. Como φ vale $2\pi/3$, a função de onda para espécies de simetria A não são alteradas para K múltiplo de 3, ou seja, 0, 3, 6, 9,.... Para $K = 3n \pm 1$, ou seja,

K = 1, 2, 4, 5, 7, 8,... a função de onda muda, pertencendo à espécie degenerada E.

Os três átomos idênticos (os H) têm spin nuclear ½ e pode-se mostrar que há duas funções de onda degeneradas (espécie E) e quatro totalmente simétricas. Assim, os níveis de espécie A, com K = 0, 3, 6, 9,... apresentam o dobro da intensidade dos níveis E, com K = 1, 2, 4, 5, 7, 8 etc. Para maiores detalhes consultar Herzberg (1962), capítulo IV.

O espaçamento das bandas para este modo ν_5 é 11,7 cm^{-1}, ao passo que para o modo ν_6 ($\rho(CH_3)$) e ν_4($\nu(CH_3)$) a separação é 7,7 e 9,0 cm^{-1}, respectivamente. Este espaçamento deveria ser o mesmo, mas isto não ocorre devido à interação de Coriolis.

Da expressão para os níveis de energia, sem considerar a interação de Coriolis,

$$T_{vJK} = \omega_e(v + ½) + BJ(J+1) + (A\text{-}B)K^2$$

obtém-se o número de onda das linhas do ramo Q para $\Delta K = -1$ e $\Delta K = +1$ nos diferentes valores de K:

$$(\Delta K = -1) \qquad \nu = \omega_e + (A-B) - 2(A-B)K \qquad (K = 1, 2, 3...)$$
$$(\Delta K = +1) \qquad \nu = \omega_e + (A-B) + 2(A-B)K \qquad (K = 0, 1, 2...)$$

O espaçamento entre as linhas seria, portanto, 2(A-B).

A rigor, na expressão dos níveis de energia deve-se considerar um termo adicional, $\pm 2A\zeta_i K$ (sinal + para $\Delta K = -1$ e sinal – para $\Delta K = +1$), onde ζ_i é a constante de Coriolis para o modo i, que toma valores entre –1 e +1. Considerando este termo, a separação da série de ramos Q será $2[A(1-\zeta_i)-B]$ e não 2(A–B).

A estrutura das bandas de rotação-vibração muitas vezes não é resolvida, mas a análise da envoltória pode fornecer informações úteis para a atribuição das frequências. Detalhes desta análise podem ser encontrados na literatura (por exemplo, Gerhard & Dennison. *Phys. Rev*. v.43, p.197, 1933).

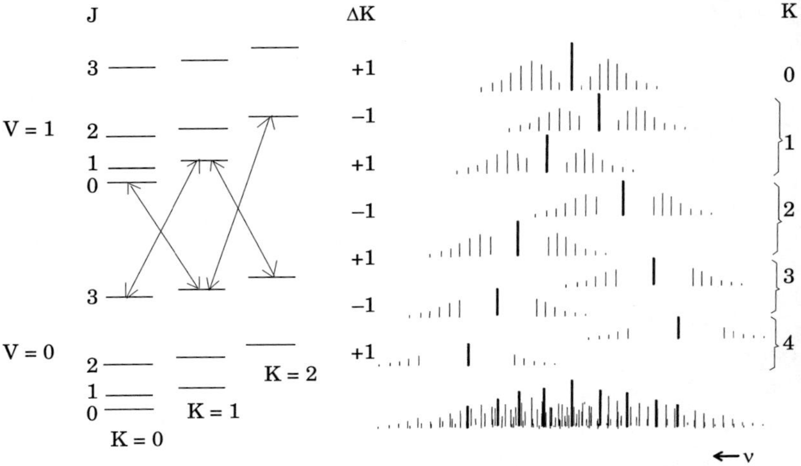

Figura 12.9 – Transições e tipo de espectro para banda perpendicular de rotor simétrico.

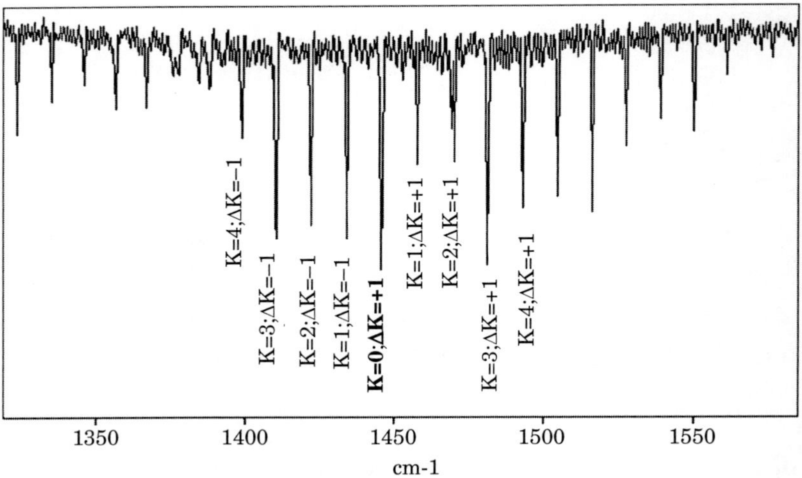

Figura 12.10 – Espectro de rotação-vibração da banda perpendicular ν_5(e) do CH_3I (resolução 0,2 cm^{-1}).

12.4 Rotor esférico

No capítulo 11 foi mencionado que o rotor esférico não dá origem a espectro rotacional no infravermelho, por não possuir momento de dipolo permanente. Contudo, no espectro de rotação-vibração, como acontece para moléculas lineares, durante uma vibração pode haver variação de momento de dipolo e o espectro de rotação-vibração será observado. Assim, para uma molécula tipo XY_4, de simetria T_d, o modo de vibração totalmente simétrico continua inativo no infravermelho, mas as vibrações dos modos da espécie F_2 darão origem a espectros de rotação-vibração no infravermelho.

12.5 Rotor assimétrico

Geralmente as bandas do espectro de rotação-vibração de um rotor assimétrico não são completamente resolvidas e somente suas envoltórias podem ser estudadas.

A análise dos espectros é bastante complicada e não entraremos em detalhes. Há várias publicações que apresentam tipos de contornos de acordo com certos parâmetros que podem ser facilmente calculados (por exemplo, Ueda & Shimanouchi, *J. Mol. Spectrosc.* v.28, p.350, 1968). Em certos casos o rotor é aproximadamente simétrico, entre os limites prolato e oblato, e a envoltória se torna mais simples. A análise destes contornos é útil como ferramenta adicional na atribuição das frequências vibracionais.

No infravermelho é possível distinguir três tipos de envoltórias, denominadas A, B e C, dependendo da variação do momento de dipolo estar na direção do eixo com momento de inércia menor, intermediário ou maior, respectivamente. Bandas do tipo A têm contorno semelhante à de ramos P, Q, R, com o ramo Q mais intenso. Bandas do tipo B apresentam um desdobramento do ramo Q, com um mínimo central, sendo geralmente difícil a observação dos ramos P e R. Bandas do tipo C têm os três ramos, como as do tipo A, mas com os ramos P e R não resolvidos em relação ao ramo Q.

Na Figura 12.11 são mostrados exemplos desses três tipos de contornos, obtidos no espectro de rotação-vibração do CH_2Cl_2, rotor assimétrico do grupo de ponto C_{2v}. A banda em 2989 cm^{-1} é do tipo B (estiramento totalmente simétrico CH_2), a banda em 1276 cm^{-1} é do tipo A (*wagging* CH_2, espécie b_2) e a banda em 898 cm^{-1} é do tipo C (*rocking* CH_2, espécie b_1).

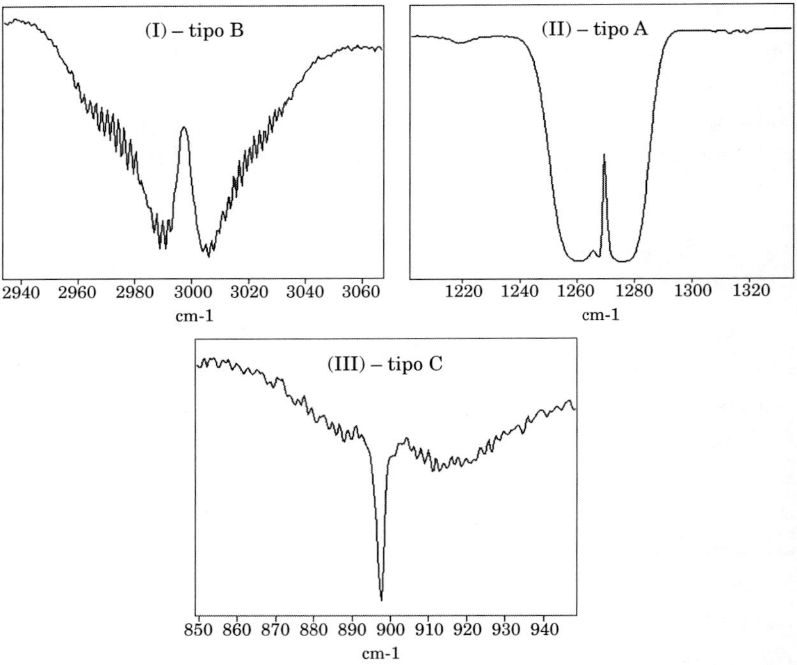

Figura 12.11 – Exemplos de contorno de bandas do CH_2Cl_2: (I) tipo B, espécie a_1; (II) tipo A, espécie b_2; (III) tipo C, espécie b_1.

Na Figura 12.12 estão apresentados os espectros Raman e no infravermelho do CH_2Cl_2 líquido, na região de 200 a 1450 cm^{-1}, incluindo medida de polarização. Na Figura 12.13 são mostrados os espectros do vapor na região de 600 a 1500 cm^{-1}, estando indicados os vários tipos de contorno. A Figura 12.14 mostra, na região de 2100 a 3400 cm^{-1}, os espectros Raman (líquido) com polarização e os espectros no infravermelho do vapor (com indicação dos tipos de contorno) e do líquido.

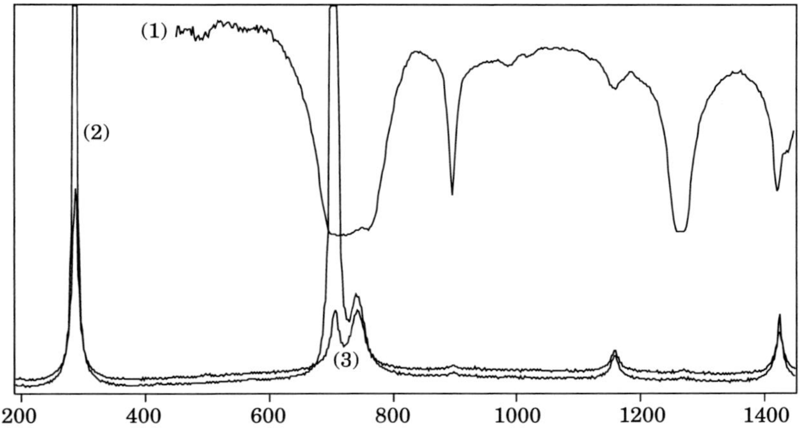

Figura 12.12 – Espectros do CH_2Cl_2 líquido na região de 200 a 1450 cm^{-1}: (1) no infravermelho; (2) Raman com a radiação incidente polarizada perpendicularmente à direção de observação e (3) idem de (2), mas com polarização paralela à direção de observação.

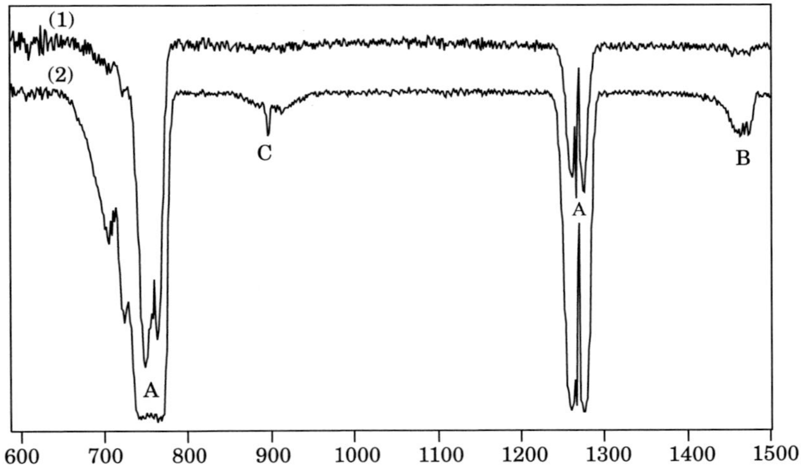

Figura 12.13 – Espectros no infravermelho do CH_2Cl_2 vapor na região de 600 a 1500 cm^{-1}: (1) e (2) com quantidades diferentes de amostra. Estão indicados os tipos de contorno, A, B ou C.

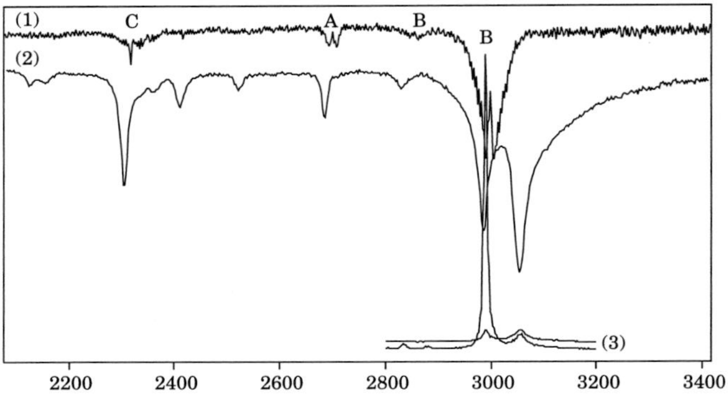

Figura 12.14 – Espectros do CH_2Cl_2 na região de estiramentos CH: (1) no infravermelho, estado vapor, estando indicados os tipos de contorno A, B ou C; (2) no infravermelho, estado líquido; (3) Raman do estado líquido, com a radiação incidente polarizada perpendicular e paralela à direção de observação.

A análise destes espectros, considerando o tipo de contorno e a polarização, permite obter a atribuição de bandas fundamentais e de combinação, mostrada na Tabela 12.1.

Raman	Infravermelho		Tipo de contorno	Atribuição	
	líquido	vapor			
3055	3053			ν_6 ν(CH)	(b_1)
2989 P	2987	2998	B	ν_1 ν(CH)	(a_1)
	2829	2853	B	$2\nu_2$	(A_1)
	2685	2698	A	$\nu_2+\nu_8$	(B_2)
	2305	2318	C	$\nu_2+\nu_7$	(B_1)
1425 P	1422	1467	B	ν_2 $\delta(CH_2)$	(a_1)
1268	1266	1268	A	ν_8 w(CH_2)	(b_2)
1157	1157			ν_5 twisting	(a_2)
898	896	896	C	ν_7 $\rho(CH_2)$	(b_1)
742	757	759	A	ν_9 ν(CCl)	(b_2)
704 P	704			ν_3 ν(CCl)	(a_1)
288 P				ν_4 $\delta(CCl_2)$	(a_1)

P = polarizada; δ = deformação de ângulo; w = "wagging"; ρ = "rocking".

Tabela 12.1 – Valores de número de ondas (cm^{-1}) e atribuição vibracional para o CH_2Cl_2

Exercícios

12.1 Pode-se obter um valor aproximado da constante rotacional, B, quando no espectro ro-vibracional a estrutura não é resolvida, observando-se somente a envoltória das bandas. Considerando as intensidades máximas dos ramos P e R determinadas pela população do estado inicial (espectro de absorção) e que a constante B seja a mesma nos dois estados vibracionais, mostre que a separação entre os máximos destes ramos é:

$$\Delta\nu = \sqrt{\frac{8kTB}{hc}} = 2{,}358\sqrt{BT} \quad (cm^{-1})$$

[sugestão: a separação entre ramos R e P, R(J) – P(J) = F(J+1) – F(J–1) pode ser escrita, lembrando que F = BJ(J+1), em termos do valor de J para o máximo de intensidade (ver exercício 3.2), $J_{max} = \sqrt{\frac{kT}{2Bhc}} - \frac{1}{2}$, obtendo-se que $\Delta\nu = 4B(J+1/2)$].

12.2 O contorno da banda de absorção do CO_2 em baixa resolução, a 300K, mostra os dois ramos, P e R, com máximos em 2335 e 2360 cm^{-1}, respectivamente. Determine o valor aproximado da constante rotacional e da distância internuclear.

12.3 No espectro de rotação-vibração do CH_3I, mostrado na Figura 12.10, foram medidos os seguintes valores de número de onda:

1399,09	1411,46	1422,08	1433,86	1445,61
1457,65	1470,12	1481,08	1492,83	1504,48

Verifique se as atribuições indicadas na figura estão corretas.

Literatura recomendada

BARROW, G. M. *Introduction to Molecular Spectroscopy*. McGraw-Hill, 1962.

COLTHUP, N. B., DALY, L. H., WIBERLEY, S. E. *Introduction to Infrared and Raman Spectroscopy.* Academic Press, 1990.

HERZBERG, G. *Molecular Spectra and Molecular Structure II. Infrared and Raman Spectra of Polyatomic Molecules*. D. Van Nostrand Company, Inc., 1962.

HOLLAS, J. M. *Modern Spectroscopy*. John Wiley & Sons, 1987.

KROTO, H. W. *Molecular Rotation Spectra*. Dover Publications, Inc., 1992.

STEELE, D. *Theory of Vibrational Spectroscopy.* W. B. Saunders, 1971.

WOLLRAB, J. E. *Rotational Spectra and Molecular Structure*. Academic Press, 1967.

13 Espectro Raman de monocristal

13.1 Introdução

O espectro vibracional de substâncias no estado sólido pode apresentar diferenças em relação ao espectro da amostra no estado líquido ou gasoso, como o deslocamento de frequências ou o aparecimento de novas bandas, devido a perturbações pelo campo cristalino. Isto pode ser devido ao d esdobramento por campo estático (grupo de simetria local, com possível rompimento de degenerescência pelo abaixamento da simetria), por campo de correlação (devido à presença de mais de uma unidade molecular numa célula unitária, com as vibrações de cada unidade em fase ou fora de fase), ou à presença de modos externos (movimentos de vibrações da rede cristalina).

Um fóton incidindo em um cristal pode criar ou destruir um fonon, que é o *quantum* de energia que separa os níveis de energia vibracional da rede cristalina. Por vibração da rede entendemos tanto os modos internos (característicos de um agrupamento molecular) como os modos externos (movimentos tipo translação ou rotação de íons ou de agrupamentos moleculares). Alguns autores consideram como vibração da rede somente os modos externos. Foi visto, no capítulo 6, que, para haver atividade no Raman, a representação da espécie considerada deve conter pelo menos um componente do tensor de polarizabilidade e, também, que as vibrações das espécies totalmente simétricas podiam ser caracterizadas pelo fator de despolarização menor do que 3/4 (ou 6/7). Isto é válido no caso de fase líquida, onde se considera uma polarização média. Para monocristais, as moléculas estão orientadas e isto permite que se obtenha espectros onde só compareçam bandas de uma determinada espécie de simetria, ou seja, vibrações envolvendo os componentes da polarizabilidade nesta particular espécie. É necessário que o cristal esteja orientado segundo seus eixos ópticos (sistema referencial no cristal), e suas faces convenientemente cortadas e polidas; as direções de polarização da radiação incidente e da radiação espalhada determinarão quais componentes do tensor estarão sendo observados.

Um arranjo regular de átomos, que pode ser repetido ao longo do cristal, constitui uma célula unitária. Quando esta célula tem volume mínimo, ela é denominada célula primitiva. Como nem sempre a célula primitiva contém a simetria completa da rede cristalina, é conveniente definir uma célula unitária que contenha a simetria completa da rede; essas células são conhecidas como células de Bravais.

O principal objetivo deste capítulo é evidenciar a dependência do espectro Raman com os componentes do tensor Raman. Isto é de importância fundamental para uma correta atribuição das frequências vibracionais às espécies de simetria. Uma vez isto obtido, o cálculo de coordenadas normais, através da determinação da distribuição da energia potencial, permitirá a atribuição correta das frequências aos modos normais.

Infelizmente, nem sempre é simples obter monocristais com dimensões apropriadas para sua lapidação, segundo faces convenientemente orientadas de acordo com os eixos ópticos. Além disso, a orientação, o corte e o polimento do cristal são tarefas bastante trabalhosas.

A análise do espectro envolve agora o grupo de espaço (no lugar do grupo de ponto) e pode ser efetuada via grupo de fator (onde são consideradas as operações de simetria do grupo de espaço do cristal) ou pelo método de correlação (que utiliza essencialmente as tabelas de correlação entre grupos). Utilizaremos este último, por ser muitas vezes usado na análise de espectros de moléculas correlacionadas e mais simples de se utilizar.

13.2 Vibrações em cristais

Em um cristal devem-se considerar os movimentos oscilatórios na rede cristalina, as vibrações de cada átomo influenciando os movimentos dos átomos vizinhos. Devido ao arranjo periódico, os movimentos dos modos vibracionais corresponderão a ondas de deslocamentos que caminham através do cristal, constituindo as vibrações da rede. A vibração dos átomos, com uma determinada frequência, origina uma onda que se propaga na rede, com comprimento de onda determinado pela diferença de fase entre uma célula e sua vizinha. Se o deslocamento dos átomos for paralelo à direção de propagação da onda, teremos as ondas longitudinais; se for perpendicular à direção de propagação, teremos as ondas transversas.

Para haver interação entre as vibrações da rede e a radiação eletromagnética (cujo comprimento de onda é da ordem de 10^5 Å no infravermelho e $5 \cdot 10^3$ Å no visível), é necessário que as vibrações da rede tenham comprimento de onda comparável ao destas radiações. Sendo a dimensão da célula unitária no cristal da ordem de 10 a 100 Å, só haverá interação com vibrações de rede de longo comprimento de onda. Estas vibrações entre células adjacentes estarão em fase e, como podem interagir com a radiação eletromagnética, são conhecidas como “modos ópticos”. Se todos os átomos se moverem exatamente com a mesma fase teremos um comprimento de onda infinito.

As vibrações da rede são descritas em termos do vetor de onda, **k**, cujo módulo é $2\pi/\lambda$, e sua direção é a mesma da propagação do movimento ondulatório na rede cristalina. A frequência e o comprimento de onda de um modo que se propaga na rede estão relacionados pela "relação de dispersão". A representação gráfica da frequência deste modo em função do vetor de onda é denominada "curva de dispersão".

Se n é o número de átomos da célula unitária, haverá 3n modos normais associados com um "ramo" desta curva de dispersão. Três destes modos constituem os ramos acústicos. Para comprimento de onda infinito ($\mathbf{k} = 0$) os modos acústicos terão frequência zero, correspondendo a translações do cristal como um todo. Como foi mencionado, para λ grande são possíveis modos ópticos, constituindo os ramos ópticos, ativos no Raman e no infravermelho.

O menor comprimento de onda para vibração da rede é definido pela dimensão da célula unitária, a, com elas vibrando exatamente fora de fase, de modo que $\lambda = 2a$, resultando para o vetor de onda $\mathbf{k} = \pi/a$. A relação de fases das células adjacentes define uma região entre $-\pi/a$ e $+\pi/a$, conhecida como primeira zona de Brillouin, que contém todos os valores de frequência. As vibrações com $\mathbf{k} = 0$ estão no centro da primeira zona de Brillouin.

A propagação da onda leva em conta a diferença de fase entre modos vibracionais em células unitárias adjacentes. Se a propagação é ao longo do eixo x, pode-se escrever:

$$s = A.\text{sen}\left[\frac{2\pi\,x}{\lambda} - \phi\right] \tag{13.1}$$

onde $\phi = 2\pi\nu t = \omega t$, sendo ω a frequência angular.

Esta equação pode ser reescrita, de forma mais geral:

$$s = A.\exp\left[i\,(kx - \omega\,t)\right] \tag{13.2}$$

As vibrações onde os átomos se movimentam uns contra os outros, como se fossem ligados por molas, são mais importantes do que as ondas acústicas, na espectroscopia vibracional de sólidos cristalinos.

Considerando o caso de ondas longitudinais de átomos iguais se propagando em uma rede linear infinita, teremos uma relação de dispersão como mostrada na Figura 13.1. Para $|\mathbf{k}| = \pi/a$, ou seja, $\lambda = 2a$, a velocidade de grupo ($\partial\omega/\partial\mathbf{k}$), proporcional a $\cos(\mathbf{k}a/2)$, se anula; o que corresponde aos átomos vizinhos se moverem em oposição de fase. A onda será estacionária e não uma onda se propagando. Para velocidade de grupo nula, a velocidade de fase apresenta uma grande dispersão para os comprimentos de onda nesta região. O intervalo $-\pi/a < \mathbf{k} < +\pi/a$ (primeira zona de Brillouin) contém todo o espectro, todos os valores de frequência se encontram neste intervalo.

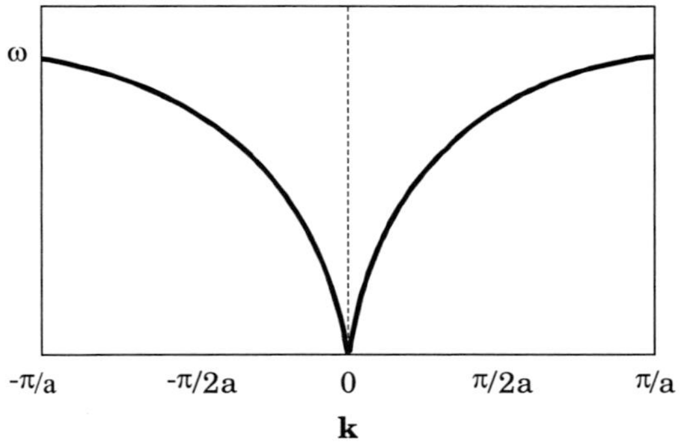

Figura 13.1 – Relação de dispersão para rede linear infinita de átomos iguais.

Para uma rede linear formada com dois átomos diferentes, com massas M e m, separados por uma distância a, portanto, com uma distância de repetição na rede de 2a, a relação de dispersão seria como a mostrada na Figura 13.2. A primeira zona de Brillouin é agora definida dentro do intervalo $|\mathbf{k}| \leq \pi/2a$ (e não π/a), pois a rede se repete periodicamente na distância 2a.

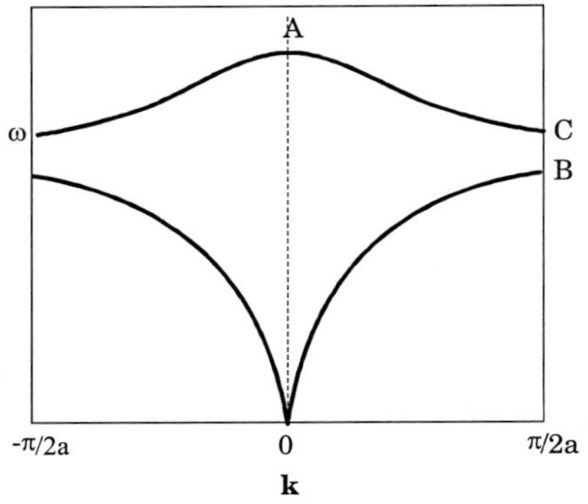

Figura 13.2 – Relação de dispersão para rede linear com dois átomos diferentes. Ver texto para definição dos pontos A, B, C e 0.

Para o ramo acústico a frequência máxima (**k** = π/2a) depende da massa do átomo mais pesado (ponto B), enquanto para o ramo óptico a frequência neste valor de **k** depende da massa do átomo mais leve (ponto C). Para **k** = 0 ocorre o valor máximo da frequência do ramo óptico, que depende das duas massas.

Até agora consideramos apenas ondas longitudinais. Vamos examinar o aparecimento de ondas transversais neste modelo de rede linear com dois átomos diferentes. Na Figura 13.3 estão esquematizados alguns movimentos ondulatórios da rede. Note-se o movimento das massas M (•) e m (o), conforme foi discutido para modos ópticos e acústicos.

Para uma rede multiatômica e tridimensional o número de modos vibracionais será maior. Se o sólido contiver agrupamentos moleculares, consideram-se as vibrações entre as moléculas como um todo. Isto dá origem a modos translacionais, ou a movimentos tipo rotação destes agrupamentos, sendo os últimos conhecidos como modos rotacionais ou de libração; estes movimentos constituem os modos externos. O movimento vibracional dos átomos dentro dos agrupamentos moleculares dá origem aos modos internos. O acoplamento entre estes agrupamentos, tendo diferentes fases e periodicidade na rede cristalina, determina a relação de dispersão, produzindo novos modos ópticos.

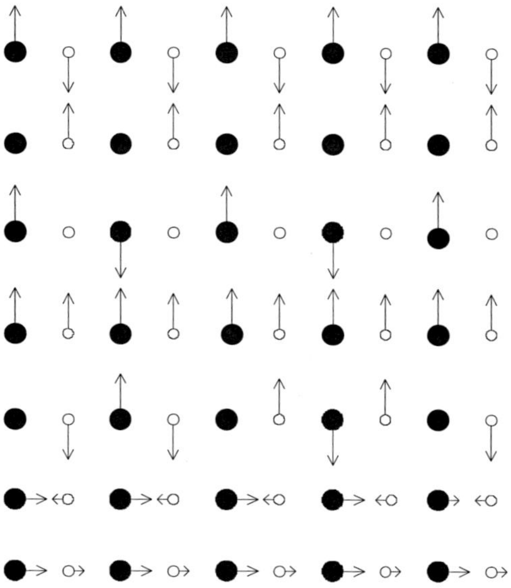

Figura 13.3 – Movimentos ondulatórios numa rede infinita (T = transversal, L = longitudinal, O = óptico, A = acústico). As letras entre ( ) correspondem aos pontos indicados na Figura 13.2. (*) corresponde a **k** entre 0 e π/2a.

13.3 O método de correlação

Este método considera a simetria local de cada átomo ou íon e correlaciona as espécies de simetria do grupo local com as do grupo de espaço (grupo que contém todos os elementos de simetria do cristal). Para um determinado grupo (de ponto ou de espaço) existem geralmente vários subgrupos contendo alguns dos elementos de simetria do grupo. Para cristais que contêm agrupamentos moleculares, a correlação deve satisfazer a condição de que a simetria local do centro de massa da molécula seja, ao mesmo tempo, um subgrupo do grupo de espaço do cristal e do grupo de ponto da molécula livre.

Além destas condições, o número de sítios equivalentes deve ser igual ao número de moléculas, átomos ou íons por célula unitária. Por exemplo, para a calcita encontra-se nas tabelas a correlação de D_{3d} com as simetrias locais $D_3(2)$, $C_{3i}(2)$, $C_3(4)$, $C_i(6)$ e $C_2(6)$; entre ( ) é indicado o número de sítios equivalentes que têm a particular simetria local. Para o carbono, que é o centro de massas do CO_3^{2-}, haverá as possibilidades D_3 e C_{3i}, pois só há duas moléculas por célula unitária. Como C_{3i} não é subgrupo do íon livre, a correlação deve ser feita com D_3. Do mesmo modo, para os oxigênios (6 átomos na cela unitária) a correlação, entre $C_i(6)$ e $C_2(6)$, deve ser com C_2, pois eles não se situam em centros de inversão. Para o íon de cálcio, que se localiza no eixo S_6 e no centro de inversão entre dois grupos CO_3^{2-}, como há dois íons por célula unitária, entre $D_3(2)$ e $C_{3i}(2)$, a correlação recai evidentemente em $C_{3i} \equiv S_6$.

Tabelas de correlação podem ser encontradas em vários livros, por exemplo, Fateley et al., 1972. Para aplicar o método são necessárias informações cristalográficas (por exemplo, Wyckoff, *Crystal Structures*, Interscience Publishers, Inc.) e o conhecimento da simetria local de cada átomo e/ou do centro de gravidade de agrupamentos poliatômicos (ver Henry & Lonsdale, *International Tables for X-Ray Crystallography*, The Kynoch Press).

Veremos o método de correlação usando como exemplo o cristal de calcita, sendo conveniente definir primeiro alguns termos que serão utilizados:

- t^γ = número de translações na espécie γ do grupo local, obtido das tabelas de caracteres (número de componentes T_x, T_y ou T_z na espécie considerada);
- R^γ = número de rotações (R_x, R_y ou R_z) na espécie γ do grupo local;
- n = número de átomos (íons ou moléculas) num conjunto equivalente;
- f^γ = número de graus de liberdade vibracional na espécie de simetria γ do grupo local; $f^\gamma = n \cdot t^\gamma$
- f^γ_R = número de graus de liberdade rotacional na espécie γ; $f^\gamma_R = n \cdot R^\gamma$;
- a_γ = contribuição da espécie γ (grupo local) para a espécie τ do grupo de fator;
- c_τ = degenerescência da espécie τ do grupo de fator;

a_γ pode ser determinado pela relação

$$a_\gamma = f^\gamma / \sum_\tau^{(\gamma)} c_\tau$$

onde o somatório é para as espécies τ (grupo de fator) correlacionadas com a espécie γ do grupo local.

O número de vibrações no cristal, para a espécie τ, é dado por $a_\tau = \Sigma a_\gamma$. Os a_γ são os coeficientes que aparecem nas representações de cada sítio.

Aplicaremos este método na análise do cristal de calcita.

13.4 Análise da calcita pelo método de correlação

A calcita, uma das formas cristalinas do carbonato de cálcio, pertence ao grupo de espaço D^6_{3d}, isomorfo com o grupo de ponto D_{3d}, sendo a célula unitária de menor volume um romboedro com duas moléculas por célula unitária (Z = 2). Vimos que a simetria local do agrupamento CO_3^{2-} é D_3, a do íon de cálcio é S_6 e a dos átomos de oxigênio é C_2. Para o átomo de carbono, localizado no centro de massa do grupo CO_3^{2-}, a simetria local é, também, D_3. Aplicaremos o método para cada conjunto de átomos equivalentes, para obter a representação do cristal.

Das tabelas de correlação para D_{3d} temos:

D_{3d}	S_6	C_2	D_3
A_{1g}	A_g	A	A_1
A_{2g}	A_g	B	A_2
E_g	E_g	A+B	E
A_{1u}	A_u	A	A_1
A_{2u}	A_u	B	A_2
E_u	E_u	A+B	E

Na célula de Bravais há dois átomos de cálcio equivalentes, n = 2. O grupo S_6 tem quatro espécies de simetria, A_g, E_g, A_u e E_u; somente nas últimas duas comparecem componentes translacionais. Assim, $t^\gamma = 0$ para as espécies A_g e E_g, que não contribuirão; e somente as espécies A_u e E_u devem ser consideradas na correlação que segue:

<u>Ca^{2+}</u>

		(S_6)				(D_{3d})	
n	t^γ	f^γ	γ	correlação	τ	c_τ	$a_\tau = \Sigma a_\gamma$
2	1	2	A_u		A_{1u}	1	1+0 = 1
	(T_z)				A_{2u}	1	1+0 = 1
2	2	4	E_u		E_u	2	0+2 = 2
	(T_x,T_y)						

$\Gamma_{Ca} = 1A_{1u} + 1A_{2u} + 2E_u$

Na coluna dos a_τ, o primeiro termo da soma se refere à contribuição da espécie A_u (do grupo S_6) e o segundo à da espécie E_u.

Para o oxigênio, existem seis átomos equivalentes na célula unitária, n = 6, e a correlação fica:

<u>O</u>

		(C_2)				(D_{3d})	
n	t^γ	f^γ	γ	correlação	τ	c_τ	$a_\tau = \Sigma a_\gamma$
6	1	6	A		A_{1g}	1	1+0 = 1
	(T_z)				A_{1u}	1	1+0 = 1
					E_g	2	1+2 = 3
					E_u	2	1+2 = 3
6	2	12	B		A_{2g}	1	0+2 = 2
(T_x,T_y)					A_{2u}	1	0+2 = 2

$\Gamma_O = 1A_{1g} + 1A_{1u} + 2A_{2g} + 2A_{2u} + 3E_g + 3E_u$

Observa-se em E_g e E_u a contribuição, em a_τ, das espécies A e B.

Existem dois átomos de carbono equivalentes, n = 2, e a espécie A_1 não contém componentes de translação, não sendo necessário considerá-la na correlação. Neste exemplo, a representação é a mesma que se obteria para o centro de massa do agrupamento CO_3^{2-}, que coincide com o átomo de carbono.

C (ou CO_3^{2-})

n	t^γ	f^γ	γ (D_3)	correlação	τ (D_{3d})	c_τ	$a_\tau = \Sigma a_\gamma$
2	1	2	A_2 (T_z)		A_{2g}	1	1+0 = 1
					A_{2u}	1	1+0 = 1
2	2	4	E (T_x,T_y)		E_g	2	0+1 = 1
					E_u	2	0+1 = 1

$$\Gamma_C = 1A_{2g} + 1A_{2u} + 1E_g + 1E_u$$

A representação para os modos vibracionais do cristal (envolvendo modos externos e internos) será dada pela soma das representações obtidas:

$$\Gamma_{cristal} = 1A_{1g} + 2A_{1u} + 3A_{2g} + 4A_{2u} + 4E_g + 6E_u$$

A representação para os modos acústicos (translações da célula unitária) é obtida diretamente da representação das translações, dada na tabela de caracteres do grupo D_{3d}:

$$\Gamma_{ac} = 1A_{2u} + 1E_u$$

A representação para os modos tipo translação é obtida somando as representações das translações do íon de cálcio, do centro de massa do CO_3^{2-} e subtraindo a representação dos modos acústicos (se o centro de massa não coincidisse com o átomo de carbono, teríamos de calcular sua representação):

$$\Gamma_T = \Gamma_{Ca} + \Gamma_{CO_3} - \Gamma_{ac} = 1A_{1u} + 1A_{2g} + 1A_{2u} + 1E_g + 2E_u$$

Para obter a representação dos modos internos (vibrações correspondentes ao íon CO_3^{2-} livre) precisamos obter a representação dos modos tipo rotação (libração), Γ_{rot}, e subtraí-la da representação do cristal, juntamente com a Γ_T e Γ_{ac}. A representação para rotação é obtida pela correlação:

n	R^γ	f^γ_R	γ (D_3)	correlação	τ (D_{3d})	c_τ	$a_\tau = \Sigma a_\gamma$
2	1	2	A_2	—	A_{2g}	1	1+0 = 1
	(R_z)			—	A_{2u}	1	1+0 = 1
2	2	4	E	—	E_g	2	0+1 = 1
	(R_x,R_y)			—	E_u	2	0+1 = 1

$$\Gamma_{rot} = 1A_{2g} + 1A_{2u} + 1E_g + 1E_u$$

A representação para os modos internos será:

$$\Gamma_{int} = \Gamma_{cristal} - \Gamma_T - \Gamma_{ac} - \Gamma_{rot} = 1A_{1g} + 1A_{1u} + 1A_{2g} + 1A_{2u} + 2E_g + 2E_u$$

São ativas no Raman as espécies A_{1g} e E_g, e ativas no infravermelho as espécies A_{2u} e E_u.

Estes resultados estão resumidos na Tabela 13.1.

D_{3d}	N	T_{ac}	T	R	n	atividade
A_{1g}	1	0	0	0	1	$\alpha_{xx} + \alpha_{yy}, \alpha_{zz}$
A_{1u}	2	0	1	0	1	
A_{2g}	3	0	1	1	1	
A_{2u}	4	1	1	1	1	T_z
E_g	4	0	1	1	2	$(\alpha_{xx} - \alpha_{yy}, \alpha_{xy}),(\alpha_{xz},\alpha_{yz})$
E_u	6	1	2	1	2	(T_x, T_y)

N = número total de modos vibracionais do cristal
T_{ac} = número de modos acústicos
T = número de modos externos tipo translação
R = número de modos externos tipo rotação
n = número de modos internos (do íon CO_3^{2-})

Tabela 13.1 – Análise do cristal de calcita

Um caso que pode ocorrer é a correlação do tipo E_u com $2A_u$, como sucede entre D_{3d} e o subgrupo C_i. É útil examinarmos este exemplo. Pelas tabelas de correlação temos:

A_{1u}	A_u
A_{2u}	A_u
E_u	$2A_u$

Somente na espécie A_u comparecem componentes de translação,

(C_1)						(D_{3d})	
n	t^{γ}	f^{γ}	γ	correlação	τ	c_{τ}	$a_{\tau} = \Sigma a_{\gamma}$
2	3	6	A_u		A_{1u}	1	1+0 = 1
(Tx,Ty,Tz)					A_{2u}	1	1+0 = 1
					$\{E_u$	2	1+1 = 2
					E_u	2	

E_u está correlacionado com $2A_u$, como se houvesse duas espécies A_u, cada uma correlacionada normalmente com E_u. Assim, no lugar da degenerescência 2 para E_u ela é contada duas vezes, como mostra a chave. Do mesmo modo, para a_{τ} deve ser considerada a contribuição de cada A_u, os dois termos na soma indicando as duas correlações com A_u.

13.5 Espectros Raman do monocristal de calcita orientado

O eixo óptico da calcita está na direção da linha que une os vértices mais afastados do romboedro e define o eixo z do referencial situado no cristal. Devido à degenerescência, os eixos x e y são arbitrários, sendo os três eixos mutuamente ortogonais.

Os tensores das derivadas da polarizabilidade podem ser escritos

$$A_{1g} = \begin{vmatrix} a & 0 & 0 \\ 0 & a & 0 \\ 0 & 0 & b \end{vmatrix} \qquad E_g = \begin{vmatrix} a & c & 0 \\ c & -a & 0 \\ 0 & 0 & 0 \end{vmatrix} \quad e \quad \begin{vmatrix} 0 & 0 & d \\ 0 & 0 & e \\ d & e & 0 \end{vmatrix}$$

e comparados com a Tabela 13.1.

Utilizando a notação introduzida por Porto, Giordmaine & Damen (*Phys. Rev.*, v.147, p.608, (1966)), por exemplo, x(yz)y, onde, na ordem escrita, o primeiro símbolo indica a direção da radiação incidente; entre parênteses são mostradas, respectivamente, a polarização da radiação incidente e da espalhada (corresponde ao componente α_{yz}) e o último símbolo mostra a direção de observação. Neste exemplo, a direção do feixe incidente sendo x, é possível obter, para um mesmo posicionamento do cristal, espectros para os componentes da polarizabilidade α_{yz} e α_{zz}, variando a orientação do campo elétrico incidente com uma lâmina de $\lambda/2$. Do mesmo modo, variando de 90° o polaroide analisador, teremos as medidas para α_{yz} e α_{yx}. Para esta posição do cristal pode-se obter os espectros para os componentes α_{yz}, α_{yx}, α_{zz} e α_{zx}. Para outras medidas, é necessário mudar a orientação do cristal.

Pelos tensores de polarizabilidade nota-se que os componentes α_{xx} e α_{yy} comparecem tanto na espécie A_{1g} como na E_g. Assim, nestas duas medidas devem aparecer as mesmas bandas, embora com intensidades diferentes. O espectro para o componente α_{zz} é decisivo para determinar as bandas de espécie A_{1g}, do mesmo modo que os espectros nas orientações para as componentes xy, xz ou yz definem as bandas de espécie E_g.

Os espectros mostrados na Figura 13.4 ilustram o que foi discutido, estando o eixo óptico na direção z. São observados tanto modos internos como externos. Para y(zz)x só é observada uma banda, em 1088 cm^{-1}, de espécie A_{1g}. Para y(xz)x e y(xy)x os espectros mostram três bandas, 156, 283 e 714 cm^{-1}, que pelas razões expostas são atribuídas à espécie E_g. Para z(xx)y são observadas as quatro bandas, pois o componente α_{xx} é comum às espécies A_{1g} e E_g.

Pela Tabela 13.1, são esperados na espécie E_g dois modos internos e dois externos. As bandas em 156 e 283 cm^{-1} são atribuídas a estes modos externos, movimentos tipo translação e tipo rotação, respectivamente. A banda em 714 cm^{-1} é o modo interno de deformação de ângulo. O modo de estiramento, 1434 cm^{-1}, não é mostrado na figura. A banda em 1088 cm^{-1} é atribuída ao modo de estiramento simétrico A_{1g}.

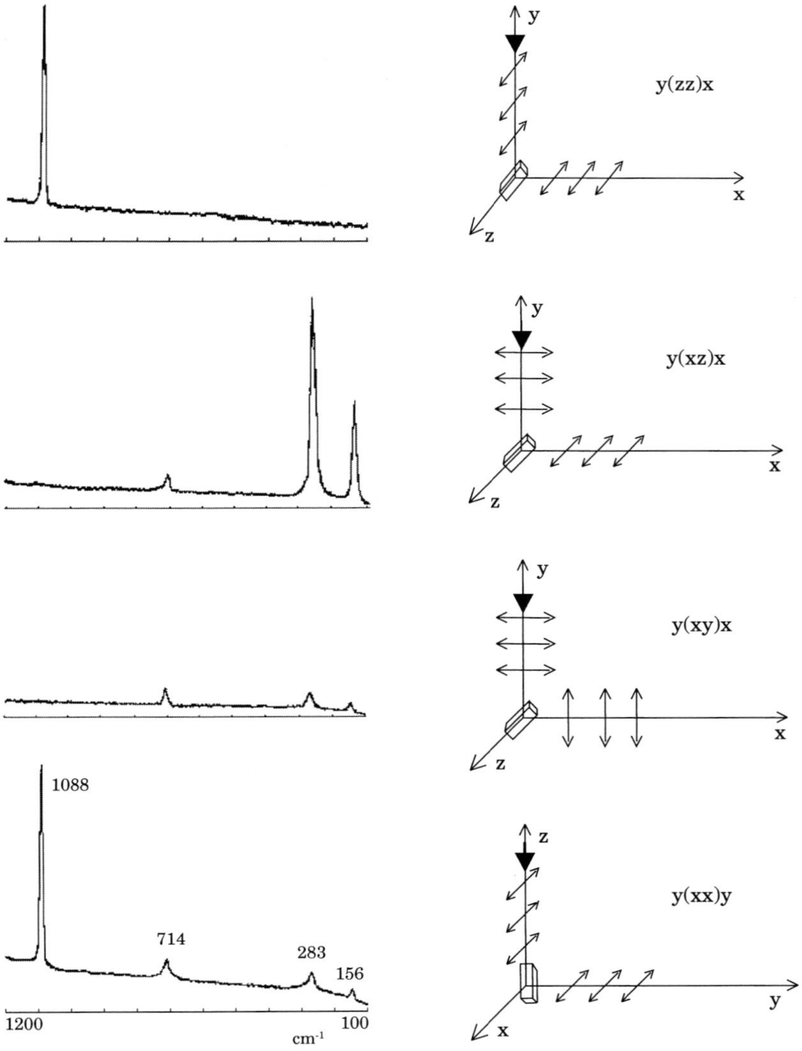

Figura 13.4 – Espectros Raman de monocristal de calcita nas orientações indicadas.

Concluindo, os espectros Raman de monocristais permitem a atribuição correta às espécies de simetria, através dos componentes da polarizabilidade que comparecem na representação de cada espécie. A descrição correta dos movimentos, contudo, só pode ser obtida pela distribuição da energia potencial através da análise de coordenadas normais do cristal, embora em certos casos uma descrição aproximada possa ser óbvia.

Exercícios

13.1 Discuta os resultados mostrados na Figura 13.4, para o espectro da calcita, em termos de medidas de polarização e da polarizabilidade.

13.2 Determine a correlação entre as frequências fundamentais do CH_4 e do CH_3Cl. (Sugestão: o método de correlação pode ser empregado em vários problemas, por exemplo, na substituição de determinados átomos por outros, na molécula. Isto acarreta mudanças de simetria e as novas espécies de simetria podem ser correlacionadas com as originais através das tabelas de correlação (neste caso entre T_d e C_{3v}).

Literatura recomendada

BLAKEMORE, J. S. *Solid State Physics*. Saunders, 1969.

DECIUS, J. C., HEXTER, R. M. *Molecular Vibrations in Crystals*. McGraw-Hill, 1977.

FATELEY, W. G., DOLLISH, F. R., McDEVITT, N. T., BENTLEY, F. F. *Infrared and Raman Selection Rules for Molecular and Lattice Vibrations: The Correlation Method*. John Wiley & Sons, 1972.

HAWTORNE, F. C. (Ed.), *Reviews in Mineralogy* – Spectroscopic Methods in Mineralogy and Geology. Chelsea, Book Crafters, 1988, v.18.

NAKAMOTO, K. *Infrared and Raman Spectra of Inorganic and Coordination Compounds*. John Wiley & Sons, 1986.

SHERWOOD, P. M. A. *Vibrational Spectroscopy of Solids*. Cambridge University Press, 1972.

Apêndice I

Em vários problemas é conveniente utilizar, em vez das coordenadas cartesianas, outros tipos de coordenadas, como por exemplo, substituindo x por x = rcosα, com r = $(x^2+y^2)^{1/2}$. Em outras palavras, podemos utilizar coordenadas que tornem mais simples a descrição da posição ou do movimento de um corpo; pode-se incluir nestas coordenas condições de restrições de movimento, como a condição do corpo se mover somente num plano, ou excluir movimentos, como os de rotação ou de translação.

Estas novas coordenadas, denominadas “coordenadas generalizadas”, podem ser relacionadas com as coordenadas cartesianas ou outro tipo de coordenadas, como os vetores de posição. Utilizaremos estas coordenadas para escrever as equações de movimento vibracional e obter as equações de Lagrange e as equações de Hamilton.

A energia cinética para uma molécula com N átomos pode ser escrita em coordenadas cartesianas de deslocamento:

$$T = \frac{1}{2}\sum_{i}^{N} m_i \left(\left(\frac{d\Delta x_i}{dt} \right)^2 + \left(\frac{d\Delta y_i}{dt} \right)^2 + \left(\frac{d\Delta z_i}{dt} \right)^2 \right)$$

Uma maneira conveniente de escrever esta equação é introduzir as coordenadas generalizadas contendo as massas dos átomos (coordenadas cartesianas ponderadas):

$$q_1 = \sqrt{m_1}\Delta x_1, \quad q_2 = \sqrt{m_1}\Delta y_1, \quad q_3 = \sqrt{m_1}\Delta z_1,$$
$$q_4 = \sqrt{m_2}\Delta x_2, \quad q_5 = \sqrt{m_2}\Delta y_2, \quad q_6 = \sqrt{m_2}\Delta z_2,$$
$$q_7 = \sqrt{m_3}\Delta x_3, \quad q_8 = \sqrt{m_3}\Delta y_3, \quad q_9 = \sqrt{m_3}\Delta z_3, \qquad \text{etc.}$$

de modo que a energia cinética toma a forma:

$$T = \frac{1}{2}\sum_{i=1}^{3N} \dot{q}_i^{\,2}$$

A energia potencial:

$$V = V_0 + \sum_{i}^{3N}\left(\frac{\partial V}{\partial q_i}\right)_0 q_i + \frac{1}{2}\sum_{i}^{3N}\sum_{j}^{3N}\left(\frac{\partial^2 V}{\partial q_i \partial q_j}\right)_0 q_i q_j + \cdots$$

na aproximação do oscilador harmônico fica:

$$V = \frac{1}{2}\sum_{i}^{3N}\sum_{j}^{3N}\left(\frac{\partial^2 V}{\partial q_i \partial q_j}\right)_0 q_i q_j = \frac{1}{2}\sum_{i}^{3N}\sum_{j}^{3N} f_{ij} q_i q_j$$

Nesta expressão a constante de força contém a dimensão de $(\text{massa})^{-1}$, devido à dimensão das coordenadas generalizadas que definimos.

Da expressão de T e V pode-se escrever a equação de Newton já envolvendo a lei de Hooke (no termo $\partial V/\partial q_i$):

$$\frac{d}{dt}\left(\frac{\partial T}{\partial \dot{q}_i}\right) + \frac{\partial V}{\partial q_i} = 0 \qquad (i = 1, 2, \ldots, 3N) \qquad \text{(AI-1)}$$

que é a equação de Lagrange quando T é função só de $\dot{q}$ e V é função só de q.

Introduzindo a função de Lagrange L = T-V, esta equação pode ser escrita:

$$\frac{d}{dt}\left(\frac{\partial L}{\partial \dot{q}_i}\right) - \frac{\partial L}{\partial q_i} = 0 \qquad (i = 1, 2, \ldots, 3N) \qquad \text{(AI-2)}$$

A energia cinética pode ser expressa em termos do momento linear, em vez da velocidade, usando ainda as coordenadas generalizadas. Vamos determinar as equações de movimento em função das coordenadas q_i e das coordenadas do momento linear, P_i, associadas às coordenadas q_i.

A derivada da energia cinética em relação à velocidade fornece o momento linear:

$$\frac{d}{dv}\left(\tfrac{1}{2}mv^2\right) = mv = P$$

ficando a derivada da função de Lagrange em relação a $\dot{q}_i$:

$$\frac{\partial L}{\partial \dot{q}_i} = P_i \qquad \text{(AI-3)}$$

que é o momento associado à coordenada q_i. Desta equação e da (AI-2) resulta:

$$\frac{d}{dt}\left(\frac{\partial L}{\partial \dot{q}_i}\right) = \dot{P}_i = \frac{\partial L}{\partial q_i} \qquad \text{(AI-4)}$$

Diferenciando $L(q_i, \dot{q}_i)$ e substituindo pelos valores em (AI-3) e (AI-4):

$$dL = \sum_i \left(\frac{\partial L}{\partial q_i} dq_i + \frac{\partial L}{\partial \dot{q}_i} d\dot{q}_i\right) = \sum_i \left(\dot{P}_i dq_i + P_i d\dot{q}_i\right) \qquad \text{(AI-5)}$$

Considerando a igualdade

$$d(\sum_i P_i \dot{q}_i) = \sum_i (\dot{q}_i dP_i + P_i d\dot{q}_i)$$

e subtraindo da mesma, membro a membro, a expressão (AI-5) temos:

$$d(\sum_i P_i \dot{q}_i) - dL = \sum_i \left(\dot{q}_i dP_i + P_i d\dot{q}_i - \dot{P}_i dq_i - P_i d\dot{q}_i\right) \quad \text{ou}$$

$$d(\sum_i P_i \dot{q}_i - L) = \sum_i \left(\dot{q}_i dP_i - \dot{P}_i dq_i\right) \qquad \text{(AI-6)}$$

A expressão

$$(\sum_i P_i \dot{q}_i - L) = H \qquad \text{(AI-7)}$$

é conhecida como hamiltoniano do sistema; de (AI-6) temos

$$dH = \sum_i \left(\dot{q}_i dP_i - \dot{P}_i dq_i\right)$$

que pela definição de derivadas parciais fornece:

$$\frac{\partial H}{\partial P_i} = \dot{q}_i \qquad \text{e} \qquad \frac{\partial H}{\partial q_i} = -\dot{P}_i \qquad \text{(AI-8)}$$

que são as equações de movimento de Hamilton. Se as forças derivam de um potencial, temos H = T+V.

As equações de movimento ficam determinadas a partir das expressões:

$$T = \frac{1}{2}\sum_i \sum_j g_{ij} P_i P_j \qquad \text{e} \qquad V = \frac{1}{2}\sum_i \sum_j f_{ij} q_i q_j$$

sendo

$$\dot{q}_i = \frac{\partial H}{\partial P_i} = \frac{\partial T}{\partial P_i} = \sum_j g_{ij} P_j \quad \text{e} \quad \dot{P}_i = -\frac{\partial H}{\partial q_i} = -\frac{\partial V}{\partial q_i} = -\sum_j f_{ij} q_j$$

Apêndice II

O objetivo deste apêndice é obter as expressões das funções de onda e dos autovalores da equação de Schrödinger, para o problema vibracional de moléculas diatômicas. No capítulo 2 obtivemos para esta equação a expressão:

$$\frac{d^2\Psi}{dq^2} + \frac{2\mu}{\hbar^2}\left(E - \frac{kq^2}{2}\right)\Psi = 0$$

ou:

$$\frac{d^2\Psi}{dq^2} + \left(\frac{2\mu E}{\hbar^2} - \frac{2\mu}{\hbar^2} \cdot \frac{kq^2}{2}\right)\Psi = 0$$

que pode ser escrita na forma:

$$\frac{d^2\Psi}{dq^2} + \left(\beta - \alpha^2 q^2\right)\Psi = 0 \qquad \text{(AII-1)}$$

onde: $\beta = \dfrac{2\mu E}{\hbar^2}$ (ou $E = \dfrac{\hbar^2\beta}{2\mu}$) e $\alpha = \sqrt{\dfrac{\mu k}{\hbar^2}}$

Vamos efetuar algumas mudanças de coordenadas, para transformar esta equação numa equação diferencial de solução conhecida, a equação de Hermite.

Fazendo $x = \sqrt{\alpha}q$, ou $dx = \sqrt{\alpha}dq$ teremos

$$\frac{d\Psi}{dq} = \frac{d\Psi}{dx}\frac{dx}{dq} = \frac{d\Psi}{dx}\sqrt{\alpha} \quad \text{e}$$

$$\frac{d^2\Psi}{dq^2} = \frac{d}{dx}\left(\frac{d\Psi}{dx}\sqrt{\alpha}\right)\cdot\frac{dx}{dq} = \frac{d}{dx}\left(\alpha\frac{d\Psi}{dx}\right) = \alpha\frac{d^2\Psi}{dx^2}$$

A equação (AII-1) fica:

$$\frac{d^2\Psi}{dx^2} + \frac{1}{\alpha}\left(\beta - \alpha^2 q^2\right)\Psi = \frac{d^2\Psi}{dx^2} + \left(\frac{\beta}{\alpha} - \alpha q^2\right)\Psi = 0$$

Lembrando que $\alpha q^2 = x^2$,

$$\frac{d^2\Psi}{dx^2} + \left(\frac{\beta}{\alpha} - x^2\right)\Psi = 0 \qquad \text{(AII-2)}$$

Considerando a equação $d^2\Psi/dx^2 = x^2\Psi$, ela terá solução aproximada do tipo $\Psi = c \cdot \exp(-x^2/2)$, obtendo-se $d^2\Psi/dx^2 = c \cdot (x^2-1)\exp(-x^2/2) = (x^2-1)\Psi$; para x grande pode-se desprezar o 1 em (x^2-1). A equação considerada tem a forma da (AII-2), assim, podemos considerar como sua solução

$$\Psi = u(x)\cdot e^{-\frac{x^2}{2}} \qquad \text{(AII-3)}$$

Derivando esta equação:

$$\frac{d\Psi}{dx} = \frac{du}{dx}\cdot e^{-\frac{x^2}{2}} - ux\cdot e^{-\frac{x^2}{2}} \qquad \text{e}$$

$$\frac{d^2\Psi}{dx^2} = \frac{d^2u}{dx^2}\cdot e^{-\frac{x^2}{2}} - \frac{du}{dx}x\cdot e^{-\frac{x^2}{2}} - \frac{du}{dx}x\cdot e^{-\frac{x^2}{2}} - u\cdot e^{-\frac{x^2}{2}} + ux^2\cdot e^{-\frac{x^2}{2}}$$

Substituindo esta expressão em (AII-2):

$$\left(\frac{d^2u}{dx^2} - 2\frac{du}{dx}x - u + ux^2\right)\cdot e^{-\frac{x^2}{2}} + \left(\frac{\beta}{\alpha} - x^2\right)u\cdot e^{-\frac{x^2}{2}} = 0$$

$$\left(\frac{d^2u}{dx^2} - 2\frac{du}{dx}x - u + ux^2\right) + \left(\frac{\beta}{\alpha} - x^2\right)u = 0$$

$$\left(\frac{d^2u}{dx^2} - 2\frac{du}{dx}x - u\right) + \left(\frac{\beta}{\alpha}\right)u = \frac{d^2u}{dx^2} - 2\frac{du}{dx}x + \left(\frac{\beta}{\alpha} - 1\right)u = 0 \qquad \text{(AII – 4)}$$

Portanto, para $u(x)\exp(-x^2/2)$ ser solução da (AII-2), u(x) deve satisfazer a equação (AII-4). Esta equação, conhecida como equação de Hermite, pode ser escrita, fazendo $v = (\beta/\alpha-1)/2$:

$$\frac{d^2u}{dx^2} - 2x\frac{du}{dx} + 2vu = 0 \qquad \text{(AII-5)}$$

onde v é um número inteiro.

Escrevendo $\beta = \alpha(2v+1)$ e lembrando que $E = \frac{\hbar^2\beta}{2\mu}$, resulta a quantização da energia do oscilador harmônico, sendo a expressão para os autovalores:

$$E = \frac{\hbar^2}{2\mu}\alpha(2v+1) = \frac{\hbar^2}{2\mu}\sqrt{\frac{\mu k}{\hbar^2}}(2v+1) = \frac{\hbar}{2}\sqrt{\frac{k}{\mu}}(2v+1) = \frac{h}{2\pi}\sqrt{\frac{k}{\mu}}\cdot\left(v + \frac{1}{2}\right)$$

onde v corresponde ao número quântico vibracional.

A equação de Hermite é resolvida pelo método de série de potências, com solução geral:

$$u(x) = a_0u_1(x) + a_1u_2(x)$$

onde $u_1(x)$ e $u_2(x)$ são polinômios contendo somente termos pares ou termos ímpares, respectivamente.

Estes polinômios, conhecidos como polinômios de Hermite, $H_v(x)$, têm a expressão geral:

$$H_v(x) = (-1)^v e^{x^2} \frac{d^v}{dx^v}(e^{-x^2})$$
$$= (2x)^v - \frac{v(v-1)}{1!}(2x)^{v-2} + \frac{v(v-1)(v-2)(v-3)}{2!}(2x)^{v-4} - \dots$$

com $H_0(x) = 1$, $H_1(x) = 2x$, $H_2(x) = 4x^2-2$ etc.

Conhecidos $H_0(x)$ e $H_1(x)$, pode-se obter os demais valores, pela relação:

$$H_{v+1}(x) = 2xH_v(x) - 2vH_{v-1}(x)$$

Resumindo, a equação de Schrödinger foi modificada, por transformações de coordenadas, de modo que tivesse forma idêntica à equação de Hermite (AII-5), sendo u(x) igual a $H_v(x)$. A função de onda (AII-3) (sem o fator de normalização N_v), fica:

$$\Psi(x) = H_v(x) \cdot e^{-x^2/2}$$

As expressões $H_0(x) \cdot e^{-x^2/2}$, $H_1(x) \cdot e^{-x^2/2}$, $H_2(x) \cdot e^{-x^2/2}$ etc., multiplicadas pelos respectivos fatores de normalização dão as formas das funções de onda representadas na figura 2.1, capítulo 2.

Apêndice III

O operador hamiltoniano para o rotor rígido, em coordenadas cartesianas, tem a forma:

$$H = -\frac{\hbar^2}{2\mu}\nabla^2$$

Em coordenadas esféricas ele pode ser escrito:

$$H = -\frac{\hbar^2}{2\mu}\left[\frac{1}{r^2}\frac{\partial}{\partial r}\left(r^2\frac{\partial}{\partial r}\right) + \frac{1}{r^2 \mathrm{sen}\theta}\frac{\partial}{\partial\theta}\left(\mathrm{sen}\theta\frac{\partial}{\partial\theta}\right) + \frac{1}{r^2\mathrm{sen}^2\theta}\frac{\partial^2}{\partial\varphi^2}\right] \quad \text{(AIII-1)}$$

Na aproximação do rotor rígido, r constante e o termo com $\partial/\partial r$ pode ser desprezado:

$$H = -\frac{\hbar^2}{2\mu}\frac{1}{r^2}\left[\frac{1}{\mathrm{sen}\theta}\frac{\partial}{\partial\theta}\left(\mathrm{sen}\theta\frac{\partial}{\partial\theta}\right) + \frac{1}{\mathrm{sen}^2\theta}\frac{\partial^2}{\partial\varphi^2}\right]$$

Introduzindo o momento de inércia, $I = \mu r^2$, a equação de Schrödinger fica:

$$\frac{1}{\operatorname{sen}\theta}\frac{\partial}{\partial\theta}\left(\operatorname{sen}\theta\frac{\partial\Psi}{\partial\theta}\right)+\frac{1}{\operatorname{sen}^2\theta}\frac{\partial^2\Psi}{\partial\varphi^2}+\frac{2IE}{\hbar^2}\Psi=0 \qquad \text{(AIII-2)}$$

multiplicando esta equação por $\operatorname{sen}^2\theta$ e procurando uma solução tipo $\Psi = \Theta(\theta)\cdot\Phi(\varphi)$, lembrando que

$$\frac{\partial\Psi}{\partial\theta}=\frac{\partial}{\partial\theta}\Theta\Phi=\Phi\frac{\partial\Theta}{\partial\theta} \qquad \frac{\partial\Psi}{\partial\varphi}=\frac{\partial}{\partial\varphi}\Theta\Phi=\Theta\frac{\partial\Phi}{\partial\varphi} \quad \text{e}$$

$$\frac{\partial^2\Psi}{\partial\varphi^2}=\frac{\partial}{\partial\varphi}\left(\Theta\cdot\frac{\partial\Phi}{\partial\varphi}\right)=\Theta\cdot\frac{\partial^2\Phi}{\partial\varphi^2}$$

a (AIII-2) fica:

$$\Phi\cdot\operatorname{sen}\theta\frac{\partial}{\partial\theta}\left(\operatorname{sen}\theta\frac{\partial\Theta}{\partial\theta}\right)+\Theta\cdot\frac{\partial^2\Phi}{\partial\varphi^2}+\operatorname{sen}^2\theta\frac{2IE}{\hbar^2}\cdot\Theta\Phi=0$$

Dividindo esta equação por $\Theta\Phi$:

$$\frac{\operatorname{sen}\theta}{\Theta}\frac{\partial}{\partial\theta}\left(\operatorname{sen}\theta\frac{\partial\Theta}{\partial\theta}\right)+\frac{2IE}{\hbar^2}\operatorname{sen}^2\theta=-\frac{1}{\Phi}\cdot\frac{\partial^2\Phi}{\partial\varphi^2} \qquad \text{(AIII-3)}$$

Sendo o primeiro membro da (AIII-3) função só de θ e o segundo membro função só de φ, podemos igualar cada membro a uma constante, M^2, resultando as equações

$$\frac{\operatorname{sen}\theta}{\Theta}\frac{\partial}{\partial\theta}\left(\operatorname{sen}\theta\frac{\partial\Theta}{\partial\theta}\right)+\frac{2IE}{\hbar^2}\operatorname{sen}^2\theta=M^2 \qquad \text{(AIII-4)}$$

$$\frac{\partial^2\Phi}{\partial\varphi^2}=-M^2\Phi \qquad \text{(AIII-5)}$$

Multiplicando a (AIII-4) por $\frac{\Theta}{\operatorname{sen}^2\theta}$:

$$\frac{1}{\operatorname{sen}\theta}\frac{\partial}{\partial\theta}\left(\operatorname{sen}\theta\frac{\partial\Theta}{\partial\theta}\right)+\frac{2IE}{\hbar^2}\Theta-\frac{M^2}{\operatorname{sen}^2\theta}\Theta=0 \qquad \text{(AIII-6)}$$

A equação (AIII-5) tem solução do tipo $\Phi(\varphi) = c \cdot e^{\pm iM\varphi}$ (M = inteiro), que normalizada resulta em:

$$\Phi_{\pm M}(\varphi) = \frac{1}{\sqrt{2\pi}} \cdot e^{\pm iM\varphi} \qquad (M = 0, 1, 2, ...) \qquad \text{(AIII-7)}$$

Lembrando, do capítulo 3, que $E = I\omega^2/2$, ou $(I\omega)^2 = 2IE$, podemos substituir $\frac{2IE}{\hbar^2}$ por $J(J+1)$, na equação (AIII-6):

$$\frac{1}{\text{sen}\theta}\frac{\partial}{\partial\theta}\left(\text{sen}\theta\frac{\partial\Theta}{\partial\theta}\right) - \frac{M^2}{\text{sen}^2\theta}\Theta + J(J+1)\Theta = 0 \qquad \text{(AIII-8)}$$

a solução, já normalizada, desta equação é a função associada de Legendre:

$$\Theta_{J,M}(\theta) = \sqrt{\frac{2J+1}{2} \cdot \frac{(J-|M|)!}{(J+|M|)!}} \cdot P_J^{|M|}(\cos\theta) \qquad \text{(AIII-9)}$$

onde $P_J^{|M|}(x)$ é o polinômio associado de Legendre de grau J e ordem M:

$$P_J^{|M|}(\cos\theta) = \frac{(1-\cos^2\theta)^{|M|/2}}{2^J J!} \cdot \frac{d^{J+|M|}}{d(\cos\theta)^{J+|M|}}(\cos^2\theta - 1)^J \qquad \text{(AIII-10)}$$

A função de onda total do sistema fica, portanto:

$$\Psi = \Theta_{J,\pm M}(\theta) \cdot \Phi_{\pm M}(\varphi) \equiv Y_{J,\pm M}(\theta, \varphi);$$

As contribuições da parte θ da função de onda (polinômios associados de Legendre) e da função Φ, são mostradas para alguns valores de J e M, na tabela que segue:

J = 0, M = 0	$\Theta_{0,0} = \frac{1}{\sqrt{2}}$	$\Phi_0 = \frac{1}{\sqrt{2\pi}}$
J = 1, M = 0	$\Theta_{1,0} = \sqrt{\frac{3}{2}}\cos\theta$	$\Phi_0 = \frac{1}{\sqrt{2\pi}}$
J = 1, M = ±1	$\Theta_{1,\pm1} = \sqrt{\frac{3}{4}}\text{sen}\theta$	$\Phi_1 = \frac{1}{\sqrt{2\pi}}\exp(\pm i\varphi)$
J = 2, M = 0	$\Theta_{2,0} = \sqrt{\frac{5}{8}}(3\cos^2\theta - 1)$	$\Phi_0 = \frac{1}{\sqrt{2\pi}}$
J = 2, M = ±1	$\Theta_{2,\pm1} = \sqrt{\frac{15}{4}}\text{sen}\theta\cos\theta$	$\Phi_1 = \frac{1}{\sqrt{2\pi}}\exp(\pm i\varphi)$
J = 2, M = ±2	$\Theta_{2,\pm2} = \sqrt{\frac{15}{16}}\text{sen}^2\theta$	$\Phi_2 = \frac{1}{\sqrt{2\pi}}\exp(\pm 2i\varphi)$

A função $Y_{J,M}$ (valores mostrados nas equações (3.4) no capítulo 3), que representa a função de onda total, é conhecida como harmônica esférica, sendo dada pelo produto dos valores correspondentes de θ e Φ da tabela anterior. Como exemplo:

$$\Psi_{00} = \frac{1}{\sqrt{2}} \cdot \frac{1}{\sqrt{2\pi}} = \frac{1}{2\sqrt{\pi}}$$

$$\Psi_{10} = \sqrt{\frac{3}{2}} \cos\theta \cdot \frac{1}{\sqrt{2\pi}} = \frac{1}{2}\sqrt{\frac{3}{\pi}} \cos\theta$$

$$\Psi_{11} = \sqrt{\frac{3}{4}} \text{sen}\theta \cdot \frac{1}{\sqrt{2\pi}} \exp(\pm i\varphi) = \frac{1}{2}\sqrt{\frac{3}{2\pi}} \text{sen}\theta \cdot \exp(\pm i\varphi)$$

$$\Psi_{22} = \sqrt{\frac{15}{16}} \text{sen}^2\theta \cdot \frac{1}{\sqrt{2\pi}} \exp(\pm 2i\varphi) = \frac{1}{4}\sqrt{\frac{15}{2\pi}} \text{sen}^2\theta \cdot \exp(\pm 2i\varphi)$$

Podemos verificar as propriedades de simetria destas funções de onda. Para isto, vamos examinar primeiro a simetria das funções cosθ, senθ e exp(iφ), lembrando que θ é definido no intervalo de 0 a π e φ no intervalo de 0 a 2π. Pela figura que segue, vemos que cos (θ + π) = cos (π – θ) = –cosθ, ou seja, a função cosθ é ímpar. Para a função senθ, vemos que sen(θ + π) = –sen(π – θ) = senθ, ou seja, a função senθ é par.

Como $\exp[i(\varphi + \pi)] = \exp(i\varphi)\cdot\exp(i\pi) = \exp(i\varphi)(-1) = -\exp(i\varphi)$, temos que a função exp(iφ) é uma função ímpar. Portanto, o $\exp(2i\varphi) = \exp(i\varphi)\exp(i\varphi)$, produto de duas funções ímpares, é função par.

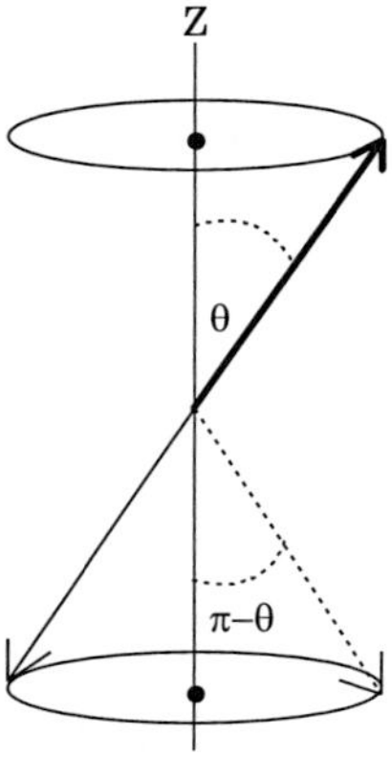

Com estes resultados pode-se mostrar que para J par as funções de onda serão pares. Por exemplo, para J = 2 e M = 0, ±2 as funções contêm $\cos^2\theta$, $\text{sen}^2\theta$, ou $\exp(2i\varphi)$, que são funções pares. A função de onda total será par, pois só envolve funções pares. Para J = 2 e M = ±1 a função de onda contém o produto $\text{sen}\theta\cdot\cos\theta$ (que é função ímpar) e o $\exp(i\varphi)$, que também é ímpar, resultando uma função de onda par.

Para J ímpar as funções de onda serão ímpares. Como exemplo, J = 1 e M = 0, a função de onda depende de $\cos\theta$ que, como vimos, é ímpar. Para J = 1 e M = 1 aparece o produto de $\text{sen}\theta$ (par) e $\exp(i\varphi)$ (ímpar), resultando uma função de onda ímpar.

Apêndice IV

A intensidade das bandas no efeito Raman é muito pequena, assim, qualquer fenômeno que intensifique o espectro se torna extremamente importante. Neste apêndice serão apresentados, de forma resumida, dois processos de intensificação, o efeito Raman ressonante e o efeito Raman intensificado por superfícies.

1) Efeito Raman ressonante

No efeito Raman ordinário, a radiação excitante possui energia bem menor do que a necessária para ocorrer uma transição eletrônica na molécula. No capítulo 2, no esquema da figura 2.3 o estado intermediário está longe do nível de energia do primeiro estado eletrônico excitado. Caso contrário, se a radiação excitante se situar na região de uma banda eletrônica, pode ocorrer o **efeito Raman ressonante**, onde alguns modos vibracionais sofrem drástica intensificação, havendo a possibilidade do aparecimento de harmônicas com intensidade apreciável. Os valores das frequências vibracionais não sofrem alteração, pois envolvem somente a diferença de energia entre o estado inicial e final do estado eletrônico fundamental.

A intensidade Raman depende do quadrado do módulo do componente do tensor da polarizabilidade desta transição, $|(\alpha_{\rho\sigma})_{mn}|^2$, onde m e n representam o estado final e inicial, respectivamente, e ρ e σ são x, y ou z. Este tensor pode ser escrito:

$$(\alpha_{\rho\sigma})_{mn} = \frac{1}{h}\sum_r \left[\frac{\langle\psi_n|\mu_\rho|\psi_r\rangle\langle\psi_r|\mu_\sigma|\psi_m\rangle}{\nu_{rm} - \nu_0 + i\Gamma_r} + \frac{\langle\psi_n|\mu_\sigma|\psi_r\rangle\langle\psi_r|\mu_\rho|\psi_m\rangle}{\nu_{rn} + \nu_0 + i\Gamma_r} \right] \quad \text{(AIV-1)}$$

onde as integrais representam os momentos de transição; μ_ρ e μ_σ são componentes do momento de dipolo e atuam somente na parte eletrônica; ν_{rm} e ν_0 são as frequências da transição eletrônica e da radiação excitante, respectivamente; e Γ_r é um fator de amortecimento relacionado ao tempo de vida do estado $|r\rangle$. O somatório é sobre todos estados vibrônicos da molécula. O numerador do primeiro termo entre colchetes corresponde, no esquema da Figura 2.2, à passagem do estado inicial $|m\rangle$ ao estado intermediário $|r\rangle$, seguida da passagem deste estado intermediário para o estado final $|n\rangle$. Quando $\nu_0 \approx \nu_{rm}$, o denominador do primeiro termo diminui e o termo aumenta, acarretando grande aumento de $(\alpha_{\rho\sigma})_{mn}$, produzindo intensificação Raman. Nesta condição o segundo termo se torna desprezível em relação ao primeiro e não precisa ser considerado. Esta intensificação, que pode ser da ordem de 10^5, depende não só do denominador, mas também do numerador, com alguns termos no somatório podendo ter contribuição muito maior. Uma análise mais completa da expressão (AII-1) deve ser feita para prever quais bandas apresentam efeito Raman ressonante. Uma publicação muito clara sobre este assunto é a de Clark e Dines (R.J.K. Clark & T.J. Dines, *Angew. Chem. Int. Ed. Engl.,* v. 25, p. 131, 1986).

Como exemplo do efeito Raman ressonante, mostraremos uma molécula com dois cromóforos, o íon $PNFT^-$, cujos espectros Raman em solução básica de metanol, para as radiações excitantes indicadas, são mostrados na Figura IV-1 (Rômulo A. Ando, Dissertação de Mestrado, IQUSP, 2005). Nota-se, nos espectros Raman, a variação de intensidade com a excitação em comparação à banda normalizada do padrão (1036 cm^{-1}, do metanol). O espectro de absorção eletrônico deste íon mostra duas bandas, uma bastante intensa em 522 nm, envolvendo o grupo NO_2, e outra menos intensa, em 386 nm, envolvendo orbitais do grupo N_3^-. Para excitação em 363 nm observa-se intensificação de uma banda em *ca.* 1470 cm^{-1}, característica do cromóforo N_3^- (não observada com excitação em 514 nm), ao passo que para excitação em 514 nm há intensificação de uma banda em *ca.* 1320 cm^{-1}, característica do grupo cromóforo NO_2 (não observada com excitação em 363 nm). Para a radiação em 647 nm, longe da região de absorção (portanto fora da ressonância), observa-se o espectro Raman normal, com intensidade muito pequena.

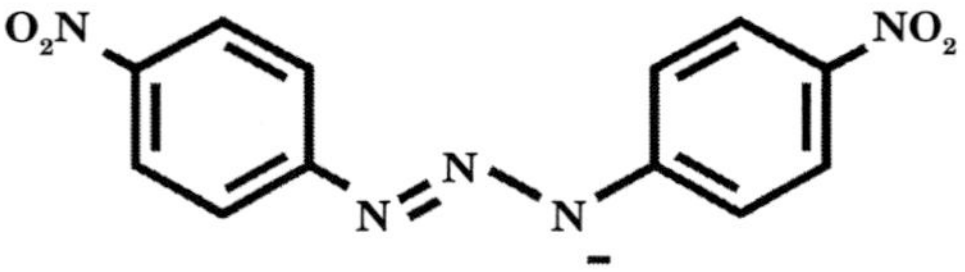

[1,3-bis-(4nitrofenil)triazeno]
$(PNFT)^-$

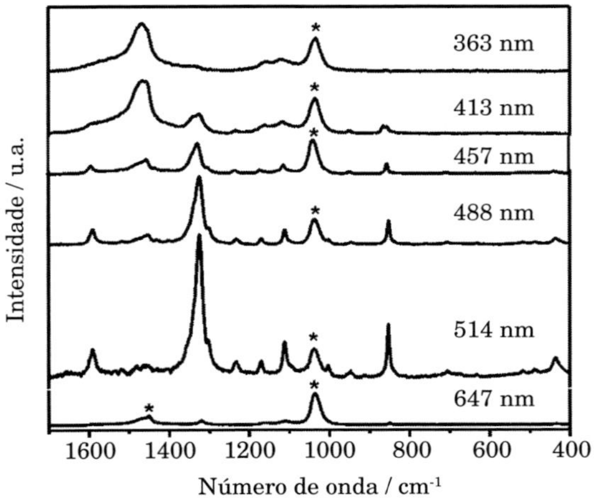

Figura IV-1 – Espectros Raman obtidos com as radiações indicadas; * banda do padrão. A variação de intensidade evidencia a dependência da intensificação ressonante com o comprimento de onda da radiação, para os dois cromóforos.

Na aproximação de Born-Oppenheimer, os estados vibrônicos podem ser escritos como produtos dos estados vibracionais puros e dos estados eletrônicos puros:

$$|m\rangle = |g\rangle|i\rangle,\ |n\rangle = |g\rangle|f\rangle,\ |r\rangle = |e\rangle|v\rangle,$$

onde $|g\rangle$ é o estado eletrônico fundamental, $|e\rangle$ é um estado eletrônico excitado, $|i\rangle$, $|f\rangle$, $|v\rangle$ são estados vibracionais.

Na condição de ressonância, a equação (AIV-1) pode ser reescrita desprezando o segundo termo:

$$(\alpha_{\rho\sigma})_{gi,gf} = \frac{1}{h}\sum_{v}\left[\frac{\langle f|\mu_\sigma|_{ge}|v\rangle\langle v|\mu_\rho|_{eg}|i\rangle}{\nu_{ev,gi} - \nu_0 + i\Gamma_{ev}}\right] \qquad \text{(AIV-2)}$$

Albrecht (A.C. Albrecht, *J. Chem. Phys.*, v.34, p.1476, 1961) desenvolveu a expressão da polarizabilidade, para o espalhamento Raman ressonante, numa série que pode ser escrita como a soma de três termos:

$$(\alpha_{\rho\sigma})_{gf,gi} = A + B + C$$

sendo o termo A dado por:

$$A = \frac{1}{hc}(\mu_\rho)^0_{ge}(\mu_\sigma)^0_{eg}\sum_{v}\frac{\langle f_g|v_e\rangle\langle v_e|i_g\rangle}{\nu_{ev,gi} - \nu_0 + i\Gamma_{ev}}$$

Nesta expressão comparecem os momentos de dipolo de transição, $(\mu_\rho)^0_{ge}$ e $(\mu_\sigma)^0_{eg}$, e as integrais de recobrimento (fator de Franck-Condon), $< f_g | v_e >$ e $< v_e | i_g >$, que devem ser diferentes de zero, pelo menos para um valor de v, para o termo A contribuir na polarizabilidade, Isto significa que a transição eletrônica ressonante deve ser permitida por dipolo elétrico, implicando uma banda de absorção intensa, como a de transferência de carga ou do tipo π-π*.

Para as integrais de recobrimento não se anularem, as funções de onda não podem ser ortogonais. Esta condição fica satisfeita se a diferença entre as frequências vibracionais do estado eletrônico fundamental e do excitado for grande, o que implica superfícies potenciais de forma diferente ou em deslocamento entre os poços de potencial, ao longo da coordenada Q_k. Isto fica claro no seguinte diagrama, onde estão representadas as curvas de energia potencial do estado fundamental e de um estado eletrônico excitado, para quatro casos:

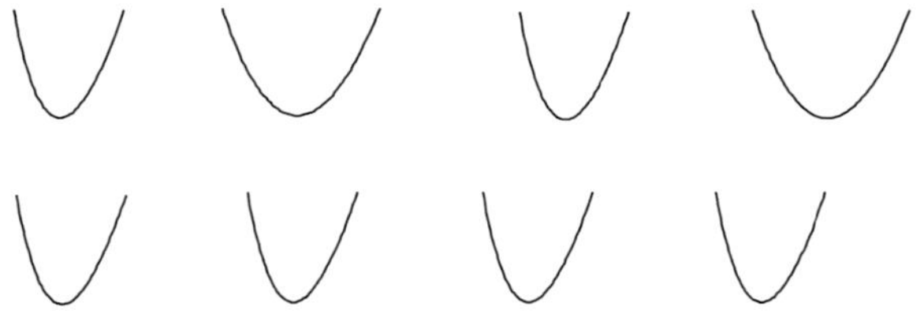

Diagramas de energia potencial

No caso (a), no estado eletrônico excitado a molécula conserva a mesma geometria do estado fundamental, os dois poços potenciais são iguais e as funções de onda são ortogonais, anulando a integral de recobrimento; o termo A se anula, não contribuindo nem para modos simétricos nem para antissimétricos. No caso (b) as funções de onda não são ortogonais e as integrais de recobrimento não se anulam, tanto para modos totalmente simétricos como não simétricos. Os casos (c) e (d) se aplicam aos modos totalmente simétricos, sendo o último o mais importante. Para o iodo ocorre o caso (d) e, pelo fator de Franck-Condon, deve-se esperar intensificação das harmônicas comparável à do modo fundamental.

O termo B, no tratamento de Albrecht, contém o acoplamento vibrônico h^k_{es} entre dois estados $|e\rangle$ e $|s\rangle$, $h^k_{es} = \left\langle e^0 \left| \left(\frac{\partial H}{\partial Q_k} \right)^0 \right| s^0 \right\rangle$, sendo $|e^0\rangle$ e $|s^0\rangle$ estados eletrônicos na configuração de equilíbrio do estado fundamental; a intensificação depende do grau deste acoplamento, das integrais de recobrimento e da separação $\Delta\nu_{se}$

entre estes estados. O termo B é em geral menor do que o termo A, e tanto os modos totalmente simétricos como não simétricos podem ser intensificados.

O termo C de Albrecht envolve acoplamento vibrônico entre o estado eletrônico fundamental e um estado excitado não ressonante. Sua contribuição é pequena, pois em geral a diferença entre o estado fundamental e estados excitados é grande, tornando mínimo o acoplamento vibrônico.

2) Efeito Raman intensificado por superfície

Outro efeito de intensificação Raman é o observado em moléculas adsorvidas em certas superfícies, conhecido como efeito SERS (**S**urface **E**nhanced **R**aman **S**cattering). Descoberto por Fleischmann e col. durante uma tentativa de estudar superfícies através da espectroscopia Raman (M. Fleischmann, P. J. Hendra, & A.J. McQuillan, J. *Chem. Soc., Chem. Com.*, p. 80, 1973 e *Chem. Phys. Letters*, v. 26, p.123, 1974), mas seu efeito de intensificação somente foi comprovado em 1977 (D.L. Jeanmaire & R.P. Van Duyne, *J. Electroanal. Chem.*, v. 84, p. 1, 1977 e M.G. Albrecht & J.A. Creighton, *J. Am. Chem. Soc.*,v.99, p.5215, 1997).

Devido ao fato de a densidade de moléculas adsorvidas e a secção de choque para espalhamento Raman serem muito pequenas, em condições normais seria extremamente difícil observar o espectro Raman de monocamadas. Como a intensidade Raman depende (entre outros fatores) do número de espalhadores, os primeiros autores pensaram em aumentar a área superficial eletroquimicamente, pela formação de rugosidade na superfície de um eletrodo, aplicando vários ciclos de oxidação-redução. Isto permitiria a adsorção de um número maior de moléculas e aumento do sinal Raman. Efetuando estes ciclos redox em um eletrodo de prata em solução aquosa de piridina ($5x10^{-2}$ mol. dm^{3}) e KCl (0,1 $mol.dm^{3}$), obtiveram o espectro da piridina com apreciável aumento da relação sinal-ruído.

Jeanmaire e Van Duyne mostraram que o fator de intensificação observado era muito maior do que o esperado pelo simples aumento da área; enquanto o espectro da piridina era intensificado por um fator de ca. 10^6, a contribuição por aumento de área, avaliada eletroquimicamente, seria apenas de uma a duas ordens de grandeza. Era evidente que havia outro mecanismo de intensificação, mais importante do que o simples aumento da superfície pela rugosidade.

A intensificação observada no efeito SERS ocorre por mecanismo diferente do efeito Raman ressonante, embora também associado à polarizabilidade. Enquanto no efeito Raman ressonante a intensificação é fortemente dependente do modo vibracional (apenas alguns modos apresentam drástico aumento de intensidade), no efeito SERS geralmente o espectro todo é intensificado, embora com alguma dependência do modo vibracional. A razão desta diferença é que no efeito Raman ressonante a polarizabilidade é devida somente à molécula, ao passo que no efeito SERS deve-se considerar o sistema molécula/superfície.

Há dois modelos fundamentais que buscam elucidar o mecanismo responsável pelo efeito SERS: o eletromagnético e o molecular.

O modelo eletromagnético considera a intensificação do campo eletromagnético próximo à superfície do metal, devido à ressonância do campo eletromagnético da radiação excitante com o plasma de superfície (plasma formado por elétrons livres do metal). Como a intensidade da radiação espalhada é proporcional ao quadrado do momento de dipolo induzido, a intensificação do campo eletromagnético causa aumento da intensidade Raman. Essa teoria explica intensificações a longas distâncias e o espectro obtido seria semelhante àquele das moléculas em solução; não se esperaria substancial dependência do fator de intensificação com a molécula adsorvida.

O modelo molecular, ou modelo químico, considera as modificações na polarizabilidade molecular, α, geradas pela interação da molécula adsorvida com a superfície; essa interação pode se dar pela formação de complexos de superfície ou através de interações eletrostáticas. Neste caso, o contato com a superfície é essencial (intensificação de curto alcance) e os espectros obtidos podem diferir daqueles de soluções, seja por mudanças em intensidade relativa, meia largura, deslocamentos de frequências, ou aparecimento de novas bandas. *Grosso modo*, supõe-se que um elétron do metal é excitado por um fóton incidente criando um par elétron-vacância. O elétron é transferido por efeito túnel para um nível eletrônico da molécula adsorvida, a qual tende a adquirir uma nova configuração de equilíbrio. O elétron, voltando em seguida ao metal, deixa a molécula adsorvida excitada vibracionalmente. O par elétron-vacância é aniquilado, dando origem ao espalhamento Raman. Pelo mecanismo eletromagnético, quanto mais polarizável for uma molécula, maior será sua sensibilidade ao campo elétrico intensificado pela superfície.

O efeito SERS é registrado com maior intensidade em prata, ouro e cobre, apesar de ter sido observado também em outros metais, como Pt, Pd. O tipo de superfície escolhida define a região de comprimentos de onda da radiação excitante mais eficiente para obtenção dos espectros, devido ao fato de que cada metal apresenta a absorção do plasma de superfície em uma frequência específica.

Este efeito depende ainda da natureza do adsorbato; moléculas contendo átomos de enxofre e nitrogênio, por exemplo, são particularmente promissoras na observação do efeito. A necessidade deste requisito é clara dentro do modelo químico, quando a interação direta com a superfície depende da existência de átomos ou grupos de átomos que tenham afinidade química com a superfície.

Experimentalmente, para se observar o efeito SERS em sistemas eletroquímicos, é essencial ativar o eletrodo de trabalho, aplicando ciclos de oxidação-redução. A região de potencial aplicada dependerá do tipo de eletrodo e da solução eletrolítica.

Apesar do efeito SERS ter sido largamente estudado em sistemas eletroquímicos, outros tipos de superfícies podem ser empregados, como por exemplo coloides de alguns metais, filmes metálicos depositados em ultra-alto vácuo e outros.

Piridina e seus derivados constituem um dos grupos mais estudados por SERS, pela favorável relação sinal/ruído; destes estudos foram verificadas: a dependência da intensidade das bandas Raman com o potencial aplicado ao eletrodo, com a natureza do ânion eletrolítico, com o comprimento de onda da radiação excitante, com o modo vibracional, orientação da molécula em relação à superfície etc.

Como exemplo de estudo por SERS, vamos considerar o ácido isonicotínico em solução aquosa, adsorvido em eletrodo de cobre em diferentes valores de pH (L.K. Noda & O. Sala, *J. Mol. Struct.*,v. 4, p. 11, 1987). Este exemplo ilustra bem a competição pela superfície entre diferentes espécies na solução eletrolítica. Este ácido apresenta três espécies em equilíbrio, com pK_1 = 1,75 e pK_2 = 4,9 correspondendo à dissociação do grupo carboxílico e do nitrogênio do anel protonado, respectivamente.

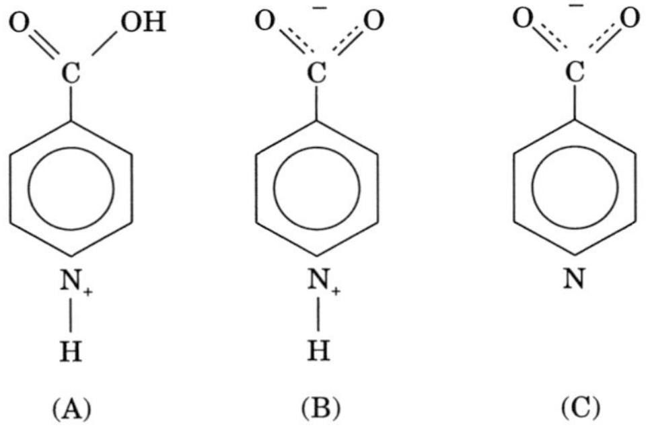

Um fato surprendente é que os espectros em –0,6 V, em meio KCl (pH 3,8), em meio $HClO_4$ (pH 1,17) e em meio KCl + KOH (pH = 8,0) são idênticos e podem ser atribuídos à espécie não protonada (C), que predomina em meio alcalino, adsorvida na superfície. Em meio HCl (pH 1,2), para potencial –0,3 V (eletrodo de calomelano saturado) o espectro é atribuído à espécie (A) e para potencial –0,7 V, apesar do valor do pH, o espectro corresponde ao da espécie (C). A análise dos resultados mostra que este ácido é adsorvido no eletrodo de cobre via: (i) formação de par iônico (espécie (A)/ânion especificamente adsorvido); (ii) ligação nitrogênio-cobre (espécie (C)). Este último caso é observado para ânion não especificamente adsorvido, em qualquer valor de pH e toda a faixa de potencial aplicado, ou para ânion especificamente adsorvido, em alto valor de pH e potenciais mais negativos; em potencial bastante negativo os íons Cl^- são dessorvidos, não havendo a formação de par iônico. Em resumo, em meio ácido (HCl, pH 1,2) a ligação nitrogênio-cobre predomina em relação à ligação carboxilato-cobre. A mudança drástica da espécie (A) para (C) em potencial mais negativo indica que o nitrogênio não protonado é adsorvido preferencialmente no eletrodo. Em potencial mais negativo a espécie (A) é dessorvida e a (C) adsorvida, causando deslocamento do equilíbrio no seio da solução até atingir um recobrimento adequado do eletrodo.

O uso combinado do efeito Raman ressonante e do efeito SERS resulta no efeito SERRS (Surface Enhanced Resonance Raman Scattering), o qual permite que espectros possam ser obtidos em concentrações da ordem de nanomolar, uma vez que os fatores de intensificação de cada efeito se somam. Esse efeito ocorre quando o espectro SERS é excitado por uma radiação dentro da banda de absorção da molécula.

Recentemente Nie e Emory (*Science, **275**, 1102 (1997)* e Kneipp K., Wang Y., Kneipp H., Perelman, L. T. Itzan I Dasari R., Feld M. (*Phys. Rev. Lett.*, v.78, p.1667, 1977,) relataram o espectro SERS de uma única molécula, a rodamina 6G, adsorvida em coloide de prata, o que corresponde a um fator de intensificação de 10^{16}.

Apêndice V

No capítulo 6 foi visto que, para obter a representação da polarizabilidade usando a equação (6.5), é necessário conhecer os caracteres da representação redutível, obtidos das equações (6.6). Estes podem ser deduzidos a partir das expressões para transformação de coordenadas, para operações próprias e impróprias, considerando que os índices nos componentes da polarizabilidade obedecem a essas transformações. Assim, por exemplo, o componente α_{xy} é transformado em $\alpha_{x'y'}$, com as coordenadas x' e y' obtidas pelas equações de transformação:

$$
\begin{aligned}
x' &= x \cos\varphi + y \,\mathrm{sen}\varphi \\
y' &= -x \,\mathrm{sen}\varphi + y \cos\varphi \\
z' &= \pm z
\end{aligned}
\qquad \text{(AV-1)}
$$

ou seja, a matriz de transformação é dada por:

$$
\begin{bmatrix}
\cos\varphi & \mathrm{sen}\varphi & 0 \\
-\mathrm{sen}\varphi & \cos\varphi & 0 \\
0 & 0 & \pm 1
\end{bmatrix}
$$

onde em ± 1 o sinal "+" vale para operações próprias e "–" para operações impróprias.

Para os componentes da polarizabilidade temos de considerar os produtos das coordenadas dadas em (AVI-1):

$$x'x' = xx\cos^2\varphi + yy\,\text{sen}^2\varphi + 2xy\cos\varphi\,\text{sen}\varphi$$
$$y'y' = xx\,\text{sen}^2\varphi + yy\cos^2\varphi - 2xy\cos\varphi\,\text{sen}\varphi$$
$$z'z' = zz$$
$$x'y' = -xx\cos\varphi\,\text{sen}\varphi - xy\,\text{sen}^2\varphi + xy\cos^2\varphi = yy\cos\varphi\,\text{sen}\varphi$$
$$x'z' = \pm\, xz\cos\varphi \pm yz\,\text{sen}\varphi$$
$$y'z' = \mp\, xz\,\text{sen}\varphi \pm yz\cos\varphi$$

Estas equações podem ser escritas na forma matricial:

$$\begin{vmatrix} x'x' \\ y'y' \\ z'z' \\ x'y' \\ x'z' \\ y'z' \end{vmatrix} = \begin{vmatrix} \cos^2\varphi & \text{sen}^2\varphi & 0 & 2\cos\varphi\,\text{sen}\varphi & 0 & 0 \\ \text{sen}^2\varphi & \cos^2\varphi & 0 & -2\cos\varphi\,\text{sen}\varphi & 0 & 0 \\ 0 & 0 & 1 & 0 & 0 & 0 \\ -\cos\varphi\,\text{sen}\varphi & \cos\varphi\,\text{sen}\varphi & 0 & \cos^2\varphi - \text{sen}^2\varphi & 0 & 0 \\ 0 & 0 & 0 & 0 & \pm\cos\varphi & \pm\text{sen}\varphi \\ 0 & 0 & 0 & 0 & \mp\text{sen}\varphi & \pm\cos\varphi \end{vmatrix} \begin{vmatrix} xx \\ yy \\ zz \\ xy \\ xz \\ yz \end{vmatrix}$$

O caráter desta matriz para operações próprias será:

$$3\cos^2\varphi + 1 - \text{sen}^2\varphi + 2\cos\varphi = 4\cos^2\varphi + 2\cos\varphi = 2\cos\varphi(1+2\cos\varphi) \qquad \text{(AV-2)}$$

Para operações impróprias o caráter será:

$$3\cos^2\varphi + 1 - \text{sen}^2\varphi - 2\cos\varphi = 4\cos^2\varphi - 2\cos\varphi = 2\cos\varphi(-1+2\cos\varphi) \qquad \text{(AV-3)}$$

As expressões (AV-2) e (AV-3) são os caracteres da representação redutível do tensor da polarizabilidade.

SOBRE O LIVRO

Formato: 14 x 21 cm
Mancha: 25,10 x 40,4 paicas
Tipologia: NewCentury 10/14
Papel: Offset 75 g/m² (miolo)
Cartão Supremo 250 g/m² (capa)
1ª edição: 1996

EQUIPE DE REALIZAÇÃO

Edição de texto
Alberto Bononi (Preparação de Originais)
Sandra Regina Cortés (Revisão)
Oitava Rima Prod. Editorial (Atualização Ortográfica)

Editoração Eletrônica
Oitava Rima Prod. Editorial

Impressão e acabamento
psi7
psi7.com.br
book7
book7.com.br